Elektrotechnik als Hobby

Günther Pietzsch

Elektrotechnik als Hobby

Grundlagen, Anwendungsbeispiele, Experimente

Im FALKEN Verlag ist in dieser Reihe bereits erschienen:
»Elektronik als Hobby« (4293)

CIP-Titelaufnahme der Deutschen Bibliothek

Pietzsch, Günther:
Elektrotechnik als Hobby: Grundlagen, Anwendungsbeispiele, Experimente /
Günther Pietzsch. – Niedernhausen/Ts. : Falken, 1991
  (Falken-Sachbuch)
  ISBN 3-8068-4533-6

ISBN 3 8068 4533 6

Titelbild: Bosch Pressebild
Fotos: Media Print Service, Köln
Zeichnungen: Martine Raken, Diane-Sylvia Roemers
Die Ratschläge in diesem Buch sind vom Autor und vom Verlag sorgfältig
erwogen und geprüft, dennoch kann eine Garantie nicht übernommen
werden. Eine Haftung des Autors bzw. des Verlags und seiner Beauftragten
für Personen-, Sach- und Vermögensschäden ist ausgeschlossen.
Redaktion: Media Print Service, Dr. Burkhard Busse, Köln, unter Mitarbeit
von Martin Schindler, Inka Schneider, Dipl.Ing. Frank Steinhaus
Druck: Mohndruck Graphische Betriebe GmbH, Gütersloh

817 2635 4453 6271

Inhalt

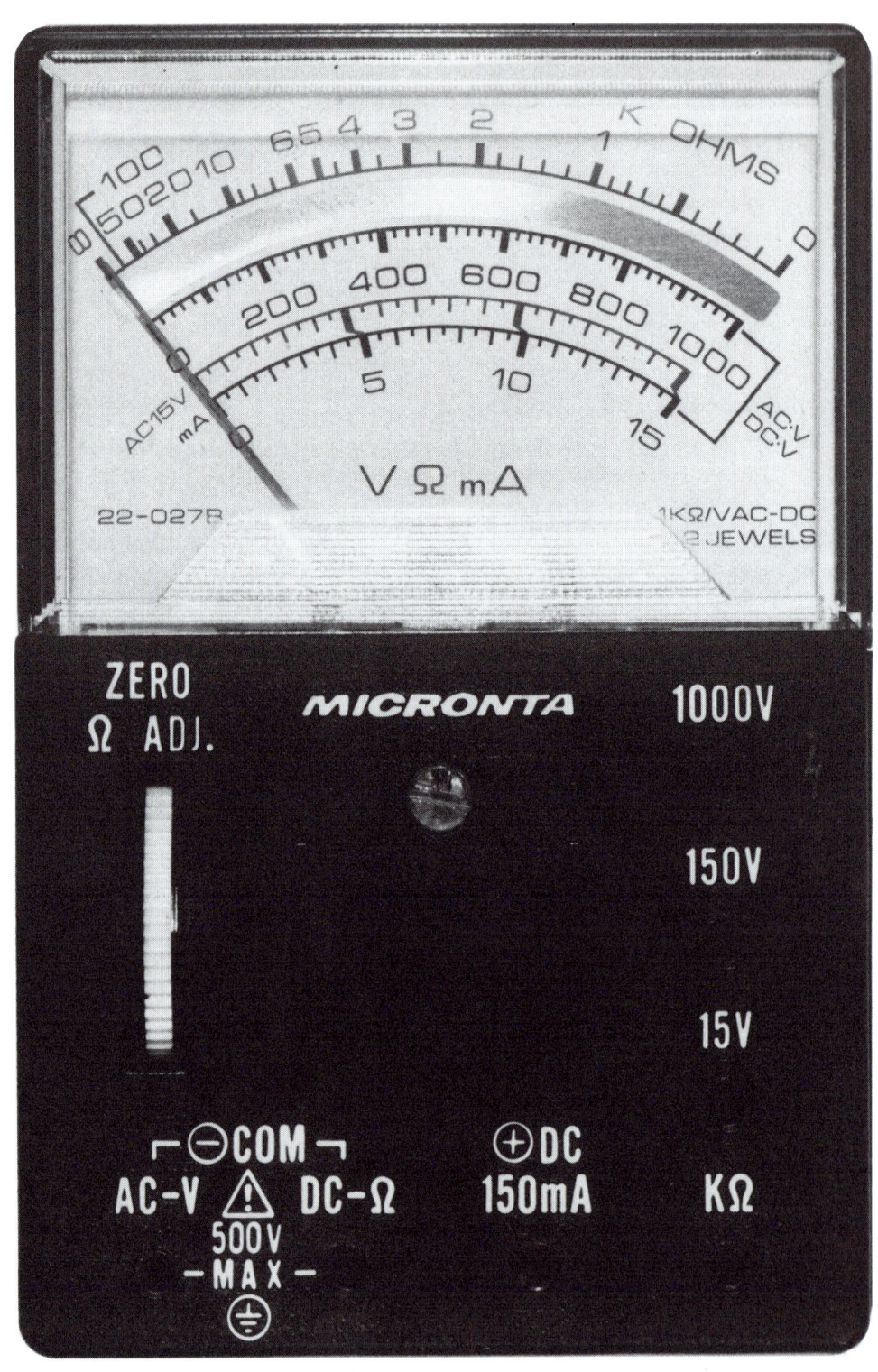

1. Einleitung

In diesem Buch wird die Elektrizität in ihrer ganzen Vielfalt dargestellt, angefangen von den Elektronen bis zur Funktionsweise eines Kraftwerks mit seiner Stromverteilung über das ganze Land, von Stadt zu Stadt, über Hausanschlüsse bis zum farbigen Bild eines Fernsehempfängers.

Das Buch versteht sich nicht als trockenes Lehrbuch, sondern versucht, auf unterhaltsame und spielerische Weise dem Leser Zugang zum Thema der Elektrizität zu verschaffen. Das Thema wird von A bis Z behandelt und mit Illustrationen, einfachen Beispielen und unkomplizierten Experimenten aufgelockert.

Zu Beginn jedoch soll vorsichtshalber noch einmal eindringlich auf gewisse Gefahren der Elektrizität hingewiesen werden.

Vorhandenen Gefahren sollten Sie sich nicht aussetzen. Nicht nur außerhalb Ihres Hauses, auch in Ihrer Wohnung, die in jedem Fall mit einer allgemeinen elektrischen Anlage und elektrischen Geräten ausgerüstet ist. Wenn Sie die Hinweise beachten und Vorschriften befolgen, haben Sie schon den wichtigsten Schritt getan.

Zwar ist an und in elektrischen Anlagen grundsätzlich alles derart gesichert, daß Berührungen nicht isolierter Leitungsteile durch Unbefugte kaum möglich sind. Doch bleiben einige Gefahrenquellen bestehen, vor denen Sie sich schützen können, wenn Sie folgende, Ihnen sicherlich zum Teil bekannte, 7 Punkte beachten.

1. An das Netz angeschlossene elektrische Geräte dürfen Sie nicht mit nassen Händen berühren. Besonders dann nicht, wenn Sie mit nackten Füßen auf einem Steinfußboden oder feuchtem Rasen stehen.

2. Wenn Sie ein elektrisch angeschlossenes Gerät anfassen, legen Sie nicht gleichzeitig die andere Hand an die Heizung oder Wasserleitung. Es darf kein Stromkreis geschlossen werden.

3. Den Hinweis »Stecker ziehen, bevor Sie das Gerät öffnen«, kennen Sie bestimmt. Also, ziehen Sie stets den Netzstecker! Auch den einer Stehlampe, bevor Sie etwas am Gerät oder an der Lampe reparieren wollen, etwas, das nicht unbedingt vom Fachmann erledigt werden muß.

4. Alle Stromkreise (Leitungen im Haus) sind aus Gründen der Feuersicherheit gegen zu hohe Ströme durch Schraubsicherungen (eine Form der Schmelzsicherung) oder Sicherungsautomaten geschützt. Ist eine dieser Sicherungen durchgebrannt und geschmolzen, oder hat ein Automat ausgelöst, können Sie sie gefahrlos ersetzen bzw. den Automaten wieder einlegen. Aber nur einmal. Brennt sie

Darstellung moderner Haushaltssicherungen. Jeder der abgebildeten Sicherungsautomaten deckt einen oder eine Gruppe von Verbrauchern ab. Er bildet dabei das schwächste Glied in der Kette. Übersteigt die Stromstärke den angegebenen Wert (in diesem Fall 16 bzw. 25 Ampere), so schaltet sich der Automat ab. Je nach Dauer des Abschaltprozesses unterscheidet man flinke oder träge Sicherungen.

wieder durch oder fällt der Automat zum zweiten Mal aus, dann muß vorerst der Fehler behoben werden oder der Fachmann ist zu rufen.

5. Wenn in einem Beleuchtungskörper, wie z.B. einer Lampe, eine Birne (Glühlampe) durchgebrannt ist, können Sie sie ebenfalls, wie bei den Sicherungen, leicht auswechseln. Aber nicht, wenn der Glaskolben zerbrochen ist.

Dann müssen Sie unbedingt vorher den Stecker aus der Dose ziehen.

6. Mit einem absolut trockenen Tuch dürfen Sie eine Steckdose von Staub befreien. Aber nicht mit einem Pinsel oder mit einem Draht etwas aus der Steckdose entfernen wollen. Dafür in jedem Fall vorher alle Sicherungen im Haus auf Null stellen oder herausschrauben.

7. Nehmen Sie nie ein elektrisch angeschlossenes Gerät in die Hand, wenn Sie in der Badewanne liegen. Auch nicht, wenn das Gerät ausgeschaltet ist. Das kann absolut tödlich sein.

Das waren einige sehr wichtige Ratschläge, die Sie auf jeden Fall beachten sollten.

Haben Sie einen Haus-»Arzt«, dann sollten Sie sich auch um einen Haus-»Elektriker« bemühen. Sprechen Sie einen Fachmann in Ihrer Umgebung einmal an, er möchte Ihre elektrische Anlage und die Erdungen bei Metall-Hänge- und auch Stehlampen kontrollieren (zu Ihrer Sicherheit). Und wenn dann einmal ein Fehler vorliegt, kommt er sofort. Eine kleine Störung ist schnell behoben, dafür kann ein Geselle kurz von einer Baustelle abgezogen werden, sollte die Reparatur wichtig und dringend sein.

Handelsübliche Glühbirnen. Von beschädigten Lampen geht eine große Gefahr aus. Wird der Glaskörper durch einen Stoß oder durch zu große Belastung beim Einschrauben zerstört, so liegen die stromführenden Teile ungeschützt.

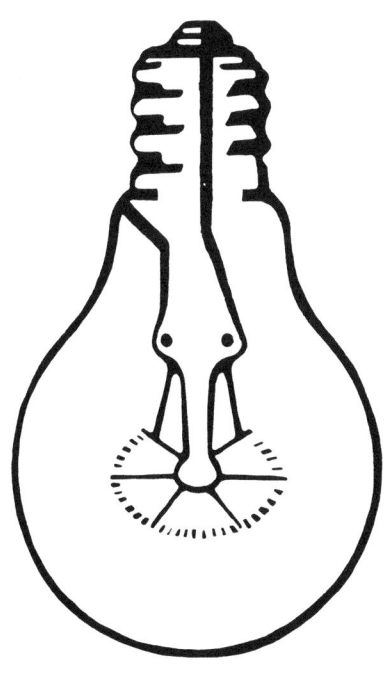

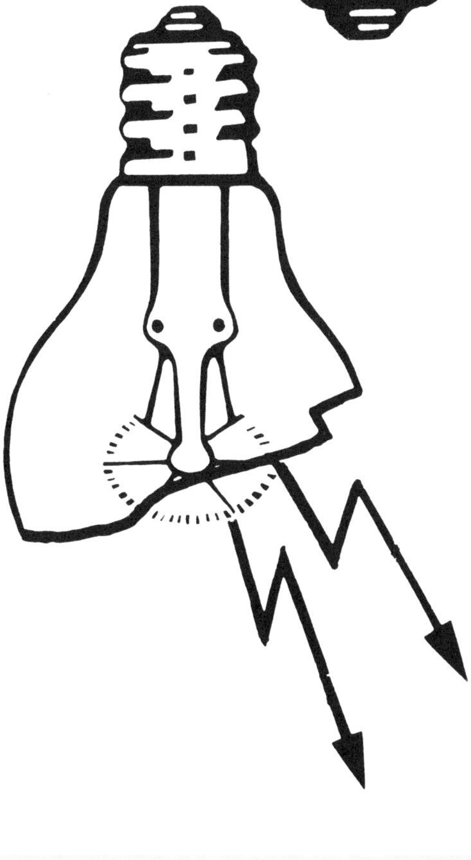

$$\sqrt{\left(\frac{R}{R^2+(\omega L)^2}\right)^2+\left(\frac{\omega L}{R^2+(\omega L)^2}\right)^2}$$

$$\sqrt{\left(\frac{R}{R^2+\left(\frac{1}{\omega C}\right)^2}\right)^2+\left(\frac{\frac{1}{\omega C}}{R^2+\left(\frac{1}{\omega C}\right)^2}\right)^2}$$

$$\frac{R}{R^2+\left(\frac{1}{\omega C}\right)^2}+j\,\frac{\frac{1}{\omega C}}{R^2+\left(\frac{1}{\omega C}\right)^2}$$

$$\sqrt{\left(\frac{R}{R^2+\left(\omega L-\frac{1}{\omega C}\right)^2}\right)^2+\left(\frac{\omega L-\frac{1}{\omega C}}{R^2+\left(\omega L-\frac{1}{\omega C}\right)^2}\right)^2}$$

2. Grundbegriffe, Abkürzungen und Formeln

Modernes Mehrbereichs-Meßinstrument mit digitaler Skalenanzeige.

Das Bild zeigt verschiedene Meßinstrumente in einem Gerät:

1. Vielfach-,
2. Milliampere-,
3. Ampere + Volt-,
4. Mikroampere-,
5. Volt-,
6. Ohm-Meßgerät.

Spannung	(U)	gemessen in
Volt	(V)	
Strom	(I)	gemessen in
Ampere	(A)	
Widerstand	(R)	gemessen in
Ohm	**(Ω)**	
Frequenz	(f)	gemessen in
Hertz	(Hz)	
Leistung	(P)	gemessen in
Watt	(W)	
Arbeit	(W)	gemessen in
Watt-Sek	(Ws)	
Zeit	(t)	gemessen in
Sekunde	(s)	

Modernes Mehrbereichs-Meßinstrument mit digitaler Skalenanzeige.

2.1 Formeln

$$U = I \times R \quad (U = I\,R)$$

$$I = \frac{U}{R} \qquad R = \frac{U}{I}$$

$$P = U \times I \quad (P = U\,I)$$

$$U = \frac{P}{I} \qquad I = \frac{P}{U}$$

$$P = I^2 \times R \quad (P = I^2\,R) \qquad P = \frac{U^2}{R}$$

$$W = P \times t \quad (W = P\,t) \qquad P = \frac{W}{t}$$

Berechnungsbeispiele:

$$U = 220\ V$$
$$R = 100\ \Omega$$
$$I = \quad ?\ A$$

$$I = \frac{U}{R} \qquad I = \frac{220}{100}$$

$$I = 2,2\ A$$

$$P = 1000\ W$$
$$U = \quad 100\ V$$
$$I = \quad ?\ A$$

$$I = \frac{P}{U} \qquad I = \frac{1000}{100}$$

$$I = 10\ A$$

Messung eines 150-Kilo-ohm-Widerstandes. Mit einem solchen Vielfach-meßgerät lassen sich je nach Einstellung Wider-stände, Spannungen und Ströme messen. Bei Widerstandsmessungen darf das Prüfobjekt in keiner Form mit einer Spannungsquelle verbun-den sein.

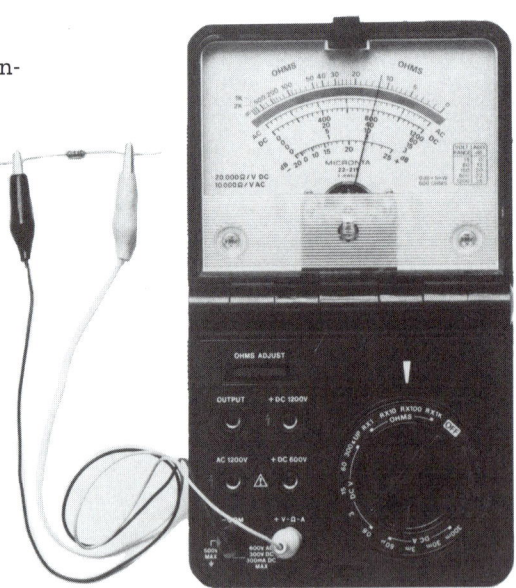

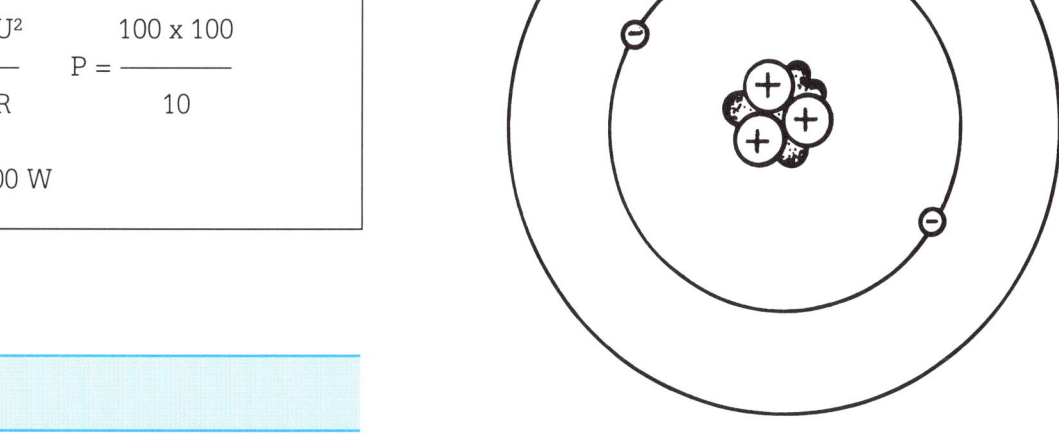

$$U = 100\ V$$
$$R = 100\ \Omega$$
$$P = \quad ?\ W$$

$$P = \frac{U^2}{R} \qquad P = \frac{100 \times 100}{10}$$

$$P = 100\ W$$

2.2 Naturbausteine

2.2.1 Atome

Die ganze Materie, die gesamte Natur besteht aus den sogenannten Stoffen (Wasser, Luft, Schwefel usw.), die sich aus den kleinsten Bausteinen, den Atomen, zusammensetzen. Die Atome wiederum, die bestrebt sind, sich zu Molekulargebilden zusammenzufügen, bestehen - wenn sie weiter vergrößert betrachtet werden - aus einem Kern, um den sich, quasi in einer Hülle, noch kleinere Teilchen mit großer Geschwindigkeit auf Kreisbahnen bewegen.

2.2.1.1 Elektronen

Die kleinen Teile der Atomhülle werden Elektronen genannt. Je nach Element, d. h. einem mit chemischen Mitteln nicht weiter zerlegbaren Stoff, besteht die Hülle aus einer unterschiedlichen Anzahl von Kreisbahnen. Ein Vergleich mit Sonne und Planeten liegt hier nahe. Um das Kreisen zwischen Atomkern und Elektronen aufrecht erhalten zu können, besteht ein gewisses Spannungsverhältnis, d. h., es müssen unterschiedliche Ladungen vorhanden sein. Die Ladung des Atomkernes ist positiv, die des Elektrons negativ. Die an den Atomkern gebundenen Elektronen umkreisen ihn in einem weiten Abstand, der wesentlich größer ist als der Durchmesser eines Elektrons, so daß zwischen Kern und Elektron ein relativ großer freier Raum besteht. Grund-

Modellhafte Darstellung eines Lithiumatoms mit Protonen, Neutronen und Elektronen. Der Atomkern wird von einer Elektronenwolke umkreist. Jede der Elektronenschalen nimmt eine bestimmte Anzahl von Elektronen auf, deren Anzahl im Gleichgewicht mit der Zahl der Protonen ist.

sätzlich kann man folgendes Modell entwickeln: 1. Fast die gesamte Masse eines Atoms ist im Atomkern konzentriert. Atomkerne bestehen im wesentlichen aus Protonen (elektrisch positiv geladene Teilchen) und Neutronen (elektrisch »neutrale« Teilchen). Jedem Elektron in der Atomhülle steht ein Proton im Atomkern »gegenüber«. Die Masse-Verhältnisse zwischen Elektron und Proton liegen aber derart, daß die Masse des Protons ca. 1836 mal größer ist als die Masse des Elektrons. Proton und Neutron haben ungefähr die gleiche Masse (Gewicht). 2. Der Atomkern wird durch Kernkräfte zusammengehalten, die außerordentlich stark sind. Sie müssen in jedem Fall stärker sein als die elektrische Feldkraft, denn im

Atomkern sind »auf engstem Raum« positiv geladene Teilchen (Protonen) konzentriert, die sich »elektrisch« alle gegenseitig abstoßen, aber nur auf eine sehr kurze Distanz wirken. 3. Im Verhältnis zur Größenordnung des Atomkerns und der Größe eines Elektrons ist der Abstand zwischen Atomkern und Atomhülle immens groß. Zwischen Atomkern und -hülle wirken im wesentlichen elektrische Feldkräfte (ungleiche Ladungen ziehen sich an). Wie sollte sonst z. B. Eisen, trotz der unendlich großen Zwischenräume vom Atomkern zu seinen Elektronen so fest, so hart sein können?

2.2.1.2 Freie Elektronen

Nun befinden sich in einigen Stoffen Mengen von »freien« Elektronen, die keine feste Bindung an Atomkerne besitzen und u. a. durch elektromagnetische Feldkräfte bewegt werden können. Kupfer hat z.B. sehr viele freie Elektronen, deshalb wird auch sehr viel Kupfer in elektrischen Anlagen verwendet, denn bewegte »freie« Elektronen bilden den elektrischen Strom.

Schematischer Aufbau eines Kupferatoms. Es enthält 29 Protonen im Atomkern und ebenso viele Elektronen, die sich auf vier verschiedenen Außenschalen befinden. Diese Schalen zeichnen sich durch ein einheitliches Energieniveau aus.

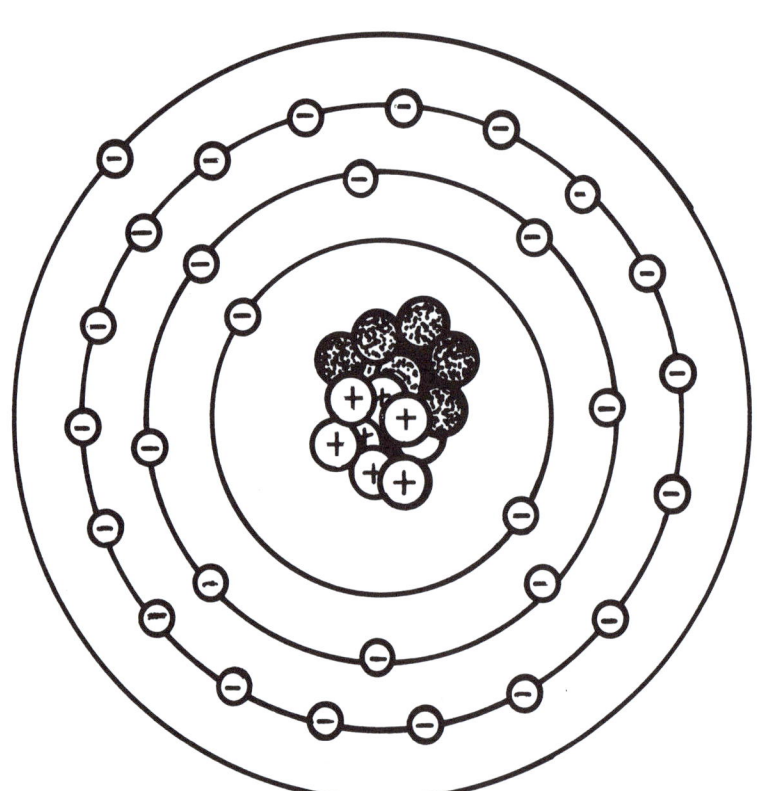

$$\text{Strom} = \frac{\text{Ladung}}{\text{Zeit}}$$

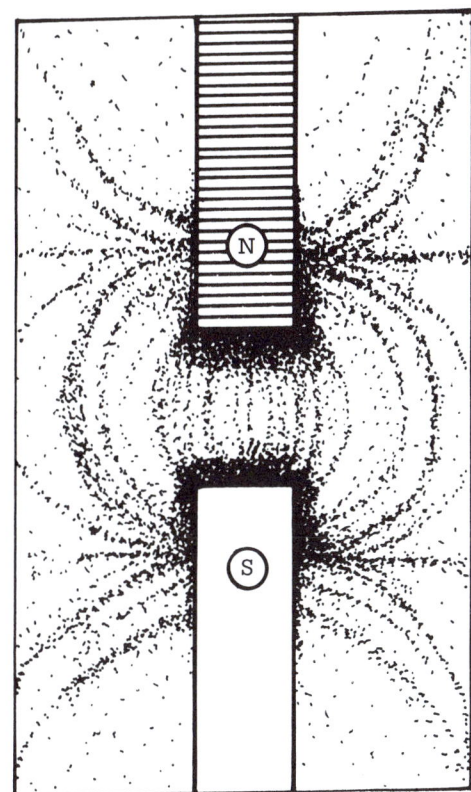

das Kommando eines Feldwebels mit Schallgeschwindigkeit (300 Meter pro Sekunde) an der angetretenen Kolonne vorbeiläuft, so daß auch die ganze Kompanie marschiert.

2.3 Magnetismus

Natürlicher Magneteisenstein wurde bei Magnesia in Griechenland gefunden. Durch elektrischen Strom können Elektromagnete hergestellt werden. Ein Magnet besitzt einen magnetischen Nord- und einen Südpol. Wie bekannt ist, stoßen sich gleiche Pole ab und ungleiche Pole ziehen sich an.

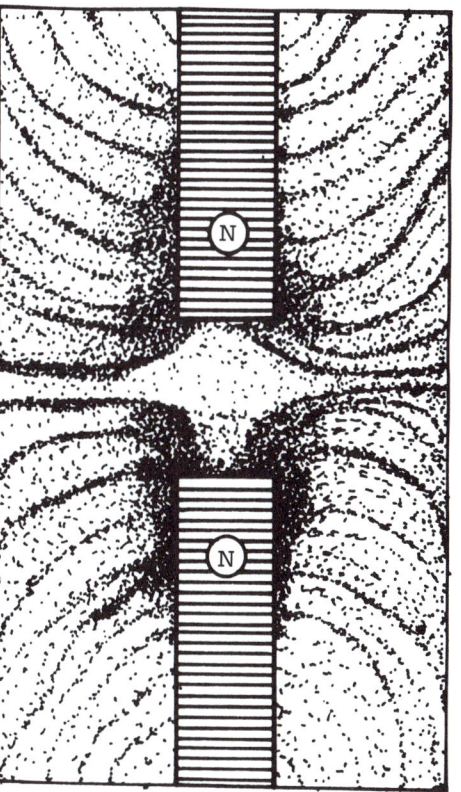

Veranschaulichung des magnetischen Flusses. Zwei Stabmagneten werden auf einer Glasplatte so angeordnet, daß sich deren gleiche Pole gegenüberliegen. Führt man die Magneten zusammen, so läßt sich eine abstoßende Wirkung beobachten. Streut man feines Eisenpulver auf die Glasplatte, dann zeigt sich, daß die Feldlinien auseinanderwandern.

Zu verstehen ist diese Formel wie folgt: die Größe des Stroms gibt an, »wieviel Ladung« (Summe der Einzelladungsträger z. B. Elektronen oder Ionen) sich innerhalb einer Zeiteinheit an einer bestimmten Stelle einer Leitung »vorbeibewegen« (zu der Stelle, an der der Strom gemessen wird).

Um die freien Elektronen im langen Kupferdraht gleichzeitig zum »Fließen« zu bringen, muß in einem geschlossenen Stromkreis eine »Kraft«, die sogenannte »Spannung«, vorhanden sein. Sie breitet sich nach dem Einschalten (dem »Befehl«) mit Lichtgeschwindigkeit (ca. 300 000 Kilometern pro Sekunde) aus. Ähnlich wie

Versuchsaufbau zur Verdeutlichung der magnetischen Wirkung. Gleichgerichtete Pole stoßen sich ab, entgegengesetzte Pole ziehen sich an. Die abstoßende Wirkung führt dazu, daß sich die Nadeln aus ihrer Gleichgewichtslage voneinander wegbewegen.

Experiment

Magnetismus. Nehmen Sie einen Magneten und zwei Stricknadeln (Eisen, Stahl). Halten Sie beide Nadeln eng zusammen und bestreichen zwei Enden a mit einem Pol des Magneten. Beide Nadeln sind jetzt magnetisch und zwar gleichpolig in Ihrer Hand. Würde man diese Nadeln nun entweder freischwebend aufhängen oder wie im Bild gezeigt drehbar auf einem Ständer lagern, so ließe sich folgendes beobachten. Sobald die mit b bezeichneten Enden übereinander lägen, würden sich die Nadeln absto-

2.4 Ströme

Der Strom ist die Bewegung, der Fluß der freien Elektronen. Die Ströme werden in Ampere gemessen, nach dem französischen Physiker André Marie Ampère (1775-1856). Die üblichen Bezeichnungen der Ströme sind

Gleichstrom
Wechselstrom
Schwachstrom
Starkstrom
Drehstrom.

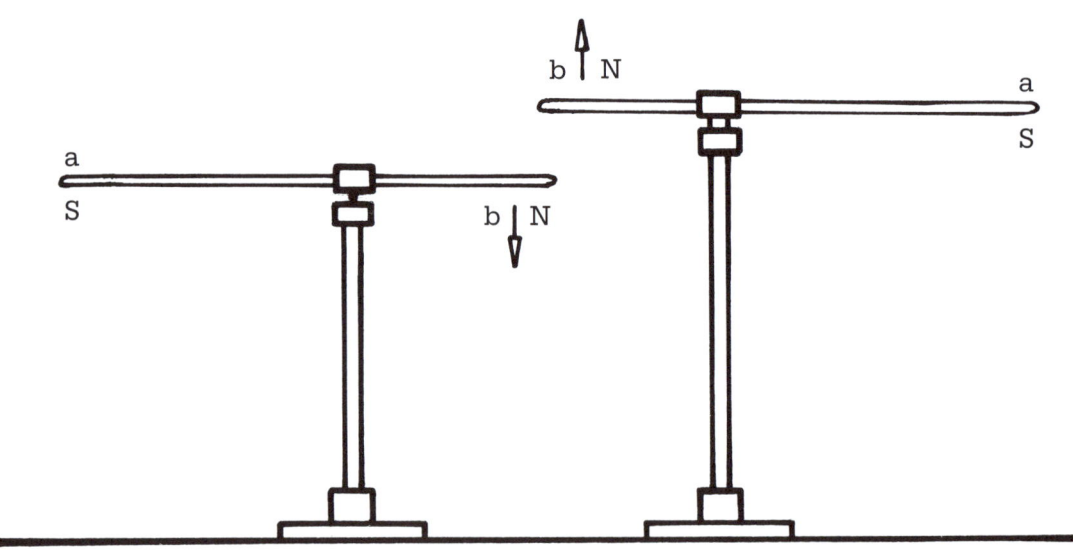

ßen und ihre Gewichtslage verändern. Gleiche Pole (im Bild N-N bzw. S-S) stoßen sich ab, während sich unterschiedliche Pole anziehen. Kämen ein mit a und ein mit b bezeichnetes Ende zusammen, so würden sich durch den Magnetismus die Enden der Nadeln berühren.

Berechnungsbeispiele:

Ca. 1 A fließt zu einem Kronleuchter, der mit 5 Glühlampen je 40 Watt bestückt ist.

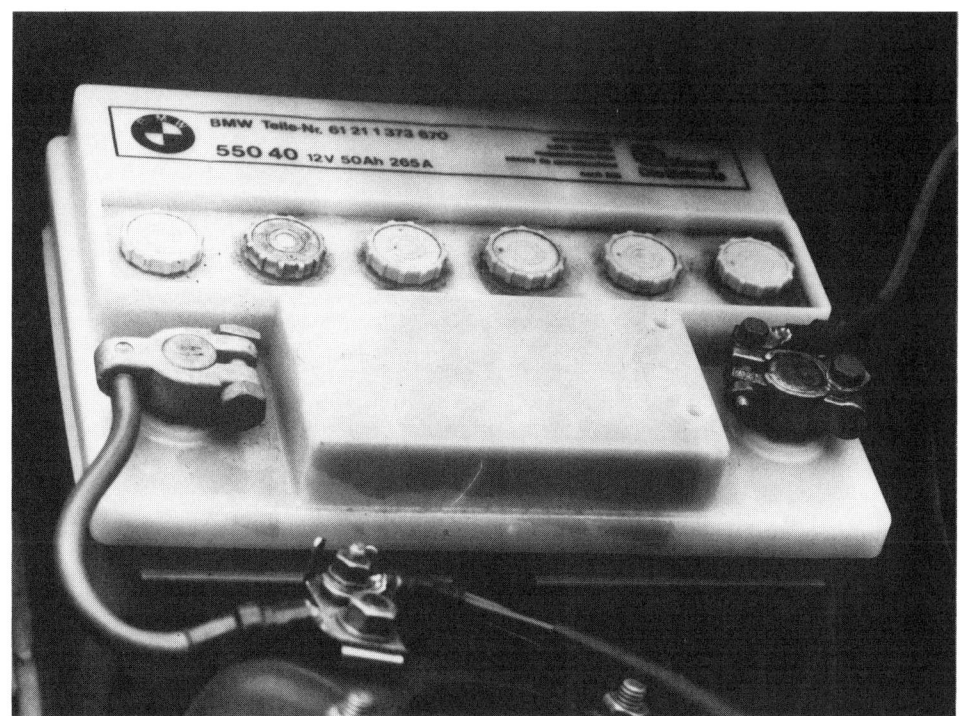

Die abgebildete Autobatterie besteht aus sechs Zellen, die jeweils eine Spannung von 2 Volt erzeugen. Da die einzelnen Kammern in einer Reihenschaltung miteinander verbunden sind, beträgt die Gesamtspannung 12 Volt. Aus der Angabe 12 Volt 50 Ah (Amperestunden) sind Rückschlüsse hinsichtlich der Arbeitsfähigkeit der Batterie möglich.

5 x 40 W = 200 Watt und wegen

$$I = \frac{P}{U}$$

200 Watt geteilt durch 220 V sind

ca. 1 A.

Ca. 10 A fließen durch einen Backofen von 2 kW (=2000 Watt):
2000 W : 220 V = 10 A.

Für derartige Rechnungen sind diese Ergebnisse genau genug, um Sicherungen zu bestimmen oder um sie zu kontrollieren, um Widerstände zu errechnen. »Daumenrechnungen« genügen hier meistens.

2.4.1 Schwach- und Starkstrom

Schwachstrom ist ein geringerer Strom gegenüber dem Starkstrom. Doch die Grenzen sind schwer zu bestimmen. Telefonanlagen werden als Schwachstromanlagen bezeichnet. Doch genauer müßte es Schwach- bzw. Starkstrom»-anlage« heißen. Die Starkstromanlage ist »gefährlich«, aber nur dann, wenn für einen starken (hohen) Strom auch die erforderliche Spannung vorhanden ist. In diesem Zusammenhang erinnern wir uns, daß der Strom die Resultierende ist von Spannung geteilt durch Widerstand. Daraus folgt, daß der Strom sowohl von der anliegenden Spannung abhängt als auch von dem Widerstand, durch den er fließen soll. Denn wenn ein Auto mit 12 Volt gestartet, angelassen wird, so fließt ein starker Strom, um die 30 Ampere. Und wenn 30 Ampere durch eine normale, mit Gewebe umflochtene Schnur einer kleinen Nachttischlampe fließen würden, begänne der Draht zumindest warm zu werden, wenn nicht gar zu glühen und Feuer zu entfachen. Eine mit Gewebe umflochtene Schnur hat im Verhältnis zu anderen Kabeln einen hohen Widerstand, d. h. fließt ein hoher Strom durch diese Schnur, so fällt wegen $U = R \times I$ eine nennenswerte Spannung ab. Und wegen $P = U \times I$ folgt: In der Schnur wird Leistung »verbraten« und Leistung wird in Wärme umgesetzt.

Jedoch kann eine Autoelektrik als Schwachstromanlage bezeichnet werden, wenn das Auto in Betrieb ist. Die Spannung von 12 Volt liegt unterhalb der Gefahrengrenze.

2.4.2 Spannungen

Die Spannungen werden in Volt gemessen, nach dem italienischen Physiker Alessandro Volta (1745-1827). Man unterscheidet

Gleichspannung
Wechselspannung
Niederspannung
Hochspannung.

Die Grundarten Strom und Spannung müssen etwas näher betrachtet werden: Wie mit den ungenauen Angaben über Schwach- und Starkstrom, ist es auch mit den Spannungen.

Die Gefahr für den Menschen ist quasi ein Maßstab. 60 Volt sind wohl noch eine Niederspannung, aber für herzkranke Menschen gefährlich.

Höchstspannungsleitungen mit Betriebsspannungen über 150.000 Volt. Diese Leitungen übertragen die elektrische Energie aus Großkraftwerken. Moderne Generatoren liefern Spannungen von bis zu 27.000 Volt und Leistungen bis ca. 1.300 Megawatt. Die damit entstehenden hohen Ströme lassen sich auf Grund der großen Stromwärmeverluste nicht wirtschaftlich transportieren. Transformiert man jedoch die Spannung hoch, so nimmt die Stromstärke, die ursächlich für die Wärmeverluste ist, bei gleicher Leistung ab ($P = U \times I$).

Beispiel:

Weidezaun. Wenn Sie auf dem freien Land Weidezäune mit nur einem Draht sehen, dann wundern Sie sich vielleicht, daß ein einzelner Draht die Kühe davon abhalten kann, den »Zaun« zu durchbrechen. Wenn Sie aber genauer hinschauen, dann erkennen Sie, daß an jedem Pfosten der Draht isoliert aufgehängt ist. Verfolgen Sie den Draht, dann sehen Sie am Anfang, daß der Draht an einem Kasten angeschlossen ist. Und wenn Sie genau hinhören, bemerken Sie ein Klicken im Kasten. Es ist ein mit einer Batterie, einem 24 Volt-Akkumulator, gespeister Impulsgeber, der Impulse von ca. 24 Volt auf den Draht sendet. Die Impulse entstehen durch ein getaktetes Relais (Schalter). Mit diesen Spannungsimpulsen wird den Kühen bei Berührung Schrecken (kleine, ungefährliche Stromstöße) eingejagt, damit sie den Zaun verlassen.

Was ist nun eine Spannung? Die oft benutzte Analogie der »Wasserleitung« befriedigt zur Erklärung nicht so recht. Gewiß, der Druck in den Rohren ist mit der Spannung zu vergleichen, und wenn der Hahn aufgedreht wird, fließt sofort ein Wasser-»Strom« in der gesamten Wasserleitung ab Wasserwerk (wenn dort auch nicht spürbar, wegen dem großen Durchmesser der Rohre). Aber das Beispiel ist etwas unglücklich, weil der »Stromkreis« scheinbar nicht geschlossen ist. Bei elektrischen Schalt-

In Fabrikgebäuden, in denen sich Maschinen mit hohem Leistungsbedarf befinden, wird bevorzugt mit großen Spannungen gearbeitet. Diese werden in entsprechend gekennzeichneten Transformatorräumen erzeugt.

kreisen fließt der Strom, ausgehend von der Spannungsquelle (Wasserwerk) durch verschiedene Leitungen (Rohre) und Verbraucher zur Quelle zurück, so daß ein geschlossener Kreislauf entsteht

Die gebräuchlichen Haushaltsspannungen sind 220 bis 230 Volt, bei Drehstrom 380 bis 400 Volt. Die »Hochspannungen« beginnen erst bei ca. 1000 Volt. Diese können schon ohne direkte Berührung zur Gefahr werden, abhängig von der Luft- und Körperfeuchtigkeit. Wenn Sie sich dem Schalter einer Höchstspannungsanlage von 350. 000 Volt bis auf weniger als einen Meter nähern würden, ohne ihn zu berühren, wären Sie nicht die erste Person, die zu Tode käme.

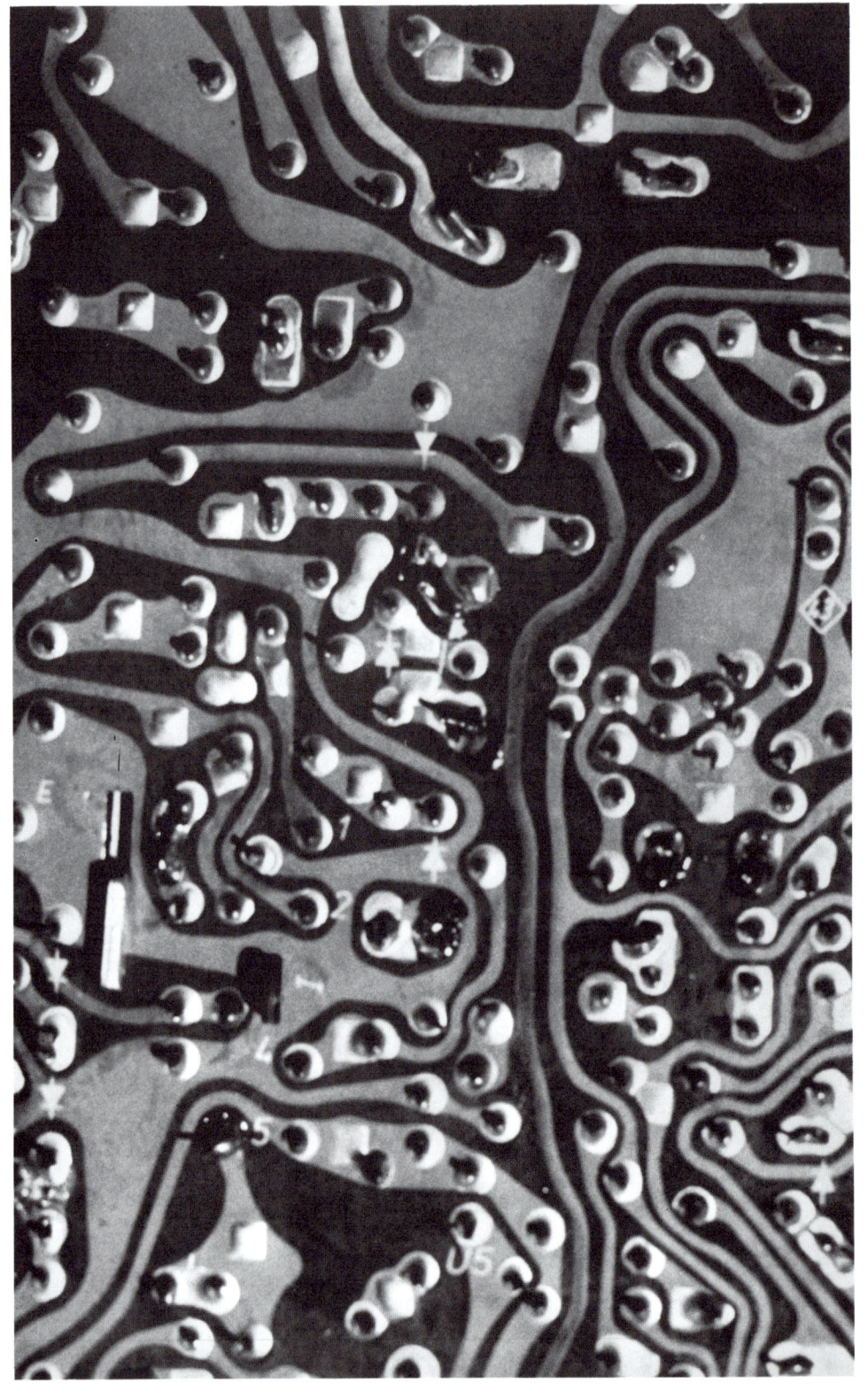

3. Stromkreise

3.1 Leiter

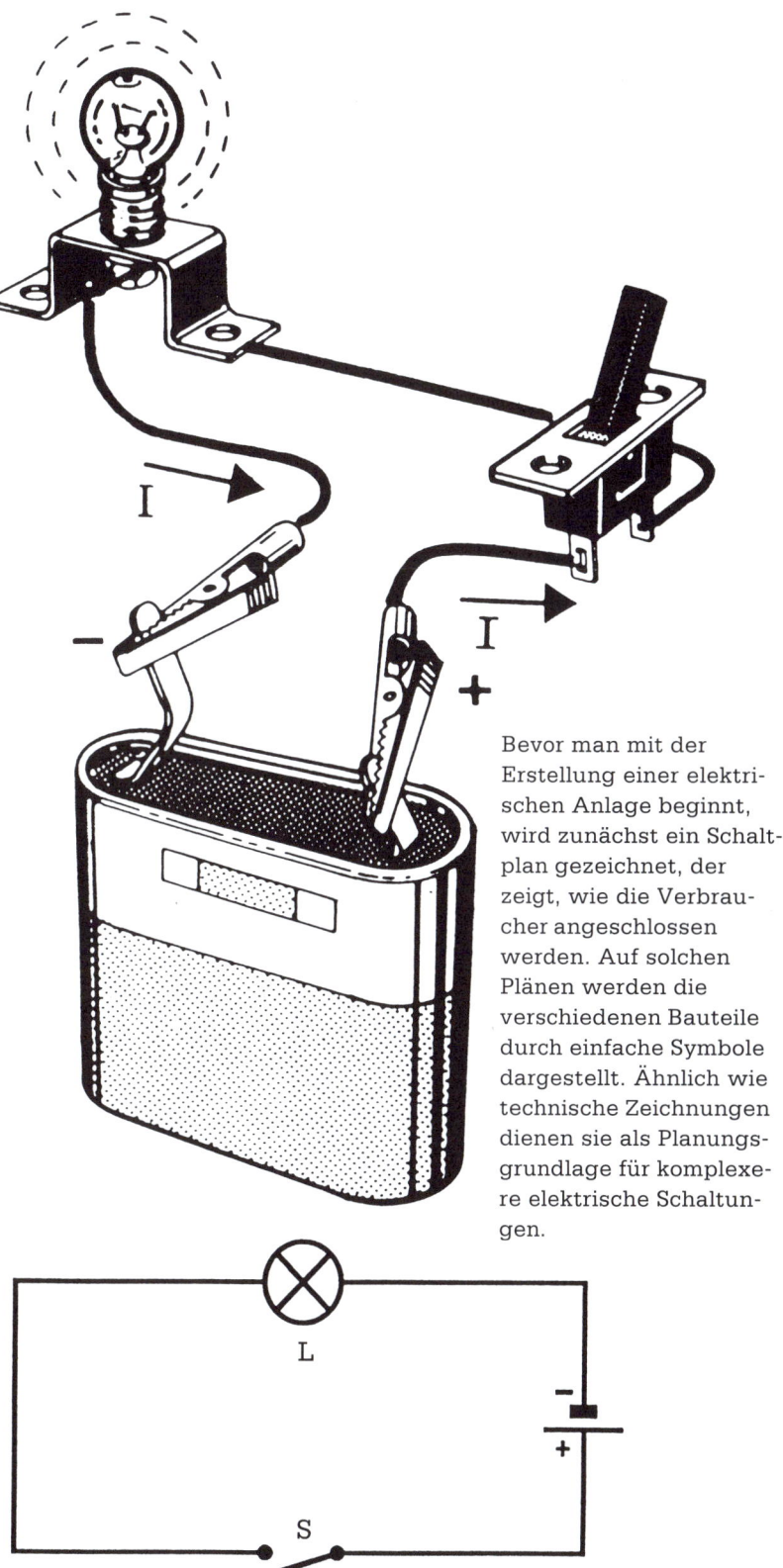

Ein Stromkreis besteht z.B. aus einer Spannungsquelle, einem Schalter, einer Glühlampe (= »Strom-Verbraucher«) und den Verbindungsdrähten aus Kupfer. Alle Bauteile sind mit den Drähten, den Stromleitern, verbunden. Zum Schließen eines Stromkreises dienen normalerweise Schalter, die, wenn ihre Kontakte sich berühren, eine galvanische Verbindung und damit einen »geschlossenen Stromkreis« herstellen. Wird der Schalter eingeschaltet, leuchtet die Lampe im selben Augenblick, auch wenn der Schalter meilenweit entfernt liegen kann.

Bevor man mit der Erstellung einer elektrischen Anlage beginnt, wird zunächst ein Schaltplan gezeichnet, der zeigt, wie die Verbraucher angeschlossen werden. Auf solchen Plänen werden die verschiedenen Bauteile durch einfache Symbole dargestellt. Ähnlich wie technische Zeichnungen dienen sie als Planungsgrundlage für komplexere elektrische Schaltungen.

Experiment

Schalter. Erforderliche Bauteile: Lampenfassung, Glühlampe 4,5 Volt, Taschenlampenbatterie 4,5 Volt, 2 Drähte von ca. 10 cm Länge. Alle Teile werden gemäß der Abbildung miteinander verbunden. Nehmen Sie einen Draht von der Batterie ab, dann leuchtet die Lampe nicht mehr. Wenn ein

Stromkreis mit Verbraucher. Stromkreis, bestehend aus einer Spannungsquelle, einem Kippschalter und zwei Verbrauchern. Die Spannungsquelle (1) versorgt die Verbraucher (3) und (4), in diesem Falle zwei Glühlampen, mit Strom. Wird der Stromkreis über den Kippschalter (2) geschlossen, so fließt ein elektrischer Stom und die Lampen beginnen zu leuchten.

kleiner Kippschalter beschafft werden kann, wird er zwischen dem Drahtende und der Batterie eingebaut, so daß die Lampe »brennt«, an- und ausgeht, wenn geschaltet wird.

Bei elektrischen Schaltungen unterscheidet man zwei Arten: 1. Die Serienschaltung und 2. die Parallelschaltung. Bei der Serienschaltung fließt durch alle Verbraucher, die in Serie (in Reihe) geschaltet sind, der gleiche Strom.

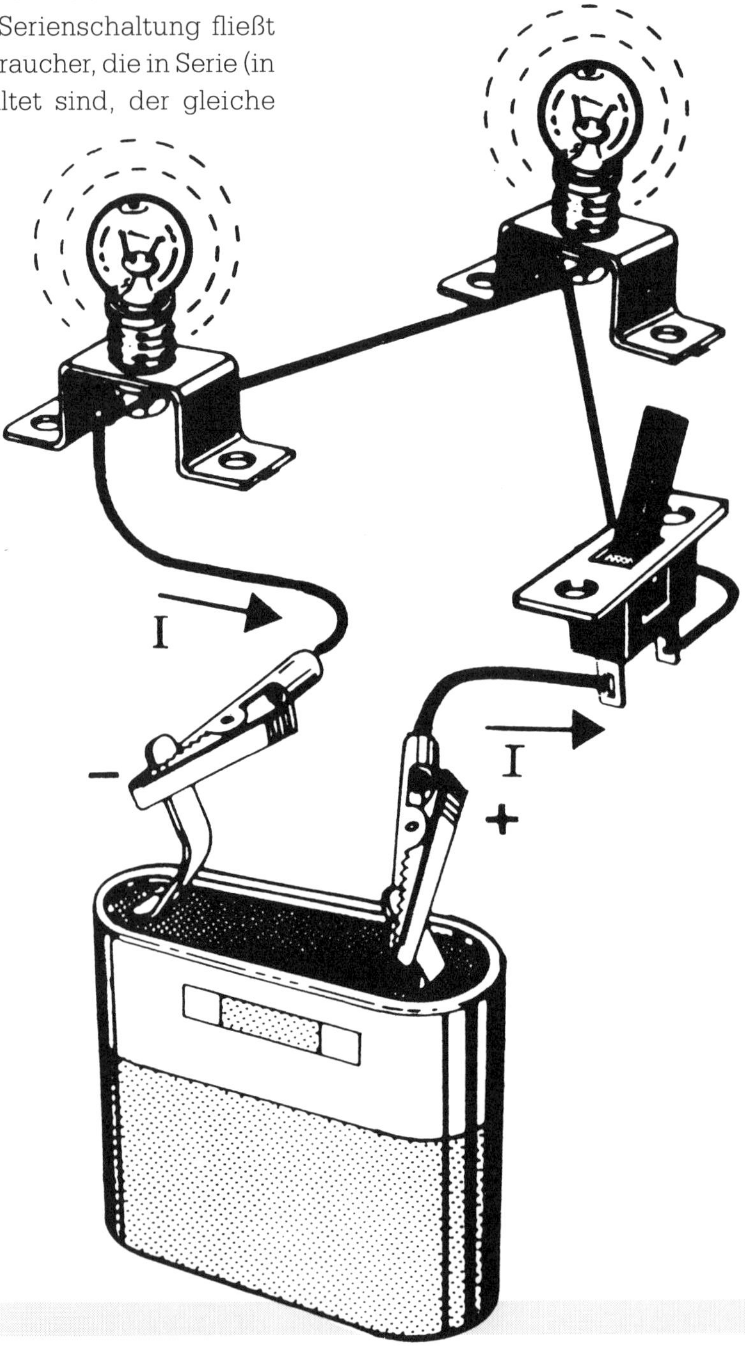

Werden nun zwei 4,5 V Lampen in Serie geschaltet, leuchten beide mit sehr geringer Leuchtkraft. Die Spannung wird auf die beiden Lampen verteilt und beträgt nur noch 2 Volt. Werden aber zwei 2 V- Lampen in Serie geschaltet, dann leuchten beide hell. Die Gesamtspannung 4,5 Volt

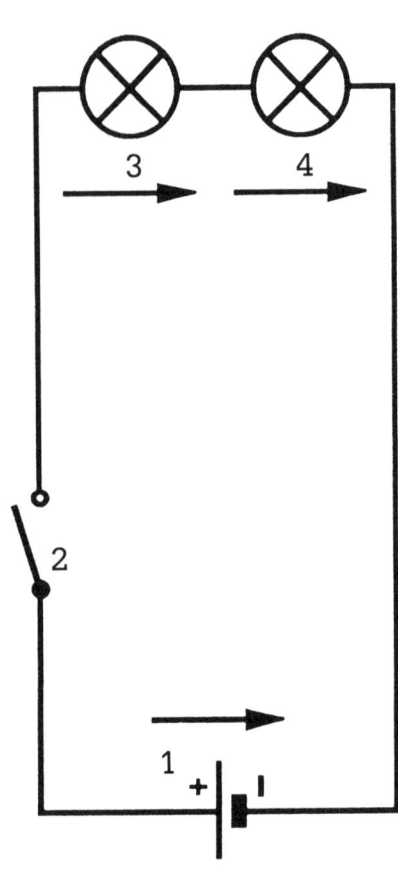

stellt jeder Glühlampe nur 2 Volt zur Verfügung. Obgleich es genau 2,25 Volt sind, leuchten beide kaum heller und »brennen nicht durch«. Dazu muß die Spannung schon wesentlich höher sein, d.h. daß dadurch ein höherer Strom fließen.

In einem Leiter, einem Kupferdraht, in dem sich freie, nicht an Atome gebundene Elektronen befinden, fließt kein Strom, wenn dessen Enden nur zusammengelötet sind (sehen wir einmal vom Magnetismus ab). Es muß unbedingt eine Spannung (ein Potentialgefälle) vorhanden sein. Z.B. eine Gleichspannung, die an einer Trokkenbatterie oder einem Akkumulator anliegt, einem Akku von 12 Volt, wie er in jedem Auto zu finden ist.

3.2 Kurzschluß

Die 12 Volt-Spannung eines Akkumulators ist gefahrlos, doch die Leistung des Akkus ist sehr groß. Sie würde bei Kurzschluß auch eine große Sicherung durchbrennen lassen und zum Schmelzen bringen. Kurzschluß heißt: die beiden Pole einer Spannungsquelle werden direkt - ohne über einen normalen »Verbraucher« zu gehen - miteinander verbunden, kurzgeschlossen (kurz = ganz kurzer, direkter Weg und Verbindung beider Pole). Wenn mit einem Schraubenschlüssel die Pole eines Akkus unbeabsichtigt

von den Seiten berührt werden, spritzen Sterne, optisch und akustisch. Sie müssen unbedingt darauf achten, daß Sie diese Funken nicht in die Augen bekommen, weil dies äußerst gefährlich ist. Die geräuschvollen Spritzer sind nämlich Metallpartikelchen, die durch die Kurzschluß- »Berührung« abgespaltet werden und verglühen. Sie knallen, wie auch ein Blitz bei einem Gewitter in unmittelbarer Nähe.

Kein Kurzschluß würde entstehen, wenn der Strom über eine Glühlampe fließt, einer mit mindestens 12 Volt. In diesem Fall passiert nichts, denn die Lampe ist ein Verbraucher und setzt dem Stromfluß einen Widerstand entgegen, das heißt: Bei konstanter

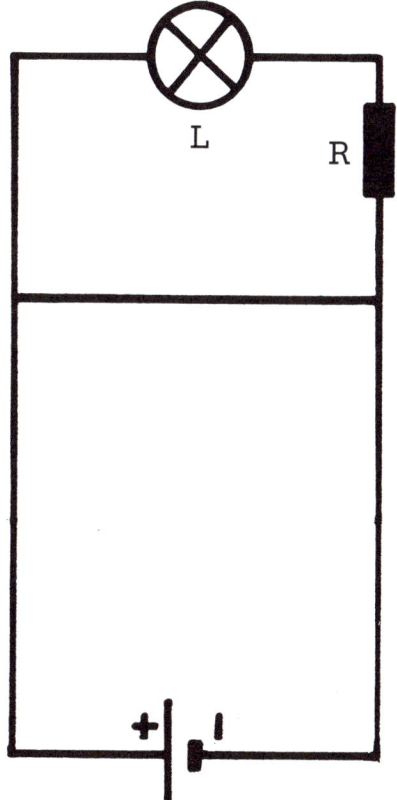

Im dargestellten Stromkreis befinden sich ein Widerstand (R) und eine Lampe (L). Dazu kommt eine Brücke, die die Spannungsquelle kurzschließt. Das Spannungsgefälle wird sofort abgebaut, was zur Folge hat, daß kurzzeitig sehr hohe Ströme fließen.

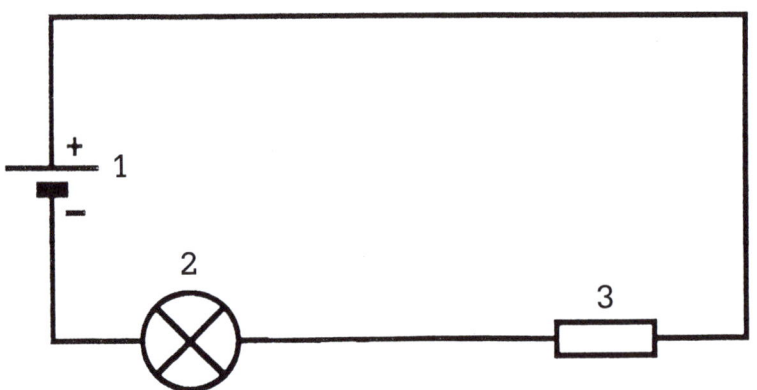

Strecke reißend und bildet einen sehr schnellen, starken Strom.

So verhält es sich auch in einem Stromkreis. Der Widerstand R (eine Enge), kann nur wenige freie Elektronen pro Zeiteinheit passieren lassen und gibt dadurch dem gesamten Stromkreis die Größe des Stromflusses an (Serienschaltung). Die freien Elektronen können in Leitern fast ungehindert fließen, aber im Widerstand müssen sie sich an den »Widerstän-

Spannung ist der Strom umgekehrt proportional zum Widerstand, denn ein großer Widerstand bedingt einen kleinen Strom.

Spannungsabfall im Stromkreis durch eingesetzten Widerstand. Widerstände in Stromkreisen können die Verbraucher (2) vor unzulässig hohen Spannungen der Batterie (1) schützen. In der Abbildung und der Schaltskizze ist zu erkennen, daß der Widerstand (3) einen Spannungsabfall bewirkt, der sich aus der Formel $U = R \times I$ ergibt. Da die Verbraucher in Reihe geschaltet sind, errechnet sich die Gesamtspannung aus der Summe der Einzelspannungen U2 + U3. Die Verbraucherspannung verringert sich demnach, bedingt durch den Widerstand, um den Betrag von U3.

3.3 Widerstände

Je weniger freie Elektronen in bestimmten Stoffen, den Widerständen, z.B. der Kohle, vorhanden sind, desto weniger stehen sie für einen Stromfluß im Stromkreis zur Verfügung. Wenn z.B. ein breiter, langsamer Fluß gezwungen wird, durch eine kurze Enge zu fließen, die von Felsen gebildet wird, dann wird er auf der kurzen

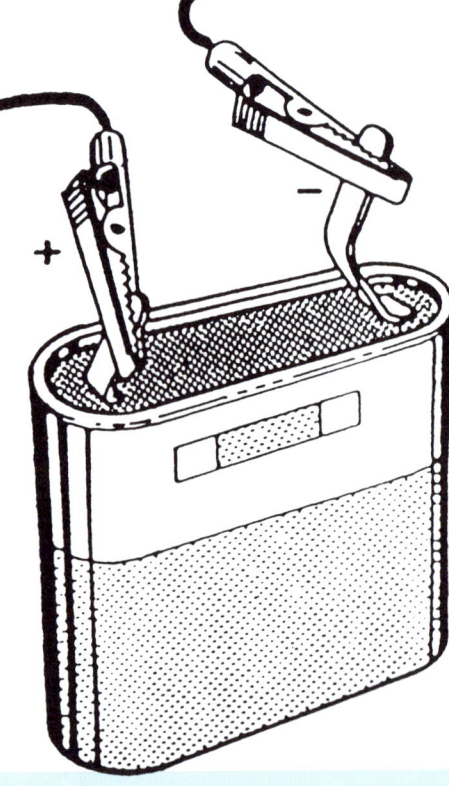

den«, den gebundenen Elektronen, reiben. So stark, daß der Widerstand unter Umständen warm wird. Die Glühlampe leuchtet, weil der dünne Wendel unter dem Einfluß des ihn durchfließenden Stromes zu glühen beginnt.

Experiment

Ionenfluß. Ionen sind »kaputte Atome« bzw. Moleküle (Gruppen von Atomen). Atome oder Moleküle sind elektrisch neutral d.h. sie besitzen genauso viele positive (Protonen im Atomkern) wie negative (Elektronen als »Atomhülle«) Ladungen, die sich in ihrer Wirkung »nach außen« gegen-

einander aufheben. Bei Ionen ist das anders: sie sind Atome (Moleküle) mit elektrischer Ladung, d.h. sie haben entweder ein Elektron zuviel, dann sind sie negativ geladen und heißen Anionen, oder ihnen fehlt ein Elektron, dann sind sie positiv geladen und heißen Kationen. Daraus folgt: auch ganze Ionen können sich wie freie Elektronen verhalten und als Strom gemessen werden.

Destilliertes Wasser hat einen großen Widerstand, der aber kleiner wird, wenn das Wasser gesäuert ist. Verbinden Sie mit Hilfe zweier Drähte eine Batterie mit einer Glühlampe, z.B. einer mit 4,5 Volt: die Lampe leuchtet. Klemmen Sie jetzt einen Draht von der Batterie ab und legen ihn in eine Tasse mit reinem Wasser. Einen zweiten

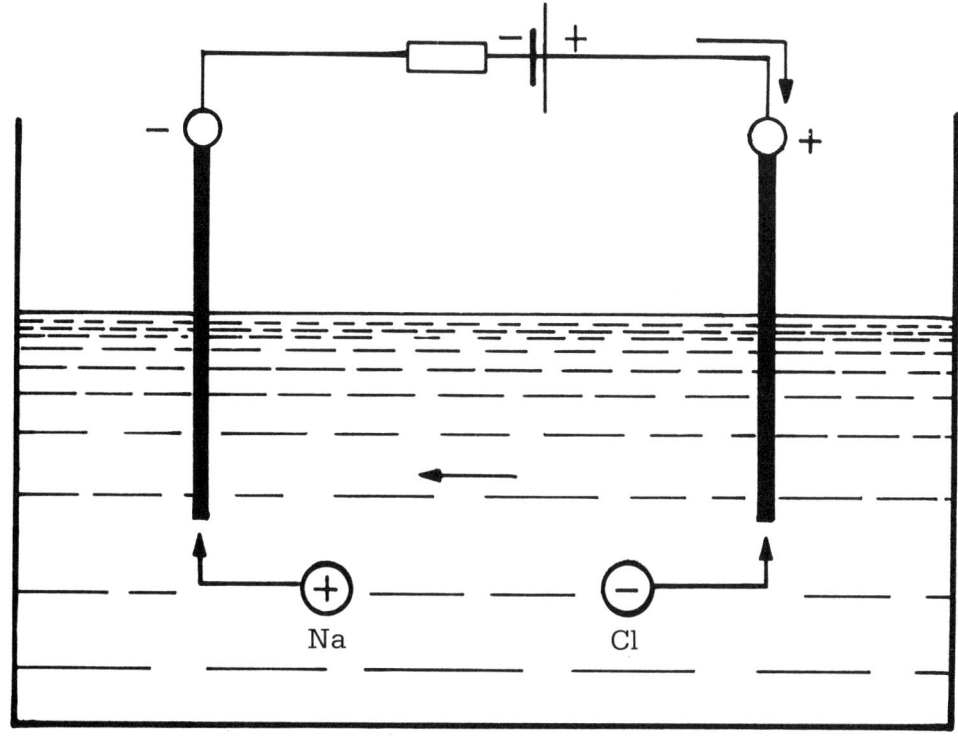

Das Bild zeigt den Zerfall von Kochsalz in Natrium-ionen (Na) und Chlor-ionen (Cl) in einem Elektrolyten. Diesen Zerfallsprozeß nennt man Dissoziation. Erst jetzt kann ein elektrischer Strom fließen, da nun frei bewegliche Elektronen vorhanden sind. Die Na-Ionen wandern zur Katode und die Cl-Ionen zur Anode.

Dral legen Sie auch in die Tasse, gegenüber dem ersten Draht, und schließen das Ende an die Batterie. Die Lampe leuchtet nicht. Jetzt geben Sie tropfenweise eine Salzlösung in die Tasse und nach einer Zeit beginnt die Lampe schwach zu glühen, wird dann immer heller. Ein Ionenfluß ersetzt den Elektronenfluß.

Der Elektronenstrom der freien Elektronen wird also durch einen Widerstand gebremst, verringert. Das führt dazu, daß durch einen großen Widerstand z.B. Porzellan, die freien Elektronen des gesamten Stromkreises gar nicht fließen, da sich im Porzellan (praktisch) keine freien Elektronen befinden.

Veranschaulichung des Zerfalls von Kochsalz (NaCl) in Na und Cl. Das Wasser bewirkt, daß die Anziehungskräfte zwischen den ungleichartig geladenen Ionen stark nachlassen. Das eigentliche Trennen der Ionen wird dann durch deren thermische Energie bewirkt.

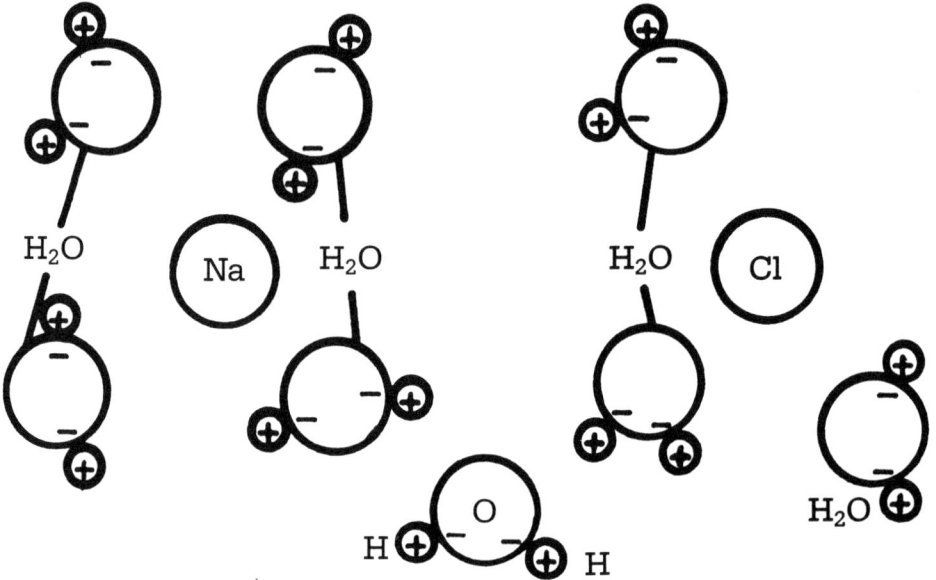

Aus der Chemie wissen wir, daß Kochsalz die chemische Bezeichnung NaCl hat oder, genauer $NaCl^-$. Hierbei handelt es sich um Ionen, sobald das Kochsalz in Wasser gelöst ist. Dann »bricht« die Kristallstruktur des festen (ungelösten) Kochsalzes auf und »verflüssigt« sich. Somit sind die Ionen beweglich und können als Strom gemessen werden, sobald ein elektrisches Feld auf sie einwirkt (in diesem Fall: sobald eine Spannung angelegt wird). Es erfolgt eine Ionenwanderung zu der positiven Anode bzw. zur negativen Katode.

Beispiel

Großer Widerstand. Im Bild leuchtet die Lampe; zwischen Spannungsquelle und Verbraucher (= Widerstand) ist kein zusätzlicher Widerstand eingeschaltet, keiner in Serie gelegt. Im zweiten Bild aber wurde ein Stück Porzellan vor die Lampe geschaltet. Es hat keine freien Elektronen und verhindert absolut einen Stromfluß, die Lampe leuchtet nicht. Dazu eine Bemerkung zum Ionenstrom: Wir können uns dies in einem Modell vorstellen. Wir »säßen« auf einem negativen Anschluß, der in das Wasser ragt. An diesem Anschluß kommen viele Elektronen an - vergleichbar mit Autos an einer Fähre. Ohne Fähre ist dann Schluß, es geht nicht weiter. Nun geben wir etwas von unserer Kochsalzlösung in das Wasser. Dieses Kochsalz ist wie die ersehnte Fähre für die Autos. Die beweglichen Ionen »strömen« jetzt zu den Elektroden (elektrische Pole in der Lösung mit entgegengesetzter Ladung aufgrund elektrischer Feldkräfte (entgegengesetzte Ladungen ziehen sich an, gleiche Ladungen stoßen sich ab). Die Anionen (negativ geladen) bewegen sich zur Anode (der Name setzt sich aus **An**-ionen und Elek-

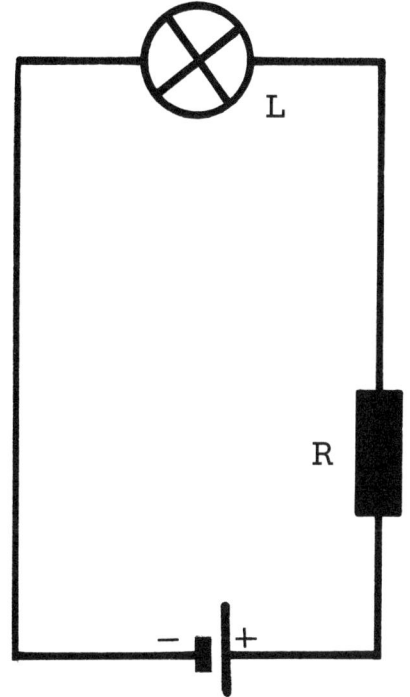

tr-**ode** zusammen), die positiv ist, und die Kationen zur Katode (entsprechend **Kat**-ionen und Elektr-**ode**), die negativ ist, - es fließt Strom, solange sich noch freie Ionen in der Lösung befinden.

Widerstände, z.B. für elektronische Geräte, können in jedem »Radio-Bastler-Geschäft« gekauft werden (lassen Sie sich einmal einige zeigen). Und zwar nach Widerstand, in jeder Größe: 10 Ohm, 100 Ohm, 1000 Ohm usw., nach dem deutschen Physiker Georg Simon Ohm (1787-1854). Die Kennzeichnung der Widerstände erfolgt durch farbige Ringe. Im Fachhandel sind Tabellen erhältlich, die es dem Benutzer ermöglichen, auf Grund der Farbe und Lage der Ringe auf den betreffenden Wert des jeweiligen Widerstandes zu schließen.

Wirkungsweise eines Widerstandes. Normalerweise dienen Widerstände dem Zweck, die Spannung im Stromkreis zu reduzieren und so die Verbraucher vor Überlast zu schützen. Der Elektronenfluß der freien Elektronen wird durch einen Widerstand gebremst. Im Extremfall leitet ein Widerstand keinen Strom (Porzellan), da keine freien Elektronen für den Ladungstransport zur Verfügung stehen.

4. Gleichstromquellen

4.1 Der Akkumulator

Akkumulatoren beruhen auf dem folgenden Grundprinzip: Stellt man zwei unterschiedliche Metalle der unten aufgeführten Tabelle in einer wässerigen Säure- oder Salzlösung gegenüber, dann weisen sie kleine Spannungen auf, die mit sehr empfindlichen Meßinstrumenten nachgewiesen werden kann. Die Spannung kommt daher, daß die folgenden Metalle einen natürlichen (elektro-chemischen) Spannungsunterschied zu Null besitzen:

Gold	+ 1,50 V
Silber	+ 0,81 V
Kupfer	+ 0,34 V
(Wasserstoff= 0)	
Blei	- 0,13 V
Zinn	- 0,14 V
Eisen	- 0,44 V
Zink	- 0,76 V
Aluminium	- 1,67 V

Zwischen Aluminium und Silber besteht demnach eine Spannung von (1,67 + 0,81) = ca. 2,48 Volt. In einer schwachen Salzlösung würde schon ein Spannungsausgleich stattfinden und zwar durch einen Ionenfluß vom Silber zum Aluminium. Das Experiment wird dies veranschaulichen.

Experiment

Silber reinigen. Legen Sie in einen Aluminiumtopf einen angelaufenen Silberlöffel und geben Sie einen Teelöffel voll Salz hinzu. Danach füllen sie heißes Wasser in den Topf, und nach sehr kurzer Zeit schon hat das Silber den dunklen Belag verloren. Die Ionen wandern vom Silber zum Aluminium und nehmen dabei den Belag vom Silber mit auf den Weg zum Aluminium. Der Belag wandert dabei in Form von Ionen. Wenn Sie ein anderes Gefäß

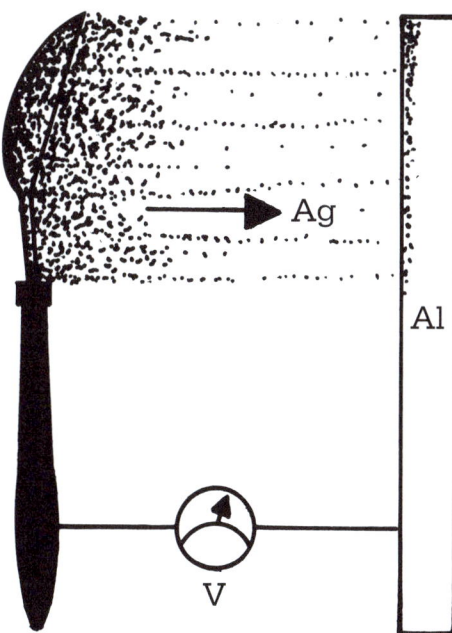

Die Darstellung verdeutlicht den Konzentrationsausgleich zwischen Silber und Aluminiumionen. Der Ionenfluß bewirkt dabei einen geringen, aber meßbaren Strom.

Bild oben rechts: Stromkreis mit zwei parallel geschalteten Verbrauchern. An den Verbrauchern (2) und (3) liegt nach Schließen des Kippschalters (4) diejenige Spannung an, welche von der Spannungsquelle (1) abgegeben wird. Im Gegensatz dazu halbiert sich bei der Reihenschaltung die Verbraucherspannung. Moderne Niederspannungs-Beleuchtungkörper werden ebenfalls parallel geschaltet.

Bild unten rechts: Handelsüblicher Akkumulator. Die Schnittdarstellung gibt den Blick in das Innere der Batterie frei. Jede der gezeigten Kammern besteht aus Blei bzw. Bleidioxidplatten, die von verdünnter Schwefelsäure umgeben sind.

benutzen, stellen Sie einen kleinen Streifen Aluminum oder einen billigen Teelöffel aus Aluminium zum Silber hinein. Er soll die Silberteile aber möglichst nicht berühren. Übrigens funktioniert das Experiment ebenfalls mit kaltem Wasser über Nacht.

Es ist bekannt, daß es Akkumulatoren als »Spannungsquellen« gibt. Werden nämlich zwei Bleiplatten einander gegenüber in verdünnte Schwefelsäure gestellt, dann fließt bei Anschluß einer größeren Gleichspannungsquelle (Plus an eine Platte, Minus an die andere Platte) ein Ionenstrom von einer Platte zur anderen und lädt den Akkumulator auf. Die Platten sind etwas unterschiedlich in ihrem technischen Aufbau.

Beim Ladevorgang setzt sich an der einen Platte reines Blei ab und an der anderen Platte Bleidioxid. Nach einer gewissen Zeit ist das Plattenpaar leicht aufgeladen. Dann stehen sich in der verdünnten Schwefelsäure zwei Stoffe von verschiedener chemischer

Beschaffenheit gegenüber. In der Platte mit dem reinen Blei konzentrieren sich freie Elektronen, sie bilden einen Überschuß. Die Platte wird als »negativ« bezeichnet (Katode). In der anderen Platte herrscht eine Elektronenverarmung, ein Elektronenmangel, es ist die positive Platte (Anode). Zwischen diesen unterschiedlich »geladenen« Platten, die in einer Kammer, der »Zelle«, untergebracht sind, besteht eine »elektromotorische Kraft« (EMK), die als Spannung von zirka 1 bis 2 Volt in Erscheinung tritt. Sehr kleine Batterien gibt es z.B. in Hörgeräten, es können teilweise auch Akkus sein.

Der 12 Volt-Akku hat 6 Zellen, die flüssigkeitsmäßig keinen Kontakt miteinander haben. Die Anschlußverbindungen der Zellen sind aber noch innerhalb des Akkus. Sie sind hintereinander, d.h. in Reihe, in Serie geschaltet und zwar wie folgt: der Pluspol der ersten Zelle bleibt frei für den Anschluß des Akkus. Der Minuspol wird mit dem Pluspol der nächsten Zelle

Sechs hintereinander geschaltete Spannungsquellen mit Spannungsmesser und Verbraucher. Das Schema der Serienschaltung entspricht dem Aufbau des Akkumulators. Dieser besteht ebenfalls aus sechs Kammern, die je 2 Volt erzeugen. Die Gesamtspannung beträgt demnach 12 Volt.

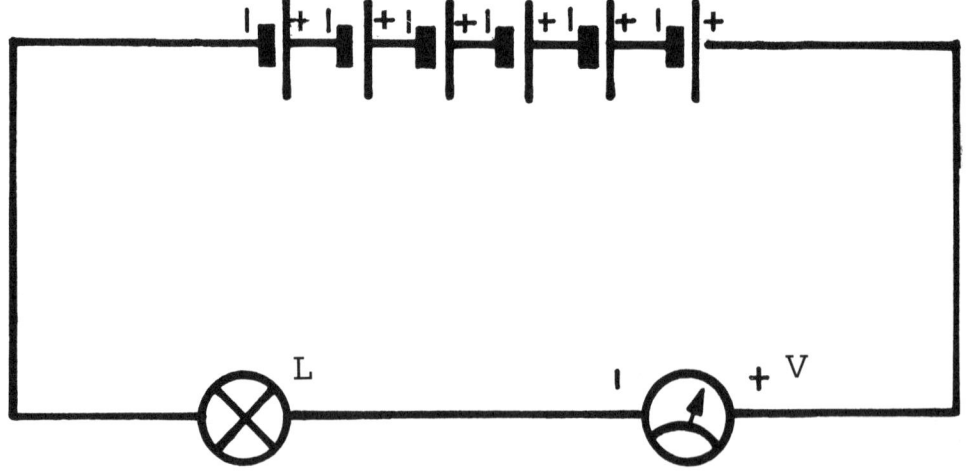

verbunden, deren Minus wieder mit Plus von der folgenden Zelle usw., dann bleibt der Minuspol der sechsten Zelle frei für den zweiten Anschluß des Akkus. Auf diese Weise sind sechs Zellenspannungen, je 2 Volt hintereinander geschaltet und zu addieren: sechs mal 2 Volt in Serie ergeben 12 Volt. Für jeden Pol in einer Zelle sind mehrere Platten zusammengefaßt, um die Leistung zu erhöhen. Genau wie bei der Serienschaltung einer Spannungsquelle mit mehreren Verbrauchern, bei der sich die Gesamtspannung z.B. der Batterie auf die einzelnen Verbraucher aufteilt, setzt sich eine Gesamtspannung durch Serienschaltung einzelner Spannungsquellen additiv zusammen. Dabei muß man allerdings auf die Polarität achten (Plus an Minus, Minus an Plus), sonst addiert sich womöglich ein negativer Betrag zur Gesamtspannung und, anstatt die Spannung zu erhöhen, verringert sie sich.

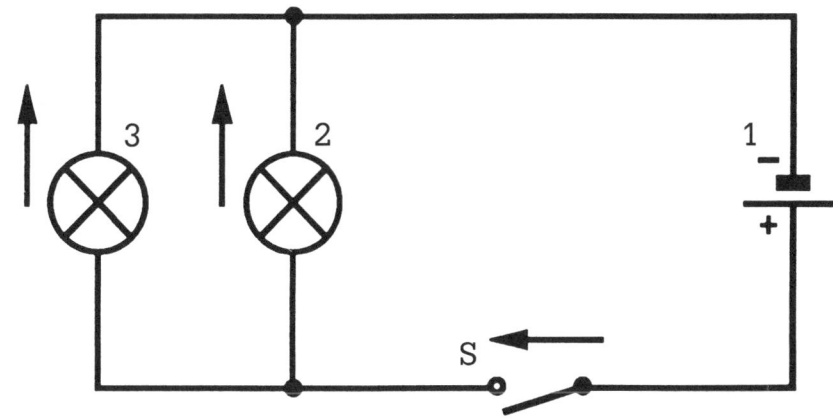

als 12 Volt benötigt, ungefähr 18 Volt. Plus ist dabei an Plus und Minus an Minus zu klemmen. Dann fließt ein Elektronenstrom
- vom Minuspol der Gleichstromquelle durch den Anschlußdraht zur Minusplatte der Batterie, von dort durch die Säure mit Ionen zu

---

Beispiel

Ladung. Wird der Akku geladen, so verursachen chemische Vorgänge zwischen Platten und Säure, daß die Platten eine »Leistung« speichern können, daß sich Elektronen von den Plusplatten lösen und auf den Minusplatten durch Ablagerung der geladenen Ionen an den Platten ansammeln. Bei einem 12 Volt-Akku wird zur Ladung eine Gleichspannung von mehr

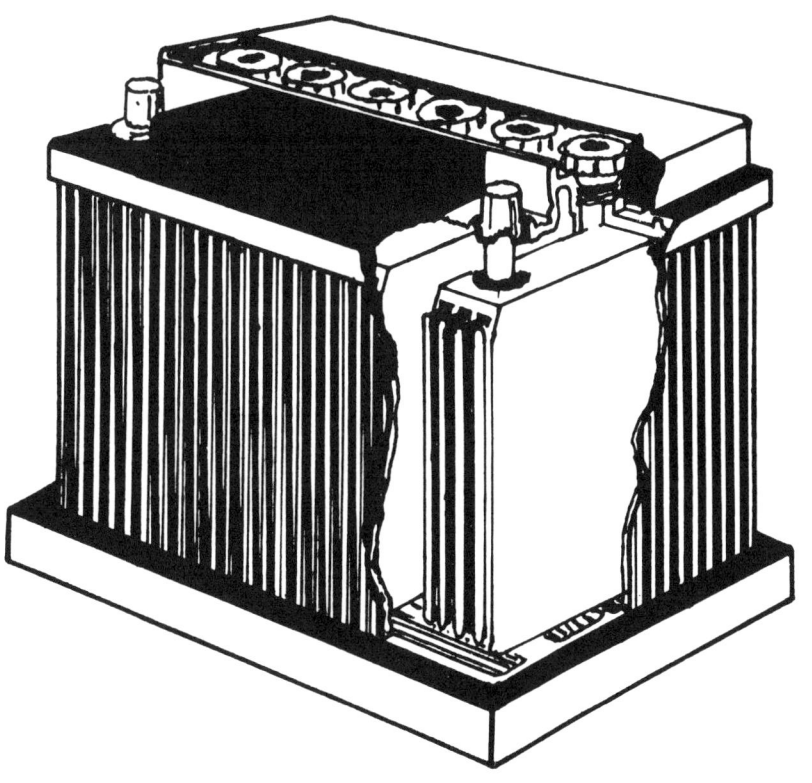

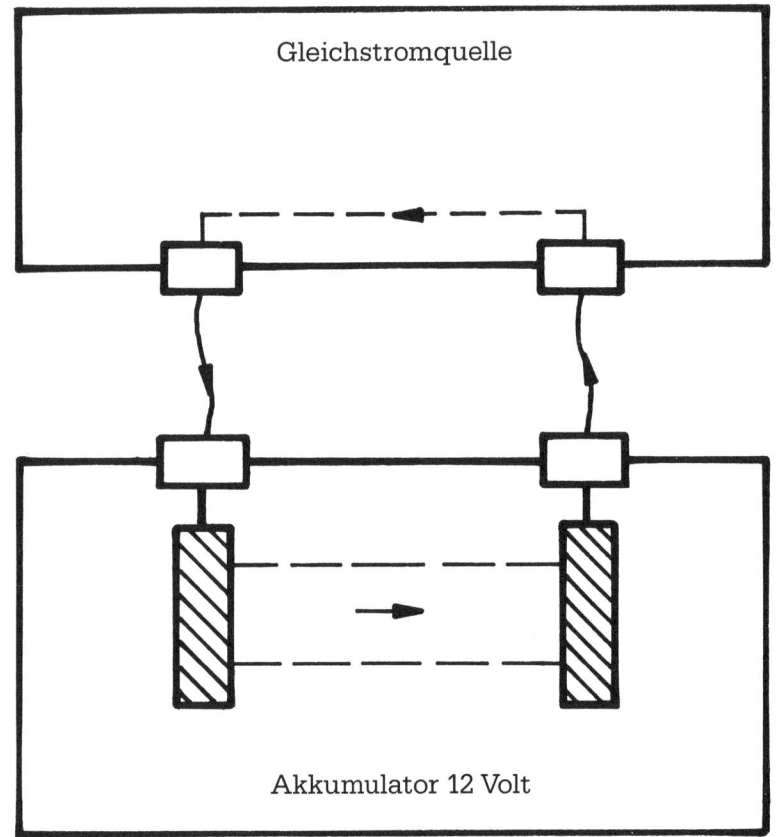

Gleichstromquelle

Akkumulator 12 Volt

Elemente, die chemische in elektrische Energie umwandeln, tragen die Bezeichnung galvanische Elemente. Der Akkumulator zeichnet sich dadurch aus, daß dieser Prozeß auch umkehrbar ist. Während des Entladens lagert sich an den Elektroden Bleisulfat ab, und die Säuredichte nimmt ab. Beim Aufladen läuft der Vorgang umgekehrt ab, und es entsteht Blei und Bleidioxid.

den Plusplatten. Weiter mit Elektronen zum Pluspol der Gleichstromquelle und durch diese hindurch zu ihrem Minuspol, und danach wieder zum Minuspol der Batterie.

Damit ist der Stromkreis geschlossen. Nur in einem bzw. durch einen »geschlossenen Stromkreis« kann ein Strom fließen; in Gasen und in Flüssigkeiten, die als Elektrolyt fungieren, mit Hilfe von Ionen, in »Leitern«, den Verbindungsdrähten, als Elektronenstrom. Elektrolyte sind chemische Flüssigkeiten, in denen Ionenströme fließen können, sich also entsprechende Ionen befinden, z.B. Kochsalz in Wasser gelöst. Die angelegte La-

despannung hat größer zu sein als die Spannung der Batterie, da sonst kein Strom gegen die noch verbliebene Restspannung des Akkus bzw. gegen die Spannung der voll geladenen Batterie in der erforderlichen Richtung fließen könnte.

Beim »Laden« des Akkus fließt infolge der angelegten »höheren« Spannung in der Säure ein Ionenstrom von der Minusplatte zur Plusplatte. Ist der Akku nun »aufgeladen« und die Ladestromquelle nun abgeschaltet, abgeklemmt, dann kann sich kein Ionenstrom von der Minus- zur Plusplatte im Akku bilden, um einen Ausgleich des Elekronenunterschiedes der Platten zu bewerkstelligen, den Akku damit zu entladen. Denn die chemischen Zustände der Bleiplatten und der wässrigen Schwefelsäure verhindern einen im Gegensinn fließenden Ionen-Strom ohne die Hilfe einer höheren äußeren Spannung.

Es gäbe sonst keinen Akkumulator dieser Art. Eine »Entladung« ist nur möglich durch einen Ionenfluß von der Plusplatte zur Minusplatte und entsprechend ein Elektronenfluß, ein Elektronenstrom durch einen Leiter, vom Minuspol zum Pluspol des Akkus. Damit aber ein Kurzschluß vermieden wird, muß der Elektronenstrom über einen Verbraucher (Widerstand) geführt werden.

Unterschiedliches Potential (Minus und Plus) zwischen zwei Polen stellt eine elektrische Spannung dar. Es wird hervorgerufen durch eine Verminderung der Elektronen am Pluspol und einem Überschuß freier Elektronen am Minuspol. Diese Elektronen warten auf einen Ausgleich durch einen Stromfluß.

Kurz wiederholt: durch den Akku fließt aufgrund des entstehenden chemischen Prozesses ein Ionenstrom und läßt die Platten eine gegensätzliche Polarität, Plus und Minus (+/-), annehmen. Diese wird auch eine gewisse Zeit aufrechterhalten, nachdem die Gleichstromquelle (die Ladestromquelle) wieder abgeschaltet worden ist. Abgeschaltet wird dann (manuell oder elektronisch), wenn der Ladestrom sehr gering geworden ist, der Akku ist dann geladen. »Voll geladen« bedeutet, die Spannung beträgt etwas mehr als 12 Volt, leer geworden etwas weniger als 12 Volt. Während des Ladevorgangs entweichen bei herkömmlichen Akkumulatoren der Säure Gase, Wasserstoff von der negativen Platte und Sauerstoff von der positiven Platte. Das Gemisch dieser beiden Gase, Wasserstoff und Sauerstoff, bilden das gefährliche (explosive) Knallgas. Deshalb dürfen Akkumulatoren nur in gelüfteten Räumen aufgestellt sein. Daher ist der Hinweis in Garagen angebracht: »Feuer und offenes Licht verboten«.

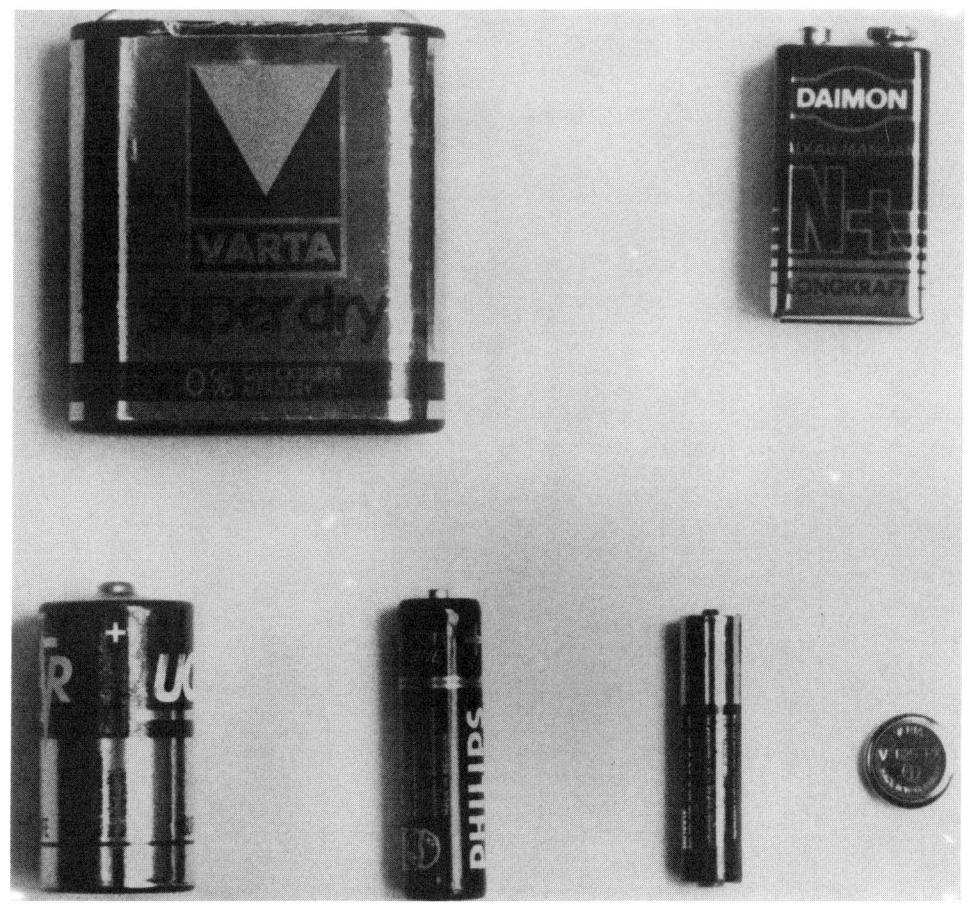

Batterien werden in nahezu allen Größen und Formen produziert. Ein wesentliches Kriterium hierbei ist die Bauweise der elektrischen Geräte, sowie deren Energiebedarf.

5. Wechselspannung und Wechselstrom

5.1 Wellen

Stellen Sie sich die Wasserringe vor, die entstehen, wenn Sie einen glatten, runden Stein in einen Teich mit völlig ruhigem Wasser fallen lassen oder mit einem Stock die Wasseroberfläche berühren. Die kreisförmigen Wellen breiten sich gleichförmig von der Mitte nach außen an den Rand des Teiches aus, ähnlich wie die Rundfunkwellen, die von einer Antenne abgestrahlt werden.

In unserem Zusammenhang interessiert nun vor allem die Wellenform und ihre Gleichmäßigkeit. Bilden wir uns ein, eine plötzliche Erstarrung des Wassers mit den Wellenbildern wäre eingetreten, dann könnte alles mit einer großen, runden Torte verglichen werden. Die Torte wird halbiert. Von der Schnittseite betrachtet, im Querschnitt, wären auf der Schnitt-Ober-

Das Foto zeigt die Ausbreitung von Wellen, die nach der Berührung der Wasseroberfläche entstehen. Ziehen Sie einen gedanklichen Schnitt durch das Wasser, und zwar von der Oberfläche bis zum Grund. Die Wasserringe erscheinen nun in Form von Bergen und Tälern. Diese Höhen und Tiefen entsprechen dem Verlauf einer Sinusschwingung. Stellt man die Wechselstromstärke in Abhängigkeit von der Zeit dar, so ergibt sich ebenfalls das Bild einer Sinusschwingung.

kante der »Torte« Wellen zu erkennen, die auch in die Tiefe gehen (Berg- und Talbahnen).

5.2 Technischer Wechselstrom

Ziehen Sie bitte gedanklich einen Strich waagerecht durch die Mitte aller Wellen der Torte, dann entstehen obere Teile der Wellen und unter dem Strich die unteren Teile. Wenn Sie eine Welle vom Anfang, wo sie vom Mittelstrich schräg nach rechts oben führt, verfolgen, dann sehen Sie, daß sie am Scheitelpunkt, dem Maximum der Höhe, sanft ihre Richtung ändert, wieder schräg rechts nach unten geht und am Ende ihres oberen Teiles den Mittelstrich im gleichen Winkel schneidet. An diesem Schnittpunkt

beginnt dann der untere Teil der Welle. Am Ende dieses Teiles, der genauso geformt ist wie der obere Teil, wären Sie wieder an der geraden Linie, der »Mittellinie« angelangt, dort wo der zweite, obere Bogen beginnt. Damit haben Sie dann eine Periode der Sinusschwingung nachvollzogen.

5.3 Sinusschwingungen, Perioden, Frequenzen

Ein Wechselstrom hat im allgemeinen eine Sinusform. Und auch unsere normale Wechselspannung von 220 bis 230 Volt und 50 Hertz hat diese Form. Oben, der Bogen über der Linie, ist der positive Teil, unter der Linie der negative Teil der Schwingung, beide zu-

Verschiedene Formen der Wechselspannung. Bild 1 zeigt die klassische Sinuskurve mit positiven und negativen Spannungsamplituden. In Bild 2 wird die Wechsel- von einer Gleichspannung überlagert, so daß die gesamte Kurve nach oben verschoben wird. Die Bilder 3 und 4 zeigen die Sägezahn- bzw. Rechteckkurve. Solche Formen können entstehen, wenn sich in den Schaltkreisen Kondensatoren oder Dioden befinden.

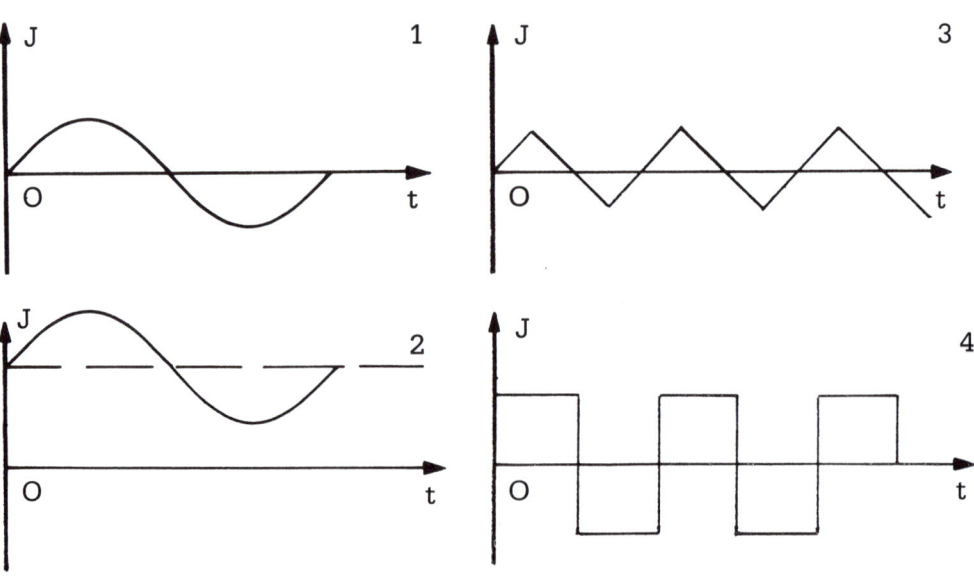

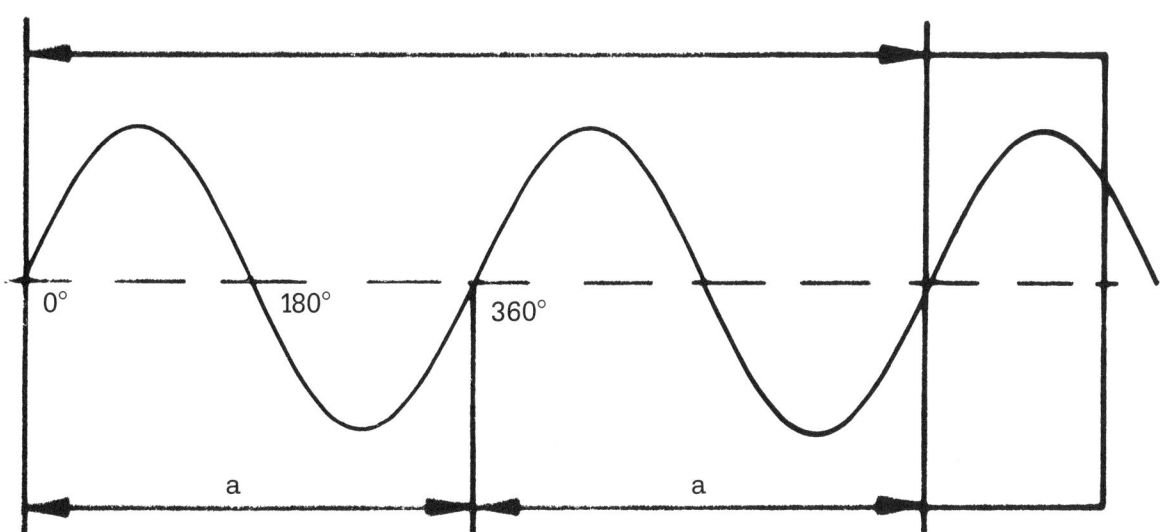

sammen stellen eine Periode dar. Und da wir wissen, daß der Strom von Minus nach Plus fließt, wird er in einer Periode einmal hin und her gehen, d.h. bei sich folgenden Perioden ständig seine Richtung ändern, eben wechseln. Nichts besonderes also, oder? Nur, daß es sich um 50 Perioden in der Sekunde handelt und, da es zweimal in der Periode einen Extremwert gibt, gleich 100 Scheitelpunkte in der Sekunde.

Andererseits sind 100 Scheitelpunkte im Vergleich harmlos, wenn man sich eine Fernsehübertragung vorstellt, deren Sendefrequenz bei ca. 200 Megahertz (200 Millionen Hertz) liegt, die Frequenz also über 400 Millionen mal die Richtung wechselt - in einer Sekunde. Wellenlänge und Frequenz »hängen zusammen«. Das Bindeglied zwischen beiden ist die Ausbreitungsgeschwindigkeit.

Die Formel lautet:

$$\text{Frequenz} = \frac{\text{Wellenlänge}}{\text{Ausbreitungsgeschwindigkeit}}$$

Typische Ausbreitungsgeschwindigkeiten: Lichtgeschwindigkeit (im Vakuum): ca. 300.000 km/sec; die Schallgeschwindigkeit beträgt in der Luft ca. 300 m/sec.

Manchmal ist in bezug auf Wellen auch von einer Periodendauer T die Rede. Die Periodendauer ist nichts anderes als die Zeit, die verstreicht, bis eine komplette Periode der Welle »vorüber ist« - also der Kehrwert der Frequenz:

$$\text{Zeit} = \frac{1}{\text{Frequenz}}$$

Darstellung der Sinuskurve. Die Kurvenform leitet sich aus der mathematischen Sinusfunktion ab. Markante Punkte solch einer Winkelfunktion liegen bei 0°, 90°, 180°, 270°. Die zugehörigen Funktionswerte betragen hier 0, 1, 0, -1. Durchläuft man einen kompletten Kreis von 0° bis 360° (vergleichbar mit einer Uhr von 0 bis 24 Uhr) und trägt die entsprechenden Funktionswerte auf, so ergibt sich die charakteristische Kurvenform (Strecke a).

In diesem Zusammenhang sollte darauf geachtet werden, daß zu jeder vollständigen Periode zwei Extreme gehören: ein Wellenberg (Maximum) und ein Wellental (Minimum). Offensichtlich gibt es einen Zusammenhang zwischen elektrischem Strom und einem magnetischen Feld.

ständig verändert) wird in einem geschlossenen Stromkreis ein Strom erzeugt. Das kommt daher, daß auf alle Elektronen im Bereich dieses Wechselfeldes eine Kraft wirkt. Da die Kraft auf alle Elektronen in der gleichen Weise wirkt, werden diese »gedrängt«, sich in eine bestimmte Richtung zu bewegen, was sich als Strom messen läßt. Der Strom ist abhängig davon, daß sich das Magnetfeld ständig ändert z.B. eine rotierende Leiterschleife in einem ruhenden Magnetfeld.

5.4 Kraftfelder

Beispiel

Spule. Durch ein magnetisches Wechselfeld (magnetisches Feld, das sich in Betrag und/oder Richtung

Wickeln wir nun mehrere Leiterschleifen zu einer Spule, so können wir an den beiden Drahtenden der Spule eine Spannung messen, wenn wir z.B. einen Stab- oder Hufeisenmagneten in dieser Richtung bewegen (auch hier ändert sich das Magnetfeld, sogar in Betrag und Richtung). Sobald aber die Bewegung aufhört, liegt keine

Stromdurchflossene Spule im Magnetfeld. Dargestellt ist der Schnitt durch eine Spule, deren Achse senkrecht auf den magnetischen Feldlinien eines Permanentmagneten steht. Fließt ein Strom durch diese Spule, so entsteht ein zweites Magnetfeld Dieses Feld übt ein Drehmoment aus (Abb. a). Es erfolgt eine Rotationsbewegung, die erst dann endet, wenn die Spulenachse parallel zu den Feldlinien des Magneten liegt (Abb. b).

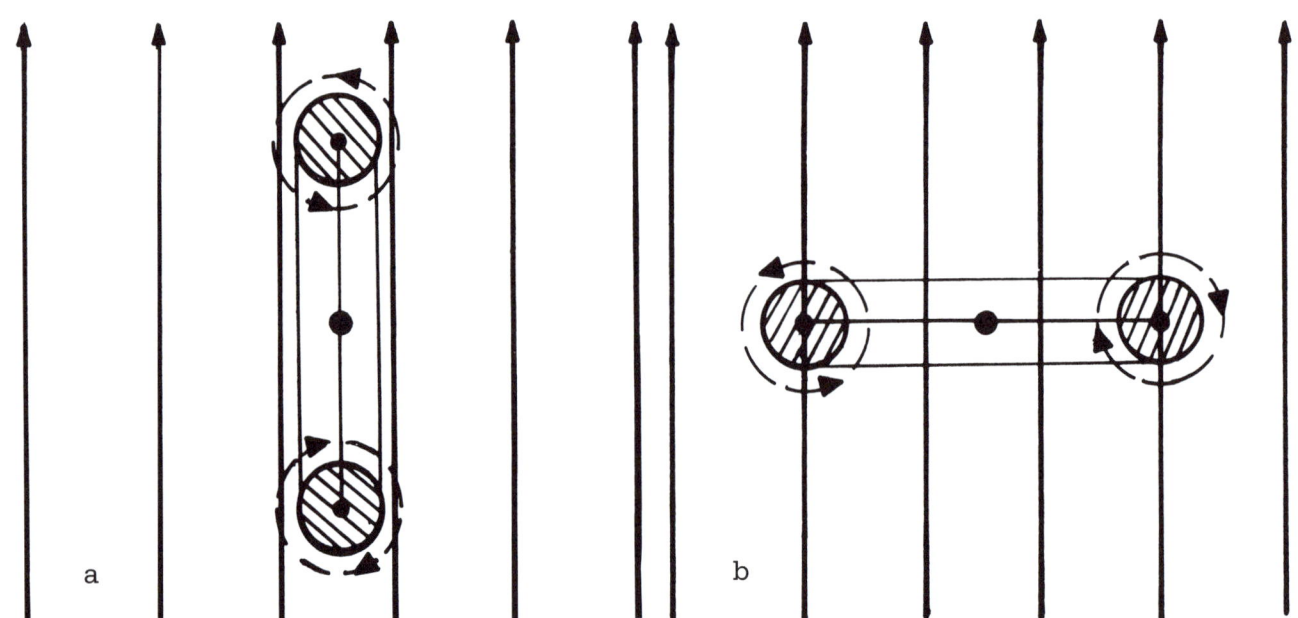

a

b

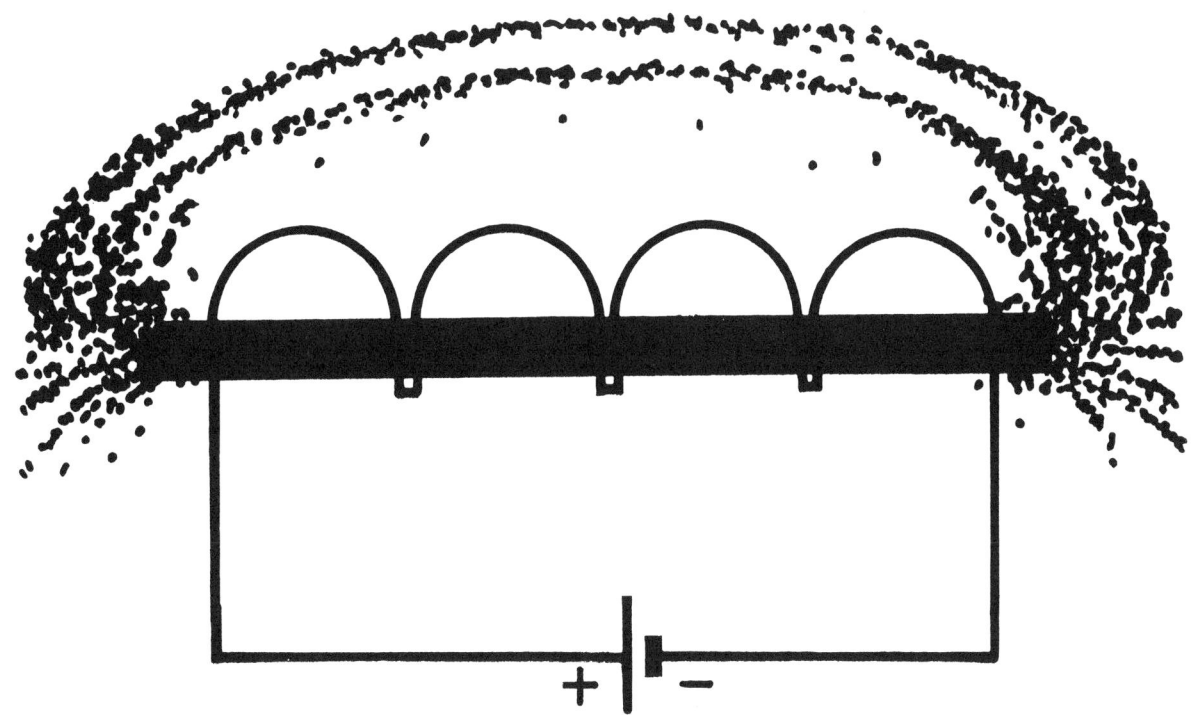

Spannung mehr an, auch wenn der Magnet ganz in der Spule ist. Diesen Effekt nennt man Induktion - es wird eine Spannung induziert. Ist der Stromkreis geschlossen, so ruft diese Spannung auch einen Strom hervor. Die Stromrichtung hängt von der Bewegungsrichtung des Magnetfeldes relativ zur Spule ab, vom »Wickelsinn« der Spule und von der Polarität des Magnetfeldes (entspricht der Richtung der Feldlinien).

Andererseits kann man auch durch Strom ein Magnetfeld erzeugen. Wir nehmen wieder eine Spule, lassen durch sie einen Strom fließen und haben sofort unseren Elektromagneten. Aber wie funktioniert das?

Jeden stromdurchflossenen Leiter umgibt ein magnetisches Feld, das diesen ringförmig umgibt - also keinen Nord- oder Südpol besitzt. Stellen wir uns diesen Ring nun einmal vor: in seiner Wirkung nach außen bleibt das Feld neutral, denn jedem Punkt des Ringes, an dem das Feld in eine bestimmte Richtung zeigt, kann der auf dem Ring genau gegenüberliegende Punkt zugeordnet werden, und exakt dort ist das Feld entgegengesetzt gerichtet. Da an beiden Punkten das Feld dieselbe Stärke hat, hebt sich das magnetische »Ringfeld« in seiner Wirkung nach außen hin selbst auf.

Anders jedoch bei der Spule: hier liegen die Drähte (magnetischen Ringe) unmittelbar zusammen. Zwischen den Drähten hebt sich das Magnetfeld auf, und außen und innen addiert sich das Feld zu einem Gesamtmagnetfeld, das nun auch eine Polarität be-

Eine vom Strom durchflossene Leiterschleife ist mit einem Spulenkern, auf den Wicklungen aufgebracht sind, sowie einer Stromquelle verbunden. Auf diese Weise wirkt die Spule als Elektromagnet mit entsprechend sich aufbauendem ringförmigem Feld. Dabei addieren sich die um jede einzelne Leiterwicklung auftretenden magnetischen Felder zu einem Gesamtmagnetfeld, dem man eine bestimmte Polarität, wie man sie vom Permanentmagneten kennt, zuordnen kann. Der vorstellbare Verlauf dieses Gesamtmagnetfeldes ist im Bild skizziert.

sitts, da sich nur ausgezeichnete Richtungen »durchsetzen«. Magnetisch gesehen, gibt es keinen Unterschied, ob es sich bei einem Magneten um einen »echten« (z.B. aus magnetisiertem Weicheisen) oder einen Elektromagneten (stromdurchflossene Spule) handelt.

und Südpol genannt. Aber nicht nur, um eine Richtung bestimmen zu können, sondern auch, um den Erdmagnetismus, das magnetische Kraftfeld der Erde, zu bezeichnen. Durch das Erdkraftfeld besteht dann die relativ einfache Möglichkeit, einen Magneten herzustellen.

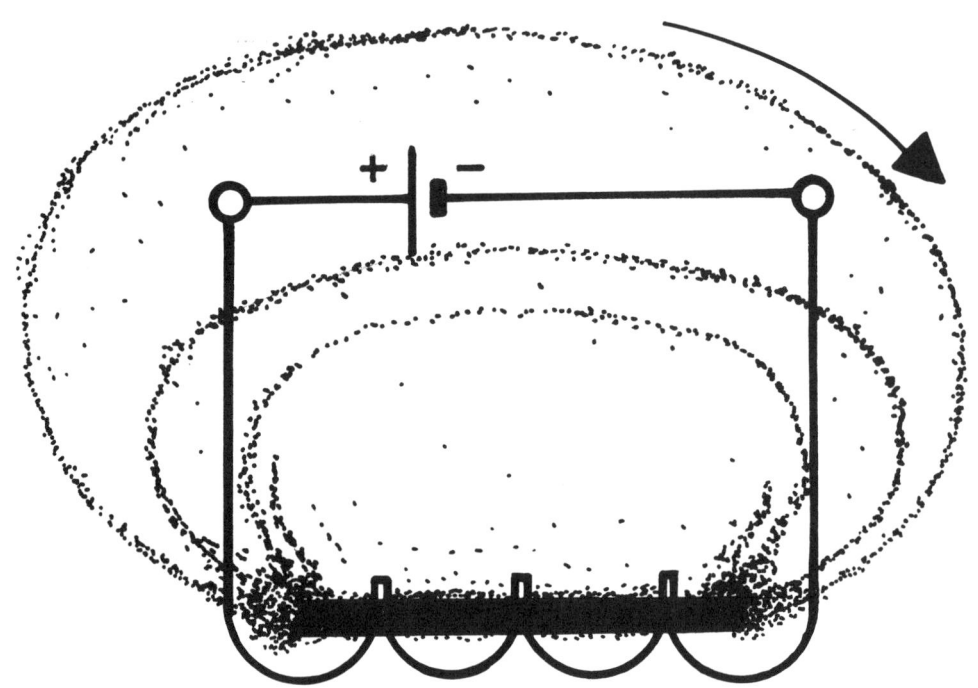

Elektromagnetische Wirkung einer Spule mit Eisenkern. Die Spule stellt einen stromdurchflossenen Leiter dar, der ein Magnetfeld erzeugt. Dabei stehen die magnetischen Feldlinien senkrecht zu der Richtung des fließenden Stromes.

In der Natur gibt es Magneteisen in unterschiedlichen Erscheinungen. Die dänische Insel Bornholm in der Ostsee ist z.B. auch teilweise mit magnetischem Erz versetzt, so daß Schiffe und Yachten, die mit Magnetkompassen navigieren, Schwierigkeiten bekommen können, wenn sie die Abweichungen (Mißweisungen) ihres Kompasses nicht auf der Seekarte überprüfen würden.

Auf unserer Erde werden die zwei sich gegenüberliegenden Pole Nord-

Das Bild zeigt den normalen Zustand eines Weicheisenstabes. Praktisch besteht das ganze Eisen aus »Molekular«- Magneten, die ihren Platz im Eisen alle möglichen verschiedenen Ausrichtungen eingenommen haben können. Jede Erschütterung kann ihre Ausrichtung verändern. Genausogut läßt sich diese Ausrichtung durch die Einwirkung eines Magnetfeldes beeinflussen. Dessen Feldlinien bewirken eine homogene Anordnung der Molekularmagneten, die dann symmetrisch ausgerichtet sind.

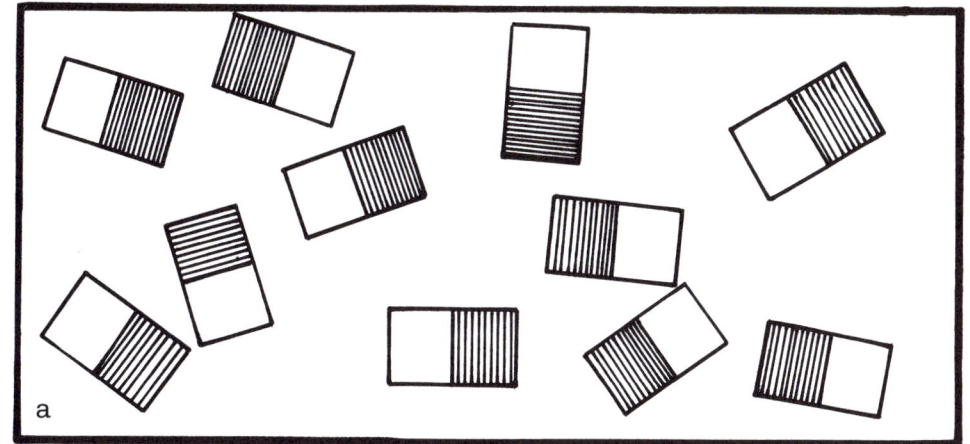

Magnetisierung eines Eisenstabes. Bestreicht man einen Eisenstab mit einem Magneten, so läßt sich beobachten, daß von diesem Stab eine magnetische Wirkung ausgeht. Die zuvor wahllos angeordneten Elementarmagnete (a) richten sich durch den Einfluß der Feldlinien einheitlich aus (b).

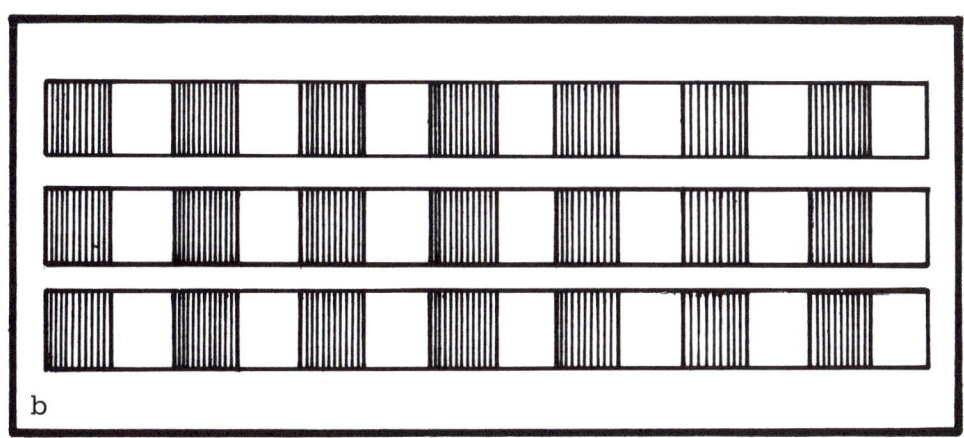

Experiment

Erdkraftfeld. Wenn wir mit einem Taschenkompaß die Richtung zum Nordpol unseres Planeten feststellen und mit einer vertikalen Kompaßnadel die Neigung der Magnetkraftlinien des Erdkraftfeldes in der genauen Richtung zum Nordpol erhalten, dann brauchen wir nur einen Weicheisenstab exakt parallel zur vertikalen Magnetnadel zu halten und mit einem Hammer dem oberen Ende des Stabes einen kräftigen Schlag versetzen. Die

Erschütterung bringt die Molekularmagneten aus ihrer Ruhelage, sie bewegen sich, werden an das Erdkraftfeld angepaßt und »erstarren« in der neuen Lage, da keine Erschütterungen den Stab beeinflussen.

Legen wir jetzt den Stab z.B. in einer Ost-West-Richtung auf einen Tisch und gehen mit einem Kompaß an das eine Ende des Stabes, so wird die Magnetnadel aus ihrer Nord-Süd-Richtung abgelenkt. Das kann nur ein Magnet verursachen: das heißt, die Stange besitzt an den Enden einen magnetischen Pol, ein Beweis, daß die Eisenstange zu einem Magneten geworden ist, zu einem Stabmagneten. Und er bleibt es auch, solange er nicht erschüttert oder erhitzt wird. (Die Eisenstange müßte schon einen Durchmesser von ca. 15 mm und eine Länge von einem Meter besitzen, wenn die Wirkung gut erkennbar sein sollte).

Sehen wir uns die Abbildung an, dann haben wir - wenn die Lampe nicht leuchtet - einen »offenen« Stromkreis vor uns. Wir zeichnen ein neues Bild, ein »Schaltbild«, das aus den Bauelementen der oberen Abbildung besteht, aber zusätzlich noch eine Spule erhält; es ergeben sich die folgenden Verbindungen:

Aufklappbarer Taschenkompaß mit innenliegendem Spiegel und Visier. Bei der Ortsbestimmung ist darauf zu achten, daß starke elektromagnetische Felder (Hochspannungsleitungen) den Ausschlag der Kompaßnadel beeinflussen.

vom	Ende der Spule aus Cu
zum	Eingang der Lampe(L)
vom	Ausgang der Lampe
zum	Schaltereingang(S)
vom	Schalterausgang
zur	Stromquelle (+)
von	der Stromquelle (-)
zum	Anfang der Spule aus CU.

Wir »legen den Schalter ein« (schalten den Stromkreis ein, schließen ihn): die Lampe leuchtet. Das aber interessiert uns im Moment nicht, die Lampe ist nur ein Widerstand. Wir suchen die andere Wirkung, den Magneten. Und stellen fest: im Augenblick des Einschaltens (wenn Strom fließt), haben wir mit der Spule einen Elektromagneten vor uns.

Beispiel

Elektromagnet. Der Magnetismus einer Spule wird noch verstärkt, wenn wir einen Eisenstab (Weicheisen, keinen Stahl) in die Spule schieben. Die Kraftlinien des Magneten (das Ma-

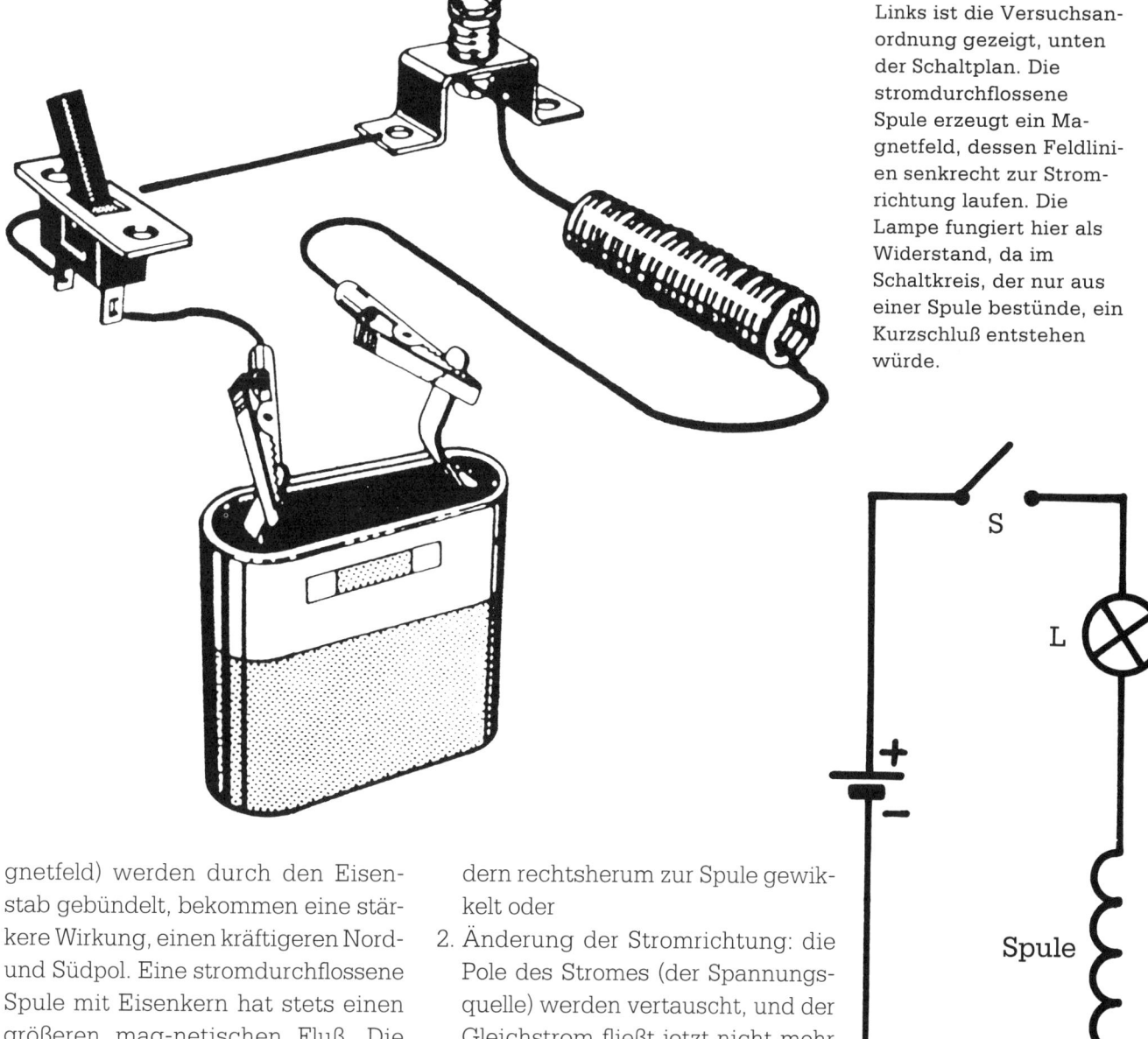

Schaltkreis mit Spannungsquelle, Verbraucher, Schalter und Spule. Links ist die Versuchsanordnung gezeigt, unten der Schaltplan. Die stromdurchflossene Spule erzeugt ein Magnetfeld, dessen Feldlinien senkrecht zur Stromrichtung laufen. Die Lampe fungiert hier als Widerstand, da im Schaltkreis, der nur aus einer Spule bestünde, ein Kurzschluß entstehen würde.

S

L

Spule

gnetfeld) werden durch den Eisenstab gebündelt, bekommen eine stärkere Wirkung, einen kräftigeren Nord- und Südpol. Eine stromdurchflossene Spule mit Eisenkern hat stets einen größeren mag-netischen Fluß. Die magnetische Induktion ist hier sehr stark. Die Polarität der Pole kann gewechselt werden, wenn folgende Voraussetzungen erfüllt werden:

1. Änderung des Wicklungssinnes: der Draht wird z.B. nicht links, sondern rechtsherum zur Spule gewikkelt oder

2. Änderung der Stromrichtung: die Pole des Stromes (der Spannungsquelle) werden vertauscht, und der Gleichstrom fließt jetzt nicht mehr links-, sondern rechtsherum durch den Draht.

Dieser Elektromagnet nun hilft uns, mit einem Kunstgriff über eine Hilfsschaltung an unseren Wechselstrom zu kommen.

Darstellung einer von elektrischem Strom durchflossenen Spule mit bestimmter Windungszahl. Es soll veranschaulicht werden, daß bei diesem Vorgang entsprechend der Polarität elektromagnetische Strahlung in Wellenform auftritt, die kreisförmige Bahnen um den Spulenkörper herum beschreibt. Dabei ist die Strahlungsintensität und somit der elektromagnetische Einfluß, den die Spule auf ihre Umgebung ausübt, direkt abhängig von ihrer Windungszahl, sowie vom inneren Widerstand des Windungsdrahtes.

Experiment

Bewegung. Wir benötigen einen Magneten, und zwar einen Hufeisenmagneten. Die eingeschaltete von Strom durchflossene Spule halten wir vorsichtig zwischen die Pole des Hufeisenmagneten und spüren, daß die Spule sich in eine Richtung bewegen will. Die Kräfte des Elektromagneten aber, die diese Bewegung hervorrufen wollen, sind sehr klein. Die Ursache ist der geringe Strom in der Spule. Er ist so schwach, weil der Widerstand der Lampe zu groß ist. Um das Magnetfeld zu vergrößern, erhöhen wir erstens die Windungszahl der Spule und entfernen zweitens die Lampe aus dem Stromkreis. Ihr Widerstand wird durch den längeren Draht soweit ersetzt, daß kein Kurzschluß entstehen

kann. Jetzt spüren wir mit der vergrößerten Wicklung und dem höheren Strom einen stärkeren Bewegungsdrang der Spule. Der Grund ist erklärlich: wir sagten, eine stromdurchflossene Spule ergibt einen Elektromagneten. Diesen kräftigeren Magneten halten wir nun zwischen die Pole des vorhandenen Hufeisenmagneten. Daß sich zwei Magnete gegenseitig beeinflussen, ist bekannt: ungleiche Magnetpole ziehen sich an, und gleiche Magnetpole stoßen sich ab. Aus diesem Grunde bewegt sich auch die Spule.

Um den Bewegungszwang besser erkennen zu können, befestigen wir die Spule in Längsrichtung an einem Stäbchen aus Holz oder Kunststoff. An den beiden Drahtenden der Spule nennen wir das Holzstäbchen B, und gegenüber, an der anderen Spulensei-

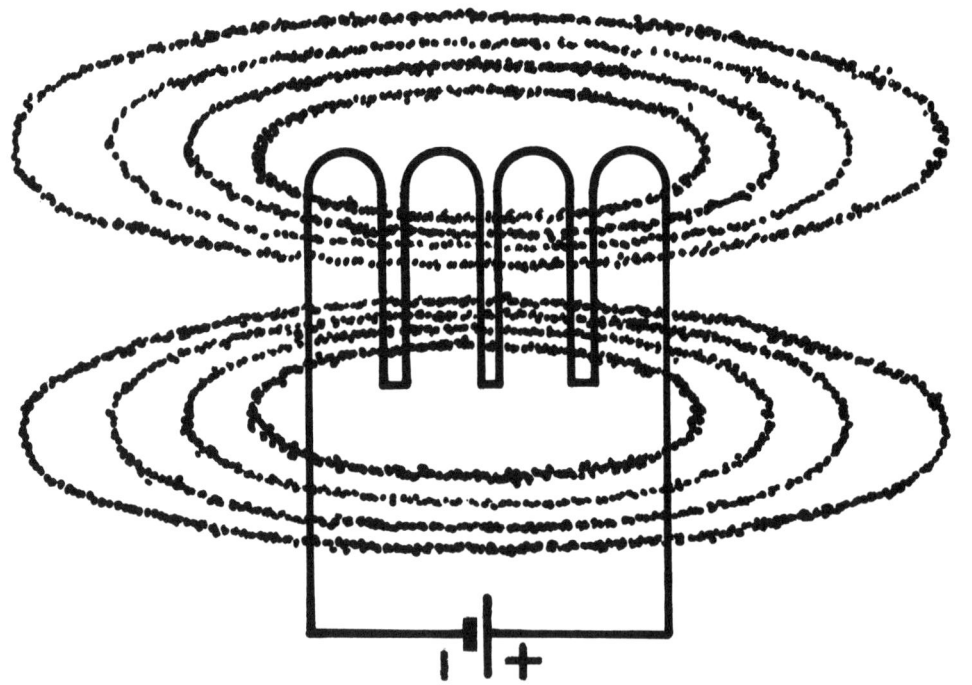

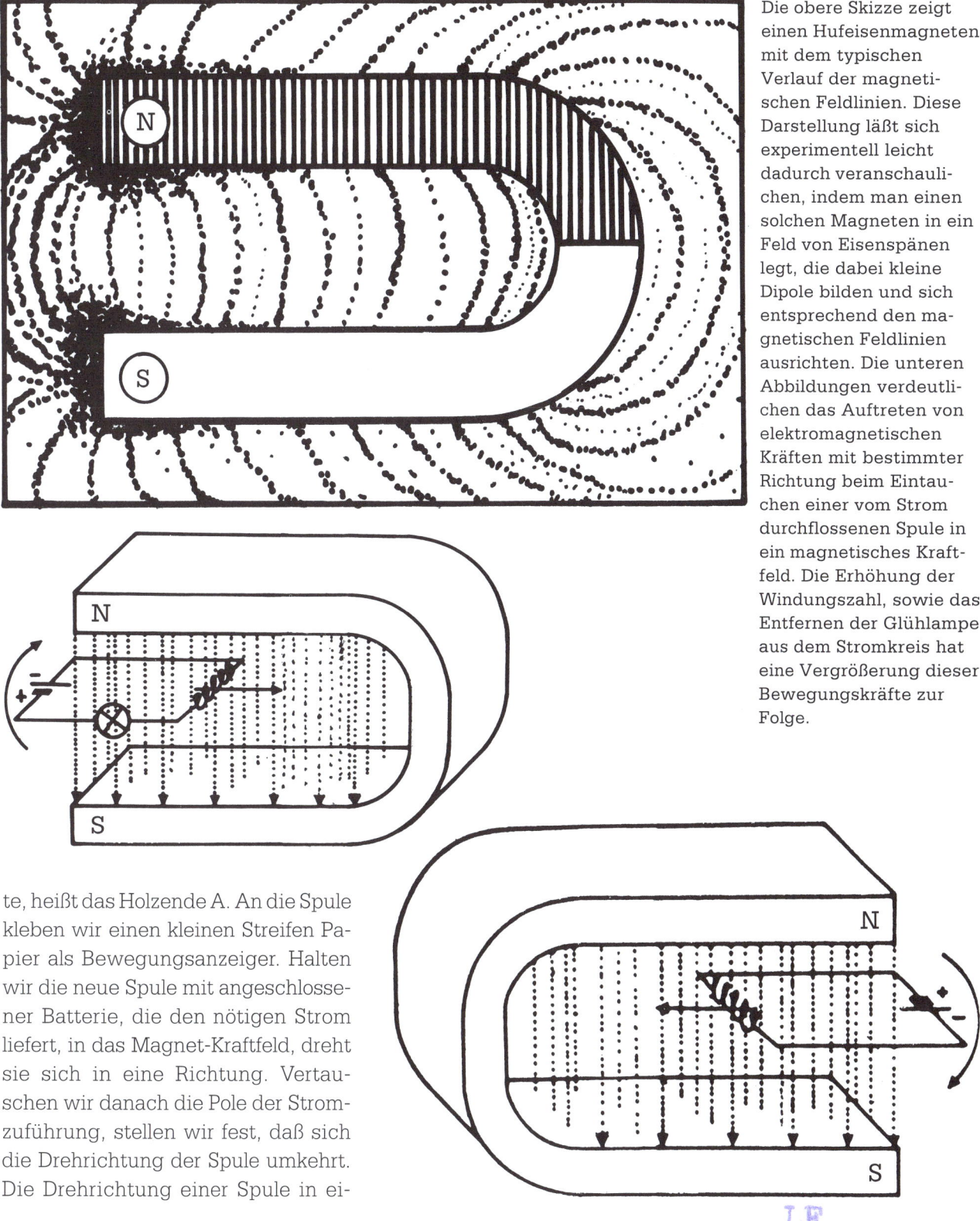

Die obere Skizze zeigt einen Hufeisenmagneten mit dem typischen Verlauf der magnetischen Feldlinien. Diese Darstellung läßt sich experimentell leicht dadurch veranschaulichen, indem man einen solchen Magneten in ein Feld von Eisenspänen legt, die dabei kleine Dipole bilden und sich entsprechend den magnetischen Feldlinien ausrichten. Die unteren Abbildungen verdeutlichen das Auftreten von elektromagnetischen Kräften mit bestimmter Richtung beim Eintauchen einer vom Strom durchflossenen Spule in ein magnetisches Kraftfeld. Die Erhöhung der Windungszahl, sowie das Entfernen der Glühlampe aus dem Stromkreis hat eine Vergrößerung dieser Bewegungskräfte zur Folge.

te, heißt das Holzende A. An die Spule kleben wir einen kleinen Streifen Papier als Bewegungsanzeiger. Halten wir die neue Spule mit angeschlossener Batterie, die den nötigen Strom liefert, in das Magnet-Kraftfeld, dreht sie sich in eine Richtung. Vertauschen wir danach die Pole der Stromzuführung, stellen wir fest, daß sich die Drehrichtung der Spule umkehrt. Die Drehrichtung einer Spule in ei-

Induktion einer Spannung mit dadurch bedingtem Stromfluß bei der Drehbewegung einer Leiterschleife mit Spulenkörper im Kraftfeld eines Permanentmagneten. Im vorigen Experiment war eine Bewegung der stromdurchflossenen Spule das Ergebnis einer resultierenden elektromagnetischen Kraft, im dargestellten Fall ist der sich einstellende Stromfluß die Folge einer manuell ausgeübten Kraft.

nem Magnetfeld (eines Elektromagneten in einem Magnetfeld), also eines Magneten im Feld eines zweiten Magneten, ist abhängig von der Lage der Pole zueinander.

Kurz zusammengefaßt: für eine Bewegung ist ein Magnetfeld erforderlich und eine Kraft (zwei Magnete gegen-

1. es muß die Magnetkraft eines Magneten vorhanden sein
2. es muß sich eine Spule im Kraftfeld befinden
3. es muß ein Strom durch die Spule fließen, dann ist das Ergebnis dieser drei Punkte eine Kraft, die eine Bewegung der Spule im Magnetfeld zur Folge hat.

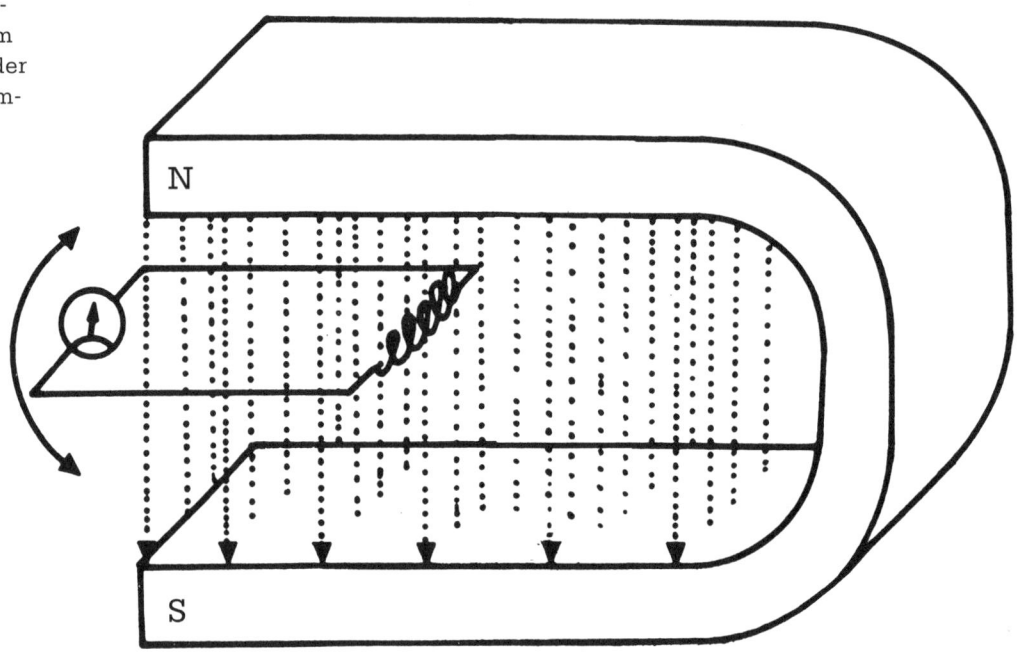

einander), ein Leiter (eine Spule) und ein Strom, der den zweiten Magneten erzeugt. Noch einmal zusammengefaßt:

    1. Magnetfeld 1
    2. Leiter
    3. Strom im Leiter
    (ergibt Magnetfeld 2 und
    beide Felder die Kraft)

    —————————————

    Ergebnis ist eine Bewegung

    oder auch

Es ist zu beachten, daß das Magnetfeld (1) alleine keine Wirkung hat, es alleine kann keine Kraft ausüben. Der Strom, der durch die Spule (2) (den Leiter) fließt, erzeugt allerdings ein zweites magnetisches Feld, so daß auf beide Magnete, der permanente und der Elektromagnet, wenn sie sich durch ihre Felder beeinflussen, gegenseitig Kräfte einwirken.

Erst das Zusammenwirken zweier Felder, die allein keine Kraft ausüben können, eines davon durch Strom erzeugt, bewirkt also eine Bewegung, eine Kraft, deren Folge immer eine Bewegung ist. Was passiert aber, wenn wir diese Bewegung durch eigene Tätigkeit hervorrufen? Wir wollen es versuchen. Also ein neuer Aufbau. Wir nehmen nur die mit vielen Wicklungen (300 und mehr) bestückte neue Spule und schließen sie an ein Voltmeter an.

Frage: Was ergibt sich, wenn wir die Spule drehen? Können wir auf dem Instrument, dem Voltmeter, etwas erkennen? Vorher lag der Fall umgekehrt: Eine Spule »bewegte« sich im »Kraftfeld« eines Magneten, weil wir durch die Spule einen »Strom« schickten und sie zum Elektromagneten veränderten.

Eine stromdurchflossene Spule bewegt sich zwischen zwei Magnetpolen. Fließt aber auch wirklich Strom in der Spule, wenn sie von uns in ei-

nem Magnetfeld per Hand bewegt wird? Die Forderung nach Magnetfeld und Bewegung wäre erfüllt. Aber hat es Sinn? Kann der Strom, wenn überhaupt einer fließen sollte, auch »abgenommen und verwertet« werden?

Experiment

Umbau. Für den Holzstift, an dem die Spule befestigt ist, stellen wir zwei Lager fest auf eine Platte. Der Stift soll mit seinen Enden A und B in den Lagern liegen und sich drehen können. Und damit die Verbindungsdrähte zum Meßinstinstrument, dessen Zeiger in Ruhe links steht, nicht von der Spule beim Drehen abreißen können, müssen wir die Drähte nur lose mit der Spule verbinden, nur schleifen lassen, in der Art eines Stromabnahmebügels einer Eisenbahn. Wir fertigen und

Elektrolokomotive des Typs 103 der Deutschen Bundesbahn. Die Oberleitungen versorgen die Transformatoren der Lokomotive über Scherenstromabnehmer mit einer Spannung von 15.000 Volt. Im Transformatorenteil wird dieser Wert bis auf die maximal mögliche Motorenspannung von 600 Volt herabgesetzt. Jeder der sechs Motoren treibt eine Achse an. Die Gesamtleistung der Lokomotive beträgt 9.600 PS.

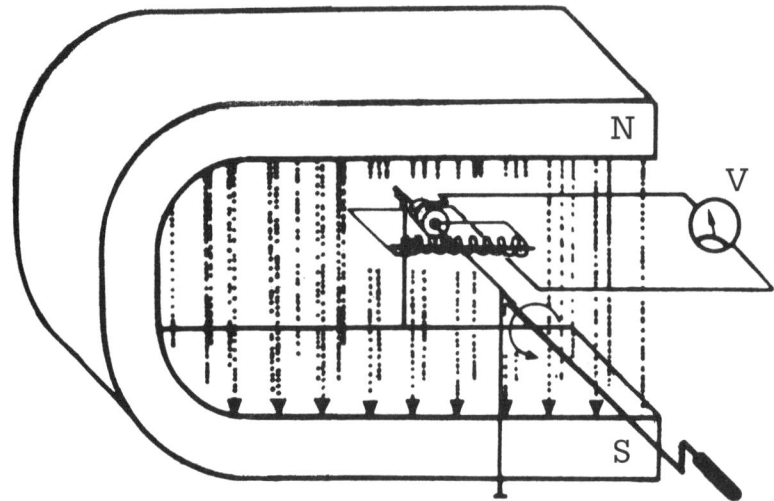

Die Abbildung zeigt den prinzipiellen Versuchsaufbau für ein kleines Experiment. Die Spule ist mit einer Leiterschleife verbunden, in der ein Voltmeter zur Messung der induzierten Spannung integriert ist. Der mit 300 oder mehr Wicklungen versehene Spulenkörper steht in senkrechter Position zu den Feldlinien des Permanentmagneten. Die Ausgangslage des Versuchs ist damit gegeben, beim Ausharren der Spule in dieser Position läßt sich keine Spannungsinduktion feststellen.

schieben zwei durchbohrte dicke Messingscheiben (5) und (7) auf das freie Ende B des Holzstiftes. Zwischen den Scheiben mit einem Durchmesser von 2 cm und einer Dicke von 1 cm besteht ein Abstand von ca. 5 mm (6), um sie voneinander zu isolieren. Die beiden langen Drahtenden der Spule (4) kürzen wir und löten das eine Ende an die innere Messingscheibe. Den Draht für die äußere Scheibe (7) schieben wir (gut isoliert) mit durch das Loch der inneren Scheibe (5). Das Meßinstrument versehen wir mit zwei Anschlußdrähten, legen diese auf den 1 cm breiten Umfang der Scheiben und sorgen gleichzeitig dafür, daß sie bei Drehungen nicht abrutschen können. Die Scheiben sind jetzt die »Schleifringe« einer elektrischen Maschine zur Abnahme oder Zuführung eines Stromes geworden. Der Umbau ist beendet. Es ist alles fertig zum Probelauf. Auf der Achse, dem Stift, sitzen hintereinander (beginnend beim Ende A des Stiftes) die folgenden Bau- und Konstruktionsteile:

- der herausragende Zapfen (A) des Stiftes
- die Kurbel   (2)
- das Lager 1   (3)
- die Spule   (4)
- der Schleifring 1   (5)
- der Abstand von 5 mm (6)
- der Schleifring 2   (7)
- das Lager 2   (8)
- der herausragende Zapfen (B)

Über und unter der Spule liegen die Pole S und N des Hufeisenmagneten. Der Abstand der Pole von der Spule - wenn sie senkrecht steht - ist so gering wie möglich, um mehr » Magnetkraft« (das Magnetfeld ist direkt am Magneten am stärksten) zur Geltung kommen zu lassen. Die Spule steht jetzt senkrecht zwischen den Polen, so daß sie oben und unten beinahe die Pole berührt. Und die Öffnungen der Spule, die linke und rechte, zeigen nach den Seiten, einmal aus dem Hufeisenmagneten heraus und dann das andere Mal in den Bogen dieses Magneten hinein.

Experiment

Neuer Versuch. Wir drehen die Kurbel vorsichtig rechtsherum, und der Zeiger des angeschlossenen Meßinstrumentes bewegt sich langsam nach rechts. Es fließt tatsächlich Strom. Beim Weiterdrehen geht er genauso langsam zurück. Wieso eigentlich? Er müßte doch stehenbleiben. Oder fließt wirklich kein Strom? Aber das Voltmeter verbraucht doch Energie, um seinen Zeiger bewegen zu können, wenn auch ganz wenig. Aber dafür muß immerhin ein Strom fließen. Der Zeiger rührt sich nicht mehr vom Fleck, obgleich wir weiterdrehen. Doch jetzt? Er schlägt wieder aus. Immer dann, wenn wir mit der Kurbel die Anfangsstellung erreicht haben, beginnt er sich zu bewegen. Eigentlich hätte er ja rechts stehenbleiben müssen. Was haben wir denn falsch gemacht? Noch einmal wird der Versuchsaufbau überprüft.

Neuer Versuch, wieder von vorn, genauso langsam gedreht. Wir zählen dabei, um ein gleichmäßiges Tempo einhalten zu können: einundzwanzig - zweiundzwanzig - dreiundzwanzig - usw. und bei jeder Zahl drehen wir einmal die Kurbel um 90 Grad. Vier Viertelumdrehungen: nach oben, nach rechts, nach unten, nach links. Und was macht der Zeiger, bleibt er stehen? Nein, er geht wohl nach rechts, wenn wir mit der Kurbel das erste Viertel gedreht haben, weil die offene Seite der Spule langsam vor den Magnet-Südpol zu liegen kommt. Die Spule steht dann waagerecht. Drehen wir aber weiter mit der Kurbel (das zweite Viertel), dann bewegt sich wohl der Zeiger, aber rückwärts bis auf Null und bleibt stehen.

Und wenn wir weiterdrehen würden und die andere Seite der Spule käme vor den Südpol ... Halt! Die andere Seite zeigt doch für den Hufeisenmagneten einen anderen Wicklungssinn. Und nun haben wir auch die

Das Experiment wird durchgeführt. Die mit der Leiterschleife versehene Spule wird um ihre Hochachse um 180 Grad im Magnetfeld gedreht, so daß sie wiederum senkrecht zu den Feldlinien des Permanentmagneten steht. Bei der gleichmäßigen Durchführung dieser Rotationsbewegung ist auf der Anzeige des Meßinstrumentes zunächst ein Spannungsmaximum ablesbar, bei Annäherung des Drehwinkels an 90 Grad nimmt die induzierte Spannung sinusförmig bis zum Nullpunkt ab. Bei Fortführung der Drehbewegung um eine weitere Viertelumdrehung ist dagegen ein negativer sinusförmiger Spannungsaufbau zu registrieren.

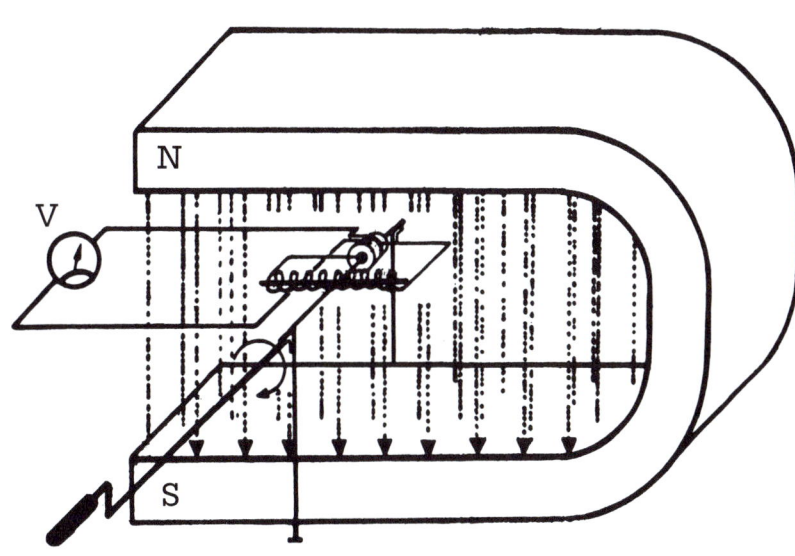

Bei fortlaufender, kontinuierlicher Bewegung der Spule im magnetischen Kraftfeld läßt sich zu jedem Zeitintervall zwischen Spulenstellung und Zeigerausschlag eine Proportionalität feststellen. Steht der Spulenkörper senkrecht zu den Feldlinien des Hufeisenmagneten, ergibt sich ein Maximum an induzierter Spannung, in waagerechter Position, also nach einem Drehwinkel um 90 Grad fällt sie zum Nullpunkt hin ab, um sich nach einer weiteren Viertelumdrehung wiederum mit negativem Potential aufzubauen. Bei der Beobachtung der Zeigerausschläge fällt der gleichmäßige Verlauf der Schwingunsbewegung auf.

Lösung. Die Spule ist im »Wickelsinn«, sagen wir rechtsherum, gewickelt. Gut. Drehen wir sie aber um die Hälfte, dann hat sich der Wickelsinn - vom Südpol des Hufeisen-Magneten aus gesehen - umgedreht: nicht eine Spule mit einem Wickelsinn »rechtsherum« liegt jetzt zwischen den Polen des Magneten, sondern eine »linksherum« gewickelte hat den Platz eingenommen. Und wir wissen, daß die Polarität sich ändern kann, auch bei Vertauschung des Wicklungssinnes. Dann müßte aber auch der Strom in der entgegengesetzten Richtung durch die Spule fließen, und das kann das Instrument nicht anzeigen. Ist es unser Fehler? Bei dem oben genannten Versuch hatten wir ebenfalls festgestellt, daß beim »Wechsel der Gleichstromanschlüsse« an einer Spule im Magnetfeld die Spule nach der anderen Seite ausgeschlagen hatte. Will die Spannung hier auch ihre Polarität ändern und der Strom seine Richtung?

Also der allerletzte Versuch. Wenn es dann nicht funktioniert, haben wir alles grundfalsch überlegt. Aber als erste Maßnahme muß das Meßinstrument ausgetauscht werden. Und zwar gegen eines, dessen Zeiger in Ruhelage, d.h. bei der Anzeige »Null«, in der Mitte zu stehen hat.

Experiment

Wechselstrom. Jetzt drehen wir wieder, beobachten gleichzeitig Kurbel und Zeiger und kommen zu folgendem überraschenden Ergebnis: der Zeiger geht nicht nur nach rechts, nein. Er geht wohl nach links zurück, aber dann über den Ruhepunkt (Nullpunkt) noch weiter nach links und dann wieder nach rechts, immer hin und her. Das ist etwas ganz Neues. Er bewegt sich nach Plus und über Null nach Minus und wieder zurück.

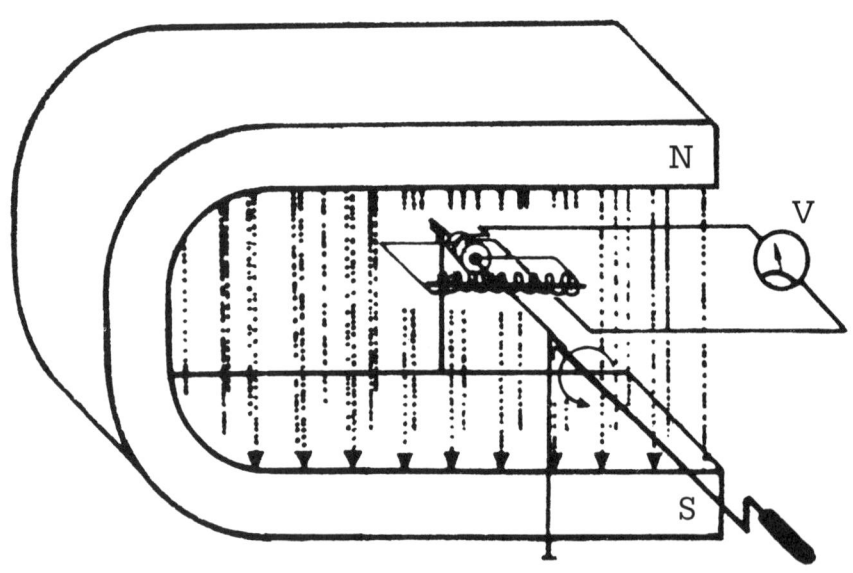

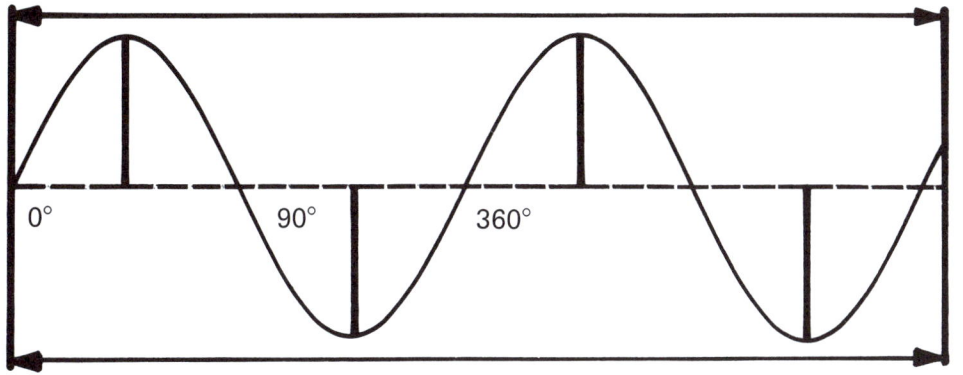

Und damit haben wir ihn gefunden, den Wechselstrom. Wir machen eine Tabelle von Kurbel- und Zeigerstellungen:

Kurbel-Stellung	Zeiger-Stellung
oben	Mitte
rechts	rechts
unten	Mitte
links	links
oben	Mitte

Ob wir schneller drehen oder langsamer, die Ergebnisse bleiben die gleichen. Der Zeiger bewegt sich hin und her. Jetzt können wir zufrieden sein. Es ist uns nach vielen Versuchen gelungen, einen Strom in einer sich in einem Magnetfeld drehenden Spule nachzuweisen. Aber nicht nur das, wir können ihn auch benutzen, das Meßinstrument - ein Verbraucher - beweist es.

Die Ergebnisse der Experimente zeigen einen die Richtung wechselnden Strom. Einmal nach Plus, rechts auf dem Instrument, dann nach Minus, links. Das entspricht einer ihre Polari-tät dauernd wechselnde Spannung. Wir haben eine Wechselspannung. Eine Ladungsverschiebung (Separation von Ladungen) hat eine Potentialdifferenz zur Folge. Eine Potentialdifferenz zwischen zwei Punkten aber ist als Spannung definiert. Daraus folgt: zwischen den beiden Punkten liegt eine Spannung.

5.5 Dynamo und Generator

Ein Dynamo, der eine Wechselspannung erzeugt, ist ein Wechselstromgenerator, also eine elektrische Maschine. Aber die Wechselspannung wechselt nicht nur ihre Polarität, sie ändert auch kontinuierlich ihren Spannungswert. Der Spannungswert steigt auf der positiven wie auch auf der negativen Seite bis zum Maximum, dem Scheitelpunkt der Sinuskurve. Er steigt schnell und geht sanft über das Maximum wieder zurück

Beim Auftragen des Zeigerausschlages in Abhängigkeit von der Zeit in ein Achsensystem mit sinnvollem Maßstab erhält man den typischen Schwingungsverlauf einer Sinuskurve. Die durch die Bewegung der Spule im statischen Magnetfeld induzierte Spannung wird aufgrund ihrer wechselnden Polarität zur Wechselspannung, der auftretende Stromfluß wird Wechselstrom genannt. Eine Schwingungsphase ist abgeschlossen, wenn die Sinuskurve vollständig einmal sowohl den positiven, als auch den negativen Bereich des Achsensystems durchlaufen hat. Diese Phase entspricht einem Drehwinkel von 360 Grad. Die Anzahl der Schwingungen pro Zeiteinheit nennt man Frequenz, wobei für das Auftreten einer Schwingung pro Sekunde die Einheit 1 Hertz definiert ist.

nach Null (dem Mittelstrich). Dann steigt er wieder bis zum Scheitelpunkt. Um kein falsches Ergebnis zu bekommen, nehmen wir die folgende Änderung vor.

Beispiel

Große Spule. Wir fertigen eine stärkere Spule an, auf einem Kunststoffkörper, mit vielen Windungen, und drehen dann so schnell, daß der Zeiger des Meßinstrumentes wild hin und her schlägt: rechts, links, rechts, links. Ein bißchen schneller gedreht, und der Zeiger macht die Wechsel nicht mehr mit, er bleibt einfach zitternd in der Mitte stehen: wir drehen zu schnell, die Zeigerkonstruktion ist für diese schnellen Wechsel zu träge. Herkömmliche Instrumente sind für die Messung von Wechselstrom zu langsam, geeignet ist hier ein Meßgerät mit digitaler Meßanzeige.

Experiment

Umfang. Wenn Sie z.B. ein Rad nehmen und markieren es an der Stelle, wo es den Boden berührt, führen es anschließend auf der Erde soweit, bis der markierte Punkt wieder die Erde berührt, dann haben Sie den Umfang des Rades als eine Wegstrecke, eine gerade Linie, auf die Erde (oder in den Schnee) »gezeichnet«. Diese Wegstrecke soll die Mittellinie einer Sinuskurve darstellen. Wir erhalten die Kurve, wenn wir über der Wegstrecke die angezeigten Werte des Instrumentes mit Punkten angeben und die jeweiligen Spannungspunkte miteinander verbinden. Die Punkte ergeben die Spannungskurve der Amplituden mit einer Sinusform. Das Anzeichnen von Meßpunkten auf der Linie unterstützen wir mit vier Punkten der Kurbeldrehbewegungen in gleichmäßigen Abständen auf der waagerechten Linie.

Auf einem Elektronenstrahloszilloskop lassen sich unter anderem Ströme bildlich darstellen. Wird, wie im vorliegenden Fall, die Stromstärke in Abhängigkeit von der Zeit gemessen, so entspricht der Kurvenverlauf einer Sinusschwingung.

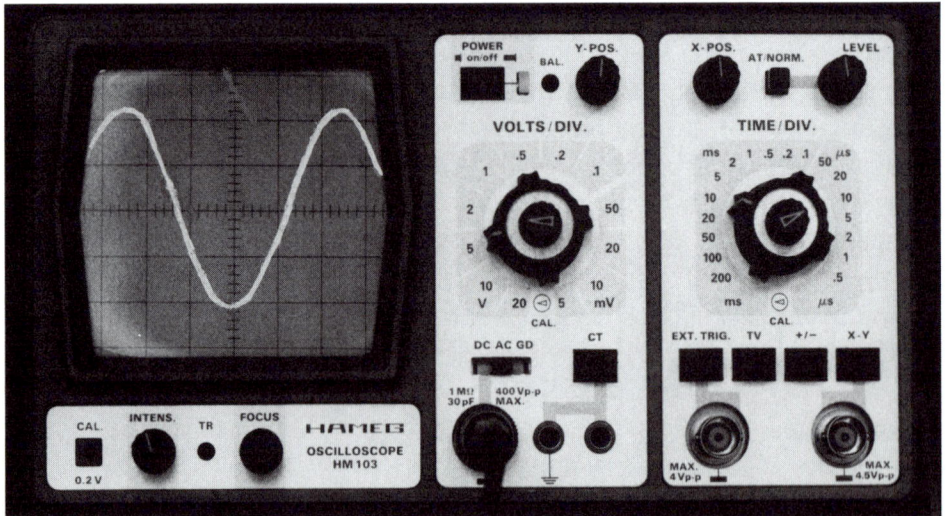

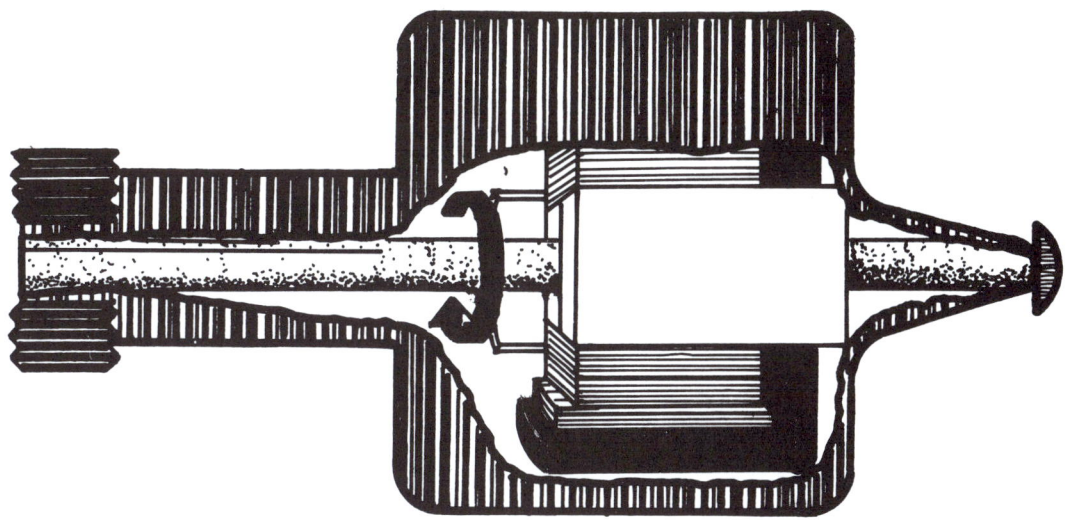

Die Form des Wechselstromes entspricht genau der Form einer Sinusschwingung, einer Wellenlänge. Sie können es auf einem Oszilloskopen (ehemals Oszillograph genannt) ansehen. Ist in Ihrer Nähe ein Elektrogeschäft mit einer Fernsehwerkstatt, dann fragen Sie doch einmal, ob man Ihnen in der Werkstatt am Bildschirm des Oszilloskopen eine Sinusschwingung, wie hier abgebildet, auch im Original zeigen kann.

5.6

Wechselstrombedingungen

Wir haben bei der Untersuchung bzw. des Nachweises der Wechselspannung und damit des Wechselstromes das folgende wahrgenommen:

1. Eine Spule wird gedreht zwischen den Polen eines Magneten.
2. Das an die Spule über Schleifringe angeschlossene Meßinstrument schlägt mit seinem Zeiger aus.
3. Das Instrument ist ein Verbraucher.
4. Das Instrument verbraucht Energie, um den Zeiger zu bewegen.
5. Die Energie liefert die Spule im Magnetfeld (Umformung der Magnetkraft plus der Drehkraft in elektrische Energie).
6. Eine Vorrichtung, in der auf diese Art Energie in Form elektrischen Stromes d.h. Spannung geliefert wird,
7. ist ein Dynamo, (ein Stromerzeuger), in diesem Falle
8. ein Wechselstromgenerator.

Beispiel

Fahrrad. Die Dynamos an Fahrrädern werden über ein kleines »Ritzel« vom

Prinzipielle Darstellung einer Generator- oder Dynamoeinheit zur Wechselstromerzeugung. Auf die Generatorwelle wird von einer Kraftmaschine (Turbine, Verbrennungskraftmaschine) ein Drehmoment übertragen. Im Generatorgehäuse wird dieser Drehimpuls ausgenützt, um die anfallende mechanische Energie in elektrische Energie umzuwandeln. Dabei wird ein zylindrisches Polrad, das axial d.h auf die Achse geschoben auf der Welle sitzt und mit einer aufgebrachten Erregerwicklung versehen ist, im Kraftfeld starker Elektromagneten bewegt. Der so erzeugte Wechselstrom wird über isoliert auf der Achse befestigte Metallringe mittels Kohlebürsten abgenommen.

Vorderreifen angetrieben. Sie wissen ja: je langsamer gefahren wird, um so dunkler leuchtet die Lampe, desto kleiner die Ladungsverschiebung ist, um so niedriger ist die induzierte Spannung. Ein »Generator« ist kein Elektromotor. Ein solcher wird angetrieben durch elektrische Energie, der Generator liefert diese elektrische Energie. Wenn wir einem Generator Strom zuführten, würde er sich als Motor drehen.

5.7 Wiederholungen

Weil die Kenntnisse, die wir bisher gewonnen haben, sehr wichtig für das Verständnis der folgenden Kapitel sind, sollten wir sie noch einmal wiederholen und sie zusammenzufassen.

Gleichspannung

entsteht u.a. durch einen chemischen Vorgang.

Gleichspannungserhöhung

wird erreicht durch Hintereinanderschaltung (= Schaltung in Serie = Schaltung in Reihe) von Batteriezellen bei einer Zellenspannung je nach Material von ca. 1 bis 2 Volt.

Wechselspannung

entsteht u.a. durch Drehung einer Spule in einem Magnetfeld.

Die Wechselspannungsgröße

ist abhängig von der Stärke des Magnetfeldes, der Windungszahl der Spule, von der Drehzahl des Rotors.

Gleichstrom oder Wechselstrom fließt,

wenn Verbraucher mit den beiden Polen einer Spannungsquelle (Gleichspannung oder Wechselspannung) verbunden sind.

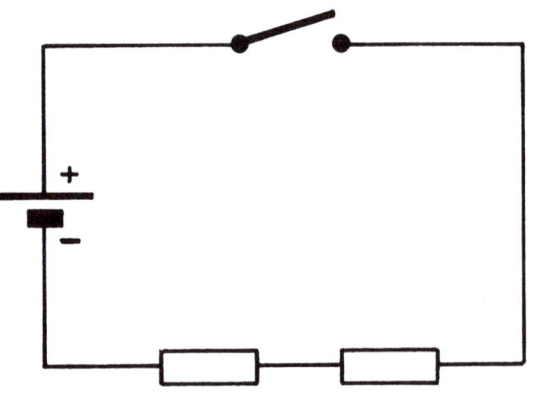

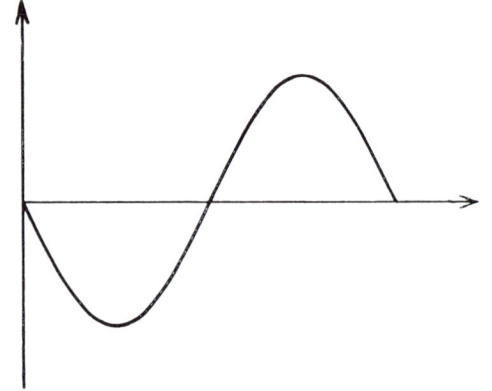

Verbraucher

sind Bauteile in Stromkreisen, besitzen einen großen Widerstand, setzen diesen den Strom entgegen, dadurch fließt ein geringerer bzw. höherer Strom.

Sicherungen

sind Schutz gegen Überstrom, damit gegen zu hohe Erwärmung von elektrischen Leitungen und gegen Zerstörung von Bauteilen.

Schalter

schließen Stromkreise, verbinden sie, schalten den Strom ein oder trennen Sromkreise, unterbrechen sie, schalten den Strom aus.

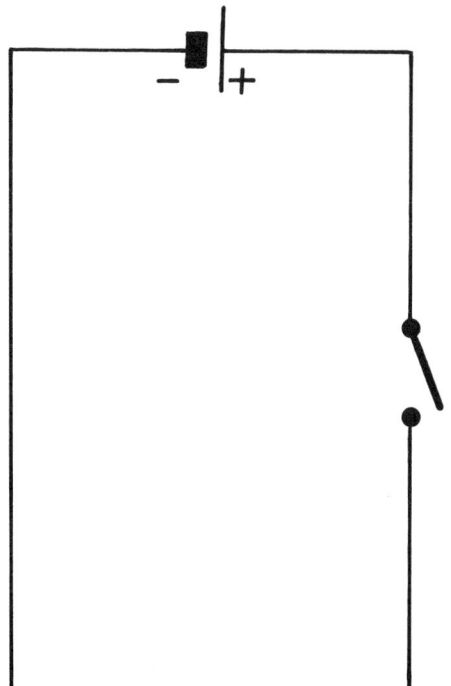

Schwingungen

sind periodische Veränderungen einer physikalischen Größe, z.B. der Wechsel einer Spannung vom negativen zum positiven Potential und zurück (Wechselstrom). Die einfachsten und am häufigsten vorkommenden Schwingungen sind sinusförmig. Jede andere kleinste sich immer wiederholende Einheit einer beliegigen Schwingung ist eine Periode. Die Anzahl der Perioden/ Schwingungen pro Sekunde, die Frequenz, wird in Hertz (Hz) gemessen (nach dem deutschen Physiker Heinrich Rudolph Hertz, 1857-94).

Frequenzen

werden eingeteilt in Niederfrequenzen = Netz- und Tonfrequenzen, der hörbare Frequenzbereich in Hochfrequenzen = z.B. beim Rundfunk und Fernsehen.

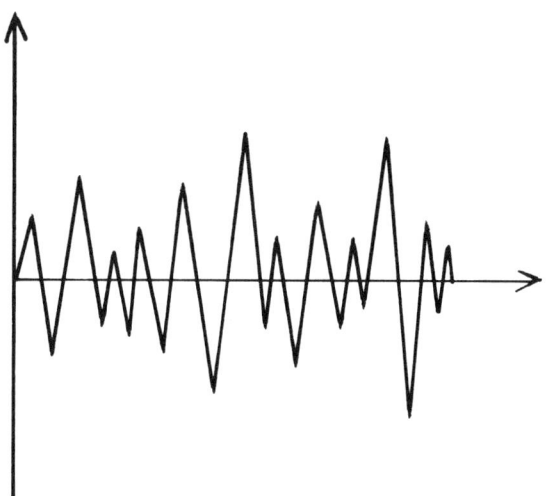

6. Spannungsabfall

6.1 Stromkreis

Experiment

Wir bauen die folgende Schaltung auf

einen Schalter
eine Lampe
eine Batterie
(keinen Akku)

Die Abbildung zeigt, wie die Teile zusammengeschaltet werden sollen.

Schalterausgang   (1)
Lampeneingang   (2)
Lampenausgang   (3)
Batterie (+)
Batterie (-)
Schaltereingang   (4).

Der Schalter (S) wird eingeschaltet, die Lampe (L) leuchtet. Wo im Stromkreis befindet sich nun die Gleichspannung?

Wir beginnen mit der Suche bei der Batterie (B). Zwischen der Anhäufung (-) und der Verarmung (+) der freien

Elektronen besteht ein Ungleichgewicht, die Spannung. Diese ist bestrebt, sich auszugleichen, sobald die Pole miteinander verbunden werden, d.h. sobald der Stromkreis geschlossen ist. Wir messen mit einem Voltmeter, einem Spannungsmesser (M), direkt an der Batterie : hier ist eine Spannung 4,5 Volt vorhanden. Wir gehen weiter und messen »über« dem Schalter, d.h. an beiden Polen des Schalters. Hier ist keine Spannung zu messen.

Spannungsmessung bei offenem und geschlossenem Stromkreis. Der abgebildete Stromkreis besteht aus einer Spannungsquelle (B), einem Schalter (S) sowie einem Verbraucher (L). Über den jeweiligen Elementen werden Spannungsmesser (M) angeordnet. Ist der Schalter geöffnet, so wird eine Spannungsanzeige nur an solchen Stellen registriert, an denen auch ein Potentialgefälle (Spannungsdifferenz) vorhanden ist. Im vorliegenden Fall schlägt das Voltmeter demnach nur an der Spannungsquelle und am Kippschalter aus. Ist der Stromkreis hingegen geschlossen, so registriert der Spannungsmesser am Verbraucher und an der Batterie einen Ausschlag.

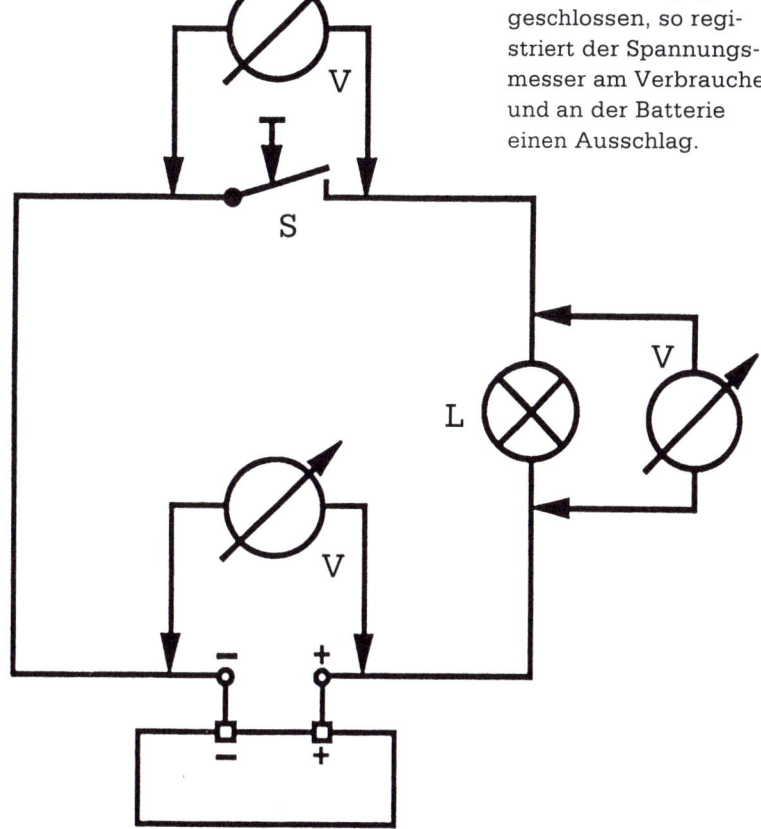

Ansicht einer Verteiler-station. Die vom Kraft-werk erzeugte elektri-sche Energie wird hier auf Hochspannungen von bis zu 350.000 Volt transformiert und in ein Verbundnetz eingespeist. Zur regionalen Weiterlei-tung bedient man sich der sogenannten Über-landverteilung, die die Versorgung der einzel-nen Kundenbereiche mit elektrischem Strom gewährleistet.

Der Schalter ist ja auch kein Wider-stand, an dem Spannung abfällt. An einem geschlossenem Schalter kann nie ein Spannungsabfall gemessen werden. Wir machen eine kleine Kon-trolle und öffnen den Schalter: die Lampe leuchtet nicht mehr, aber »über« dem Schalter liegen jetzt 4,5 V. Der Stromkreis ist hier unterbrochen, hier wird nichts verbraucht. Wir schließen den Schalter wieder und suchen weiter. Als letztes Bauteil bleibt nur noch die Lampe. Und über der Lampe messen wir tatsächlich die volle Spannung von 4,5 Volt.

6.2 »Volle« Steckdosen

Eine Spannung kann an einem Ver-braucher, z.B. einer Glühlampe abfal-len und daher als Spannungsabfall gemessen werden. Obgleich die Spannung »abfällt«, leuchtet die Lam-pe aber trotzdem weiter. Nun, wegen der Lampe fällt sie ab, weil die Lampe im Stromkreis liegt, sie fällt »durch« die Lampe ab (»durch« im zweifachen

Sinn). Die Leistung P = U x I wird durch die Lampe verbraucht. Aber wenn die Spannung abfällt, was wird denn dann gemessen? Über der Lampe wird die Spannung gemessen, denn sie wird nachgeliefert von der Batterie, bis diese leer, aufgebraucht ist. Auch in der Wohnung liegen 230 Volt an einer Steckdose, die aber nie - normalerweise nie - »leer« wird, denn: Auch wenn kein Gerät an diese angeschlossen ist, steht die Steckdose trotzdem unter Spannung, denn die Stadtwerke sorgen für eine dauerhafte Versorgung mit elektrischer Energie. Am offenen Schalter wurde die Spannung gemessen, weil die Verbindung von den Polen zum Schalter als einfache Verlängerung der Batterieanschlüsse angesehen werden kann.

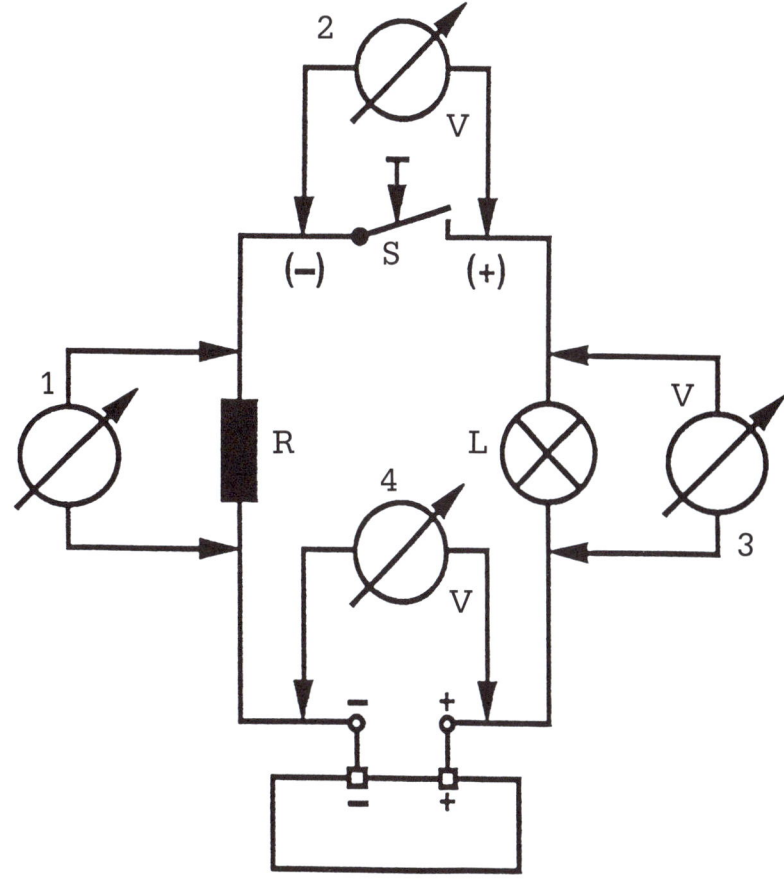

6.3 Spannung verkleinern

Ersetzen wir die vorhandene 4,5 V-Lampe durch eine 2,5 V-Lampe, dann müssen wir einen Widerstand (R) zusätzlich vor die Lampe legen, in den Stromkreis schalten, damit die Lampe durch die zu große Spannung nicht zerstört wird. Der erforderliche Widerstand wird in den Kreis eingebaut. Wo das der Fall ist, ist egal, er hat mit der Lampe direkt nichts zu tun. Der Widerstand soll nur von den 4,5 Volt 2 Volt entnehmen. Der Widerstand er-

zeugt einen Spannungsabfall von 2 Volt. Wie groß muß nun der Widerstand R sein? Der Spannungsabfall an R soll 2 Volt betragen, die Glühlampe hat eine Leistung von 5 Watt, dann muß durch sie ein Strom von wieviel Ampere fließen?

Spannung U = 2,5 V

Leistung   P = 5 W

Stromstärke   I = ? A

Spannungsverminderung durch Einbau eines Widerstandes. Liefert die Batterie eine höhere Spannung als für den Verbraucher verträglich, so kann man sich durch den Einbau eines Widerstandes helfen. Die Summe der Einzelspannungen im Stromkreis muß mit derjenigen der Spannungsquelle übereinstimmen. Demzufolge sollte der Widerstand so dimensioniert werden, daß die dort abfallende Spannung zusammen mit der Verbraucherspannung gleich der Summe der Gesamtspannung ist.

Prinzipschaltskizze zur rechnerischen Bestimmung der Größe eines eingebauten Widerstandes. Dabei lassen sich sämtliche zur Berechnung notwendigen Größen den verwendeten Meßinstrumenten sowie den Angaben auf dem Verbraucher entnehmen. Durch die Anwendung des Ohmschen Gesetzes läßt sich der Widerstand dann einfach dimensionieren.

$$P = U \times I$$

$$I = \frac{P}{U} = \frac{5\,W}{2,5\,V} = 2\,A$$

Damit kennen wir also die Stromstärke und den Spannungsabfall von 2 Volt.

$$R = \frac{U}{I} = \frac{2\,V}{2\,A} = 1\,\Omega$$

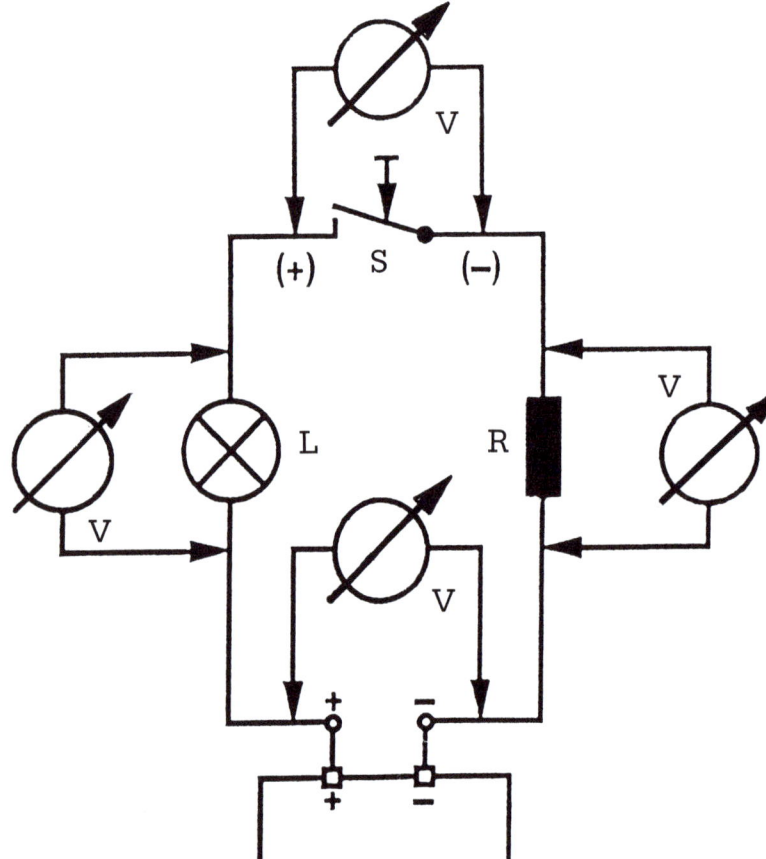

Und dieser Widerstand von 1 Ohm wird eingebaut. Mit dieser geänderten Schaltung wird die Berechnung kontrolliert.

Experiment

2,5 Volt Spannung. Wir schalten den Schalter ein: die Lampe leuchtet. Wir messen an ihr 2,5 Volt. Wo die überschüssigen 2 Volt geblieben sind, wissen wir: Die Spannung fällt am Widerstand ab. Die Folge ist ein Verbrauch von elektrischer Energie, d.h. von einer Leistung (P = U x I), die in Wärme umgewandelt wird. Wir messen: 2 Volt am bzw. über dem Widerstand. Tatsächlich, diese 2 Volt »fallen ab«, sie werden am Widerstand »verbraucht«, aber laufend von der Batterie nachgeliefert. Deshalb gibt es auch »schädliche Spannungsabfälle«. In diesem Fall bleibt der Spannungsüberschuß also ungenützt, weil wir nur eine 2,5 V-Lampe haben, aber eine 4,5 V Spannungsquelle zur Verfügung steht. Der Verlust muß in Kauf genommen werden, er geht in Wärme über. Die Abfallwärme ist hier nicht zu spüren.

Widerstand und Lampe sind in Serie geschaltet (nicht direkt hintereinander, aber beide im Kreis enthalten) wie die elektrischen Tannenbaumkerzen: alle Lampen leuchten. Die richtige Anzahl: 10 Stück, denn 230 Volt durch 10 gleich 23 Volt. An jeder Kerze fallen 23 Volt ab.

Spannungs- und Stromstärke-messung in einem einfachen Schaltkreis. In der oberen Abbildung ist ein einfacher Schaltkreis mit einer Gleichspannungsquelle, einem Schalter, sowie einer Glühlampe als Verbraucher dargestellt. Um in diesem Fall den an der Lampe auftretenden Spannungsabfall im geschlossenen Stromkreis messen zu können, verwendet man ein entsprechend eingestelltes Mehrbereichsmeßinstrument, das, wie in der Abbildung eingezeichnet, in paralleler Anordnung zum Verbraucher angeschlossen wird. Dabei ist unbedingt darauf zu achten, daß das verwendete Meßgerät mit der richtigen Polarität angeschlossen wird, d.h. der Minusanschluß muß am Schaltungspunkt mit negativer Polarität, der Plusanschluß am Schaltungspunkt mit positiver Polarität angeschlossen sein. Bei korrekter Anordnung und Schließen des Stromkreises über den Schalter läßt sich nun der auftretende Spannungsabfall am Verbraucher leicht messen und auf der Skala des Meßgerätes ablesen. In der unteren Abbildung ist ein ebenso einfacher Schaltkreis skizziert, bei dessen Anordung die vorhandene Gleichstromstärke gemessen werden soll. Hierbei kann das gleiche Meßgerät (entsprechend eingestellt) wie bei der Spannungsmessung verwendet werden. Bei der Meßanordnung ist wiederum darauf zu achten, daß die Polarität der Anschlüsse entsprechend der der Stromquelle gewählt wird, da in einem Schaltkreis mit Gleichstrom-, bzw. Gleichspannungsquelle, wie in diesem Falle, der Strom-

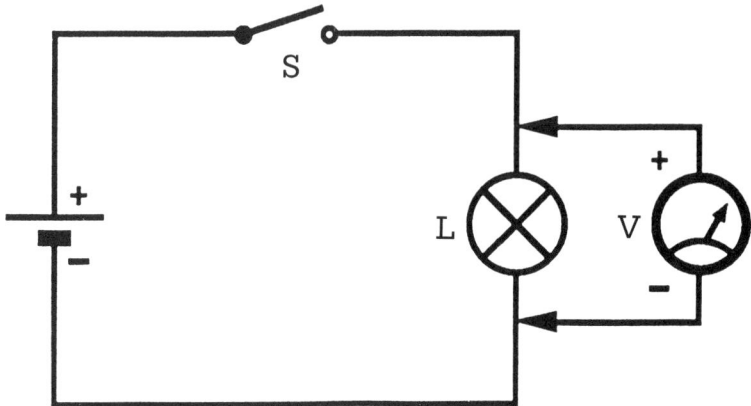

fluß in der Leiterschleife nur in einer Richtung erfolgt. Bei verkehrter Anordnung des Meßgerätes wäre somit eine aussagekräftige Stromstärkemessung nicht möglich, der Zeiger des Instruments würde einen negativen Wert ausgeben. Ein wichtiger Punkt ist weiterhin, darauf zu achten, daß das Meßgerät im Gegensatz zur Bestimmung der Spannung im Schaltkreis direkt in Reihe mit dem Verbraucher angeordnet sein muß.

Bild oben: Sinnvolle Anordnung einer Schaltung zur Messung des Spannungsabfalls (Potentialdifferenz) an Verbrauchern bzw. Spannungsquelle. Das Voltmeter ist parallel zum Verbraucher angeschlossen.

Bild unten: Entsprechende Anordnung einer Schaltung zur Messung der in der Leiterschleife auftretenden Stromstärke. Das Amperemeter ist mit dem Verbraucher direkt in Reihe geschaltet.

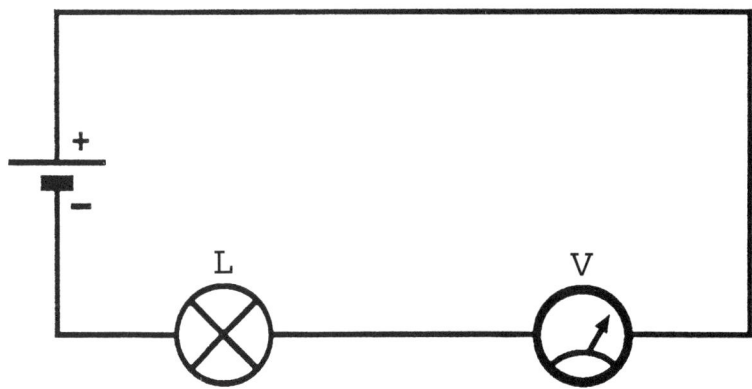

Die Abbildung erläutert auf einfache Weise das Funktionieren eines elektrischen Verbrauchers, in diesem Fall einer Glühlampe, in einem aus leitenden Gegenständen (Schere, Stricknadel) bestehenden Stromkreis. Sind die einzelnen Elemente ohne Kurzschluß, wie beschrieben, miteinander verbunden, kann der Strom von der Batterie durch den Verbraucher fließen: die Glühlampe leuchtet.

6.4 Die Glühlampe als Verbraucher

Experiment

Schaltung mit einer Glühlampe. Wir verwenden eine 4,5 Volt Taschenlampenbatterie (keinen Akkumula-tor), eine 4,5 Volt Glühlampe, eine Schere, eine Stricknadel, sowie Leitermaterial. Eines der Scherengrifflöcher wird nun mittels einer Leiterschleife einerseits mit dem Minuspol der Batterie, andererseits mit dem Isolator, bestehend aus einem Nichtleitermaterial, der Glühlampe verbunden. Um den Stromkreis zu schließen, wird weiterhin der freie Pluspol der Batterie durch die Metallstricknadel mit dem Gewindeschaft der Glühbirne verbunden. Der so geschlossene

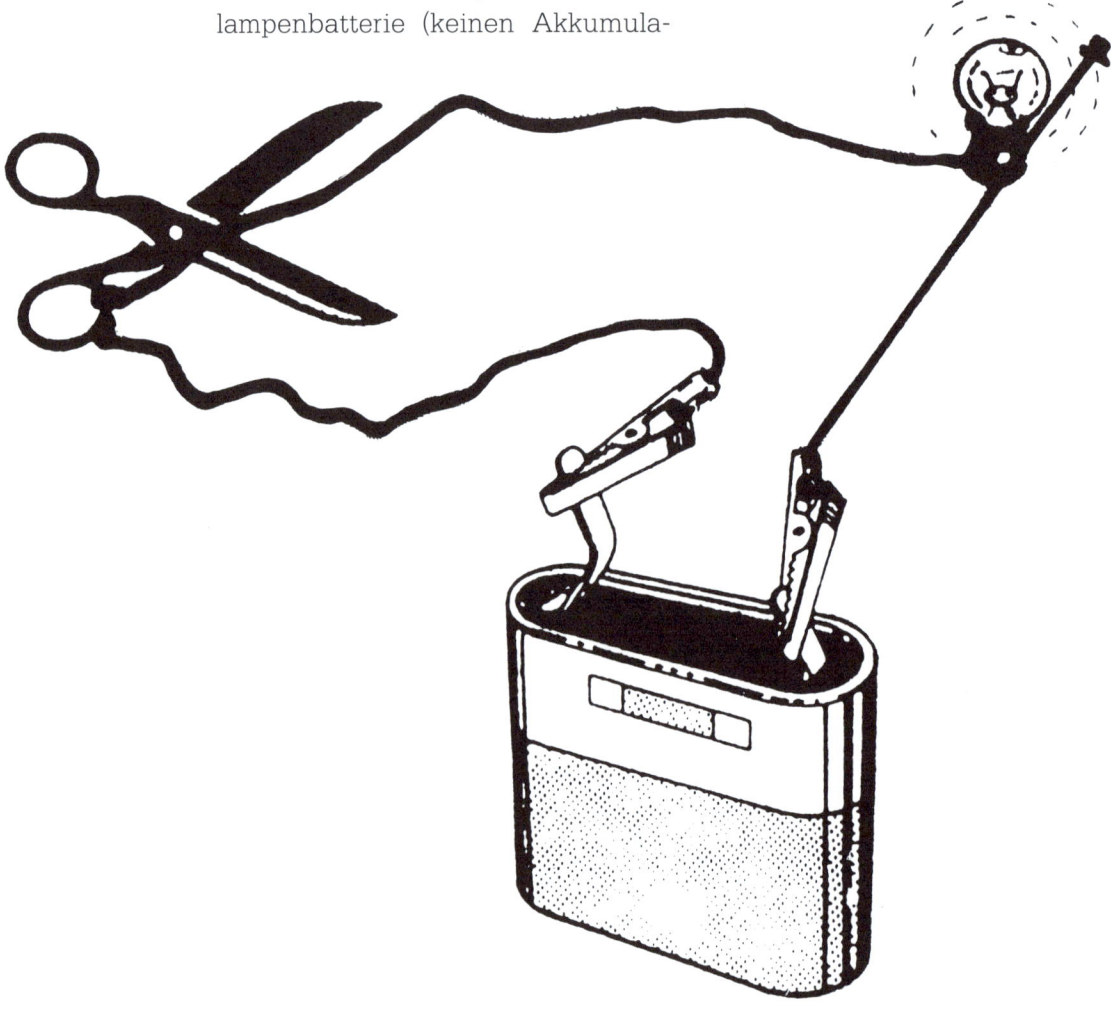

Stromkreis läßt die Ladungen nun vom Pluspol durch die Stricknadel und den Glühfaden der Lampe fließen, was diesen zum Leuchten anregt. Über den Isolator und die Schere gelangt der Strom zurück zum Minuspol der Batterie. Mit diesem leicht durchzuführenden Experiment läßt sich veranschaulichen, daß schon mit ganz einfachen Hilfsmitteln und wenig Aufwand eine elektronische Schaltung mit Verbraucher realisierbar ist.

Wendel einer Glühlampe haben eine Temperatur von ca. 2000 Grad Celsius. Der Draht in der Lampe, die Wendel, ist weißglühend, kann aber nicht verbrennen, weil es an Sauerstoff fehlt. Einige Haushaltslampen sind zusätzlich mit Gas gefüllt, unter Druck, so daß auch eine Verdampfung des Metalles (der Wendel) langsamer vor sich geht. Die Krypton-Lampen (mit Gas gefüllte Lampen), leben länger. Aber woher kommt die hohe Temperatur? Stellen Sie sich das so vor: die sehr vielen freien Elektronen »reiben« sich an den »gebundenen« Elektronen in der Wendel. Die Reibung der großen Anzahl von Elektronen ergibt soviel Wärme, solch eine hohe Temperatur, daß die Wendel glühen. Die Wendel sind daher in einen Glaskolben eingebaut (der entweder mit Gas Gefüllt oder evakuiert ist), damit der Draht nicht verbrennt (oxidiert). Bei zu hoher Spannung und damit bei zu großem Strom wird die Reibung so groß, daß der Draht schmilzt. Wenn also Ihre Glühbirne ausgefallen (durchgebrannt) ist, dann war der Strom zu groß für die durch langsame

Verdampfung dünner gewordene Wendel, den zu dünnen Draht.

Wenn Sie Ihre Glühlampen nicht früh verlieren wollen, dann reinigen Sie sie direkt an der Lampe. Es gilt jedoch: Glühlampen halten am längsten, wenn sie nicht gereinigt werden.

Ansicht einer handelsüblichen Glühbirne mit ihren wichtigsten Bestandteilen. Dabei wird der Glühfaden, auch Wendel genannt, im Glaskörper soweit erhitzt, daß Strahlung im sichtbaren Bereich emittiert wird. Ein Aufzehren (Oxidieren) des Glühfadens wird dadurch verhindert, daß der Glaskörper entweder mit einem Gas gefüllt, oder evakuiert (es herrscht ein Vakuum) ist.

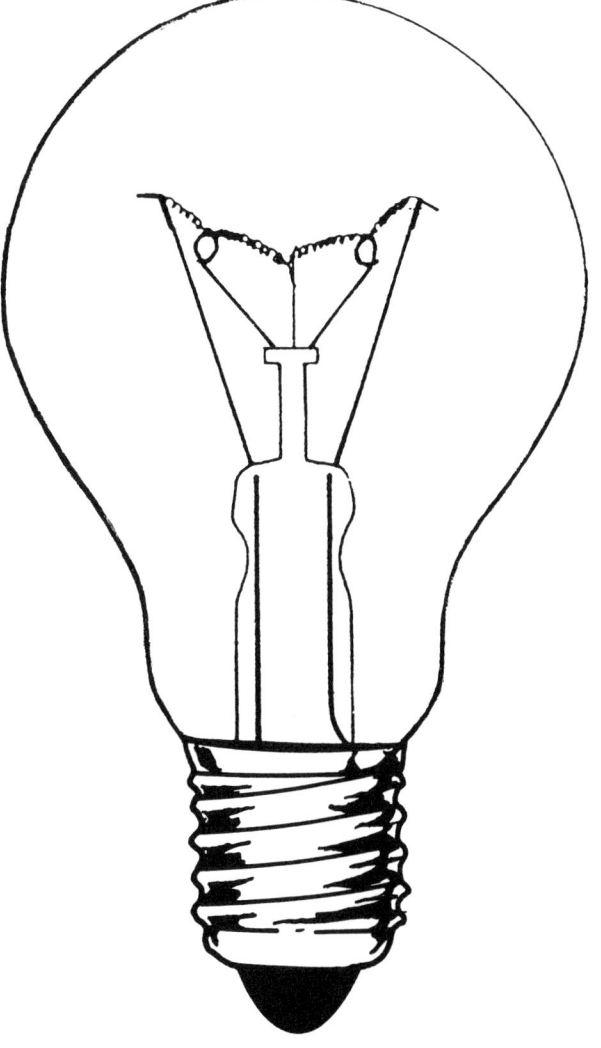

7. Kraftwerke

7.1 Umwandlung

Viel haben wir über Verbraucher gesprochen, aber eigentlich doch viel zu wenig. Und wie die elektrische Energie in Ihre Wohnung, an den Herd, »an« die Steckdosen kommt, das wissen wir noch nicht so genau. Auch die Bezahlung ist uns nicht ganz klar: woher weiß der Mann im blauen Kittel, wieviel Energie Sie verbraucht haben?

Aus diesen Gründen müssen wir uns etwas über die »Herstellung« und Verteilung der elektrischen Energie unterhalten. Und auch über die Zuführung der Spannung 230 Volt mit einer Frequenz von 50 Hertz in Ihre Wohnung, an die stets »vollen« und nie »leer« werdenden Steckdosen.

Wohlgemerkt, die »Herstellung« von elektrischer Energie (überhaupt einer Energie) ist nicht möglich. Es handelt sich stets um die »Umwandlung« einer vorhandenen Energie in eine andere. Bei der Verbrennung z.B. von Kohle wird Wasser erhitzt und in Dampf übergeführt, der wiederum Turbinen antreibt. Dabei ändert sich die Darstellung der Energie z.B. von einer strömenden Energie in Rotationsenergie. In Kohle, Holz oder Öl befinden sich chemische Stoffe, die bei der Verbrennung oxidieren. Dabei wird Wärmeenergie frei. Auch der »Verbrauch« einer Energie ist nur eine Umwandlung.

Gleichstrom wird nicht mehr zur Stromversorgung in Deutschland benutzt, abgesehen vielleicht von entlegenen Bergdörfern. Statt dessen erhalten wir nur noch die Wechselspannung von 230 V mit 50 Hz. Zur Erzeugung elektrischer Energie sind sogenannte »Kraftwerke« in Betrieb. Dort durchlaufen die Energien eine unterschiedliche Anzahl von Umwandlungsstufen, deren letzte das Drehen von Rotoren in Generatoren bewerkstelligt.

Schematische Darstellung der einzelnen Umwandlungsstufen bei der Erzeugung und Weiterleitung von elektrischer Energie. Der durch Verfeuerung fossiler Brennstoffe entstehende Heißdampf treibt eine Kraftmaschinen-Generator-Einheit an. Die so zu elektrischem Strom umgewandelte Energieform wird dann einer Verteilerstation zugeführt, in der Hochspannungen zur Beschickung von Überlandverbundsystemen genutzt werden.

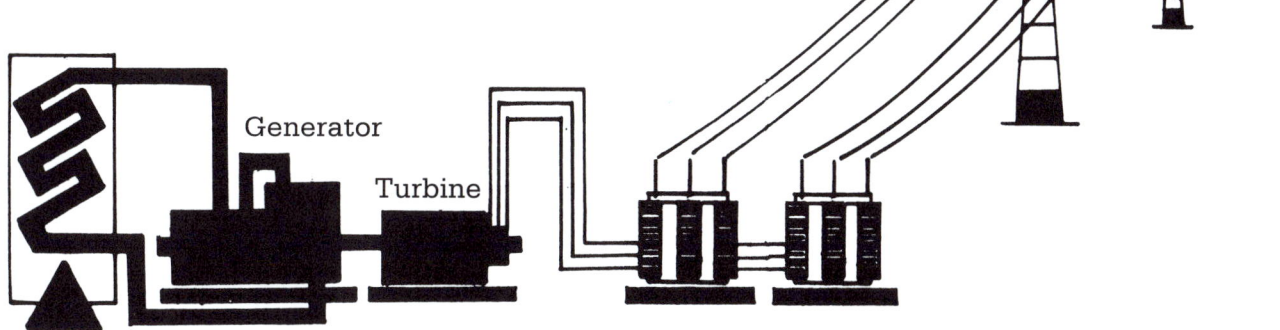

Generator

Turbine

Die untere Abbildung schematisiert die Funktion der Stromerzeugung in einem Kraftwerk mit fossiler Brennstoffeuerung. Im Überhitzerteil wird Dampf erzeugt, der dann die Turbinen-Generator-Einheit antreibt.

Das Foto rechts oben verdeutlicht auf eindrucksvolle Weise den baulichen Größenunterschied zwischen einem Kraftwerk und einem benachbarten Wohnhaus.

Wir unterscheiden die folgenden Kraftwerke:

a. **Heizkraftwerk** (=) Wärmekraftwerk
Antrieb
- Kohle, Gas, Öl

b. **Wasserkraftwerk**
Antrieb
- Stauwasser, Fallwasser

c. **Kernkraftwerk**
Antrieb
- Kernkraft

d. **Motorkraftwerk**
Antrieb
- (Diesel-)Motor

a. **Wärmekraftwerk** (WKW)

- Im Wärme-(Heiz-)Kraftwerk wird mit Kohle (Gas, Öl) Dampf erzeugt. Dieser treibt Turbinen an, die mit Generatoren verbunden sind.

Dabei wird die in den verfeuerten fossilen Brennstoffen gespeicherte Wärmeenergie in Bewegungsenergie umgewandelt, die in Form einer Rotation auftritt.

Wärmekraftwerk

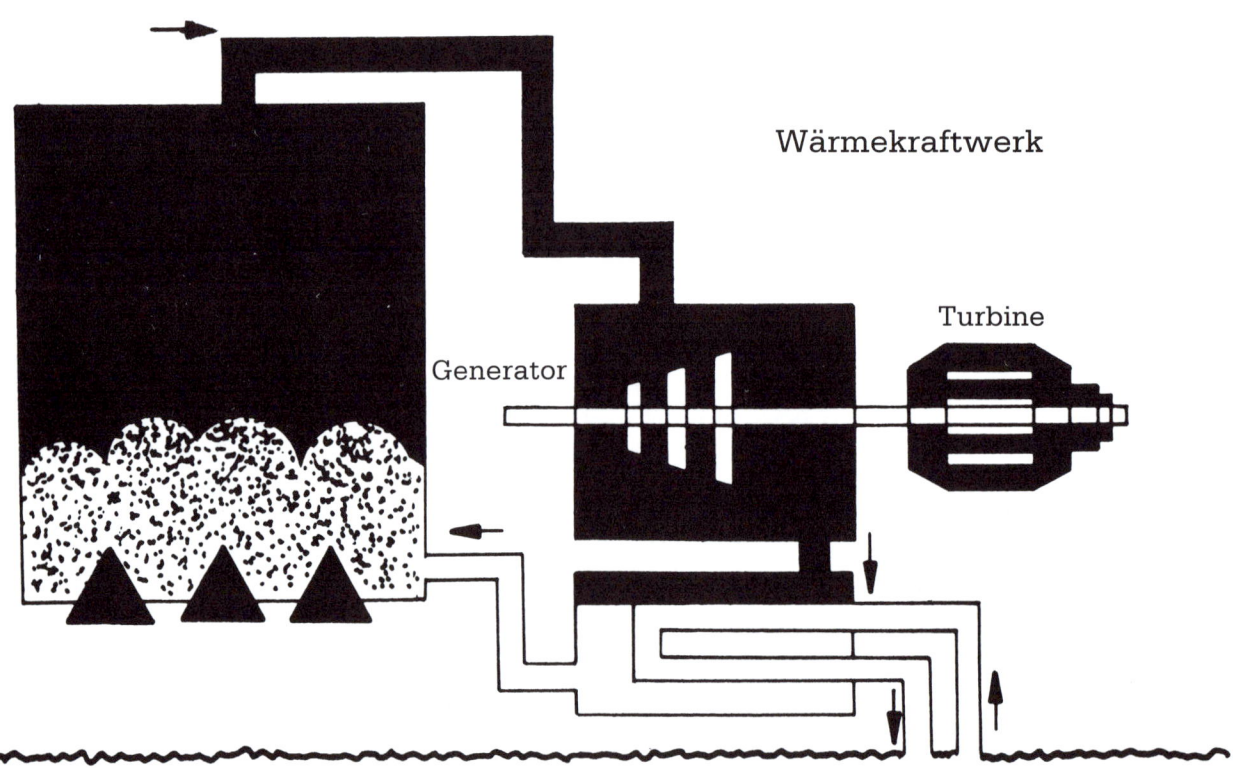

Generator · Turbine

Schaufelrad in einem Bach- oder Flußlauf. Diese alte Form der Energieerzeugung wurde bevorzugt verwendet, um Maschinen (Sägewerk, Mühlsteine) anzutreiben. Die große Massenträgheit dieser Räder garantiert einen ruhigen Lauf der angetriebenen Aggregate.

b. **Wasserkraftwerk** (WKW)

- Im Wasserkraftwerk wird aus einem Stausee oder Speichersee in geeigneter Höhe das Fallwasser angezapft. In diesem vorhandenen Wasser steckt potentielle Energie, und in Rohren mit mehr als einem Meter Durchmesser wird es Turbinen zugeführt, die dann die Generatoren antreiben. Die Turbinen können in sehr beschränktem Maß mit dem Antriebsrad einer Wassermühle verglichen werden. In Wassermühlen fällt Wasser mit einiger Wucht, mit seinem Gewicht seiner potentiellen (kinetischen) Energie, auf Schaufeln und drückt diese von sich fort, nach unten. Die Schaufeln sitzen an Armen, in einem »Rad«, das an einer Welle bzw. einer Achse befestigt ist, und drehen dadurch die angeschlossenen Mühlengetriebe. Wasserturbinen arbeiten in ähnlicher Weise. Das schnell strömen-

de Wasser wird, um die Kraft zu erhöhen, über Düsen den Schaufeln zugeführt, die, wieder über eine Welle, einen Generator antreiben. Ringturbinen (Kaplanturbinen) sind in einem

der Rohrrand tiefer als der Wasserspiegel, so daß das Wasser in das Rohr hinunterstürzen kann und die Schaufeln der Turbine zum Drehen bringt.

Für Dampfturbinen aber wird Wasser überhitzt und mit über 400°C und unter sehr großem Druck an die Turbi-

Leitrad

Laufrad

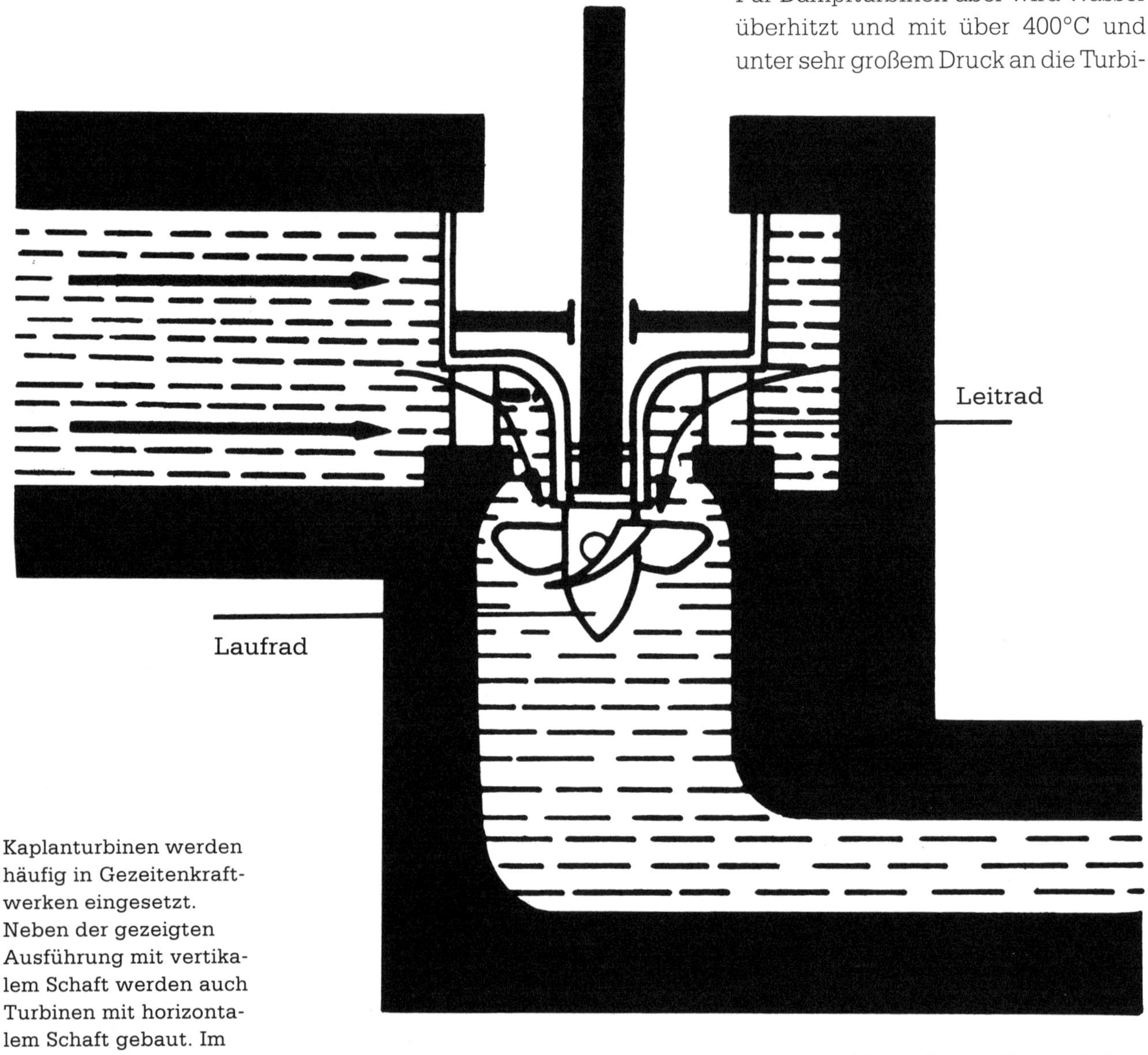

Kaplanturbinen werden häufig in Gezeitenkraftwerken eingesetzt. Neben der gezeigten Ausführung mit vertikalem Schaft werden auch Turbinen mit horizontalem Schaft gebaut. Im Maschinenraum dieser Kraftwerke sind die Wellen entweder direkt oder über ein Getriebe mit den Generatoren gekoppelt.

Rohr montiert, in dem sich in der Art eines Ventilators Schaufeln auf einer Welle sitzend vom Wasser, das von oben auf sie fällt, drehen lassen. Das Rohr sitzt in einem »Wasserbecken«,

nenschaufeln geleitet. Dort wird es durch Reduzierung des Drucks zu Dampf, nimmt ein zigfaches Volumen an und drückt damit die Turbinenschaufeln, die wieder auf einer Welle

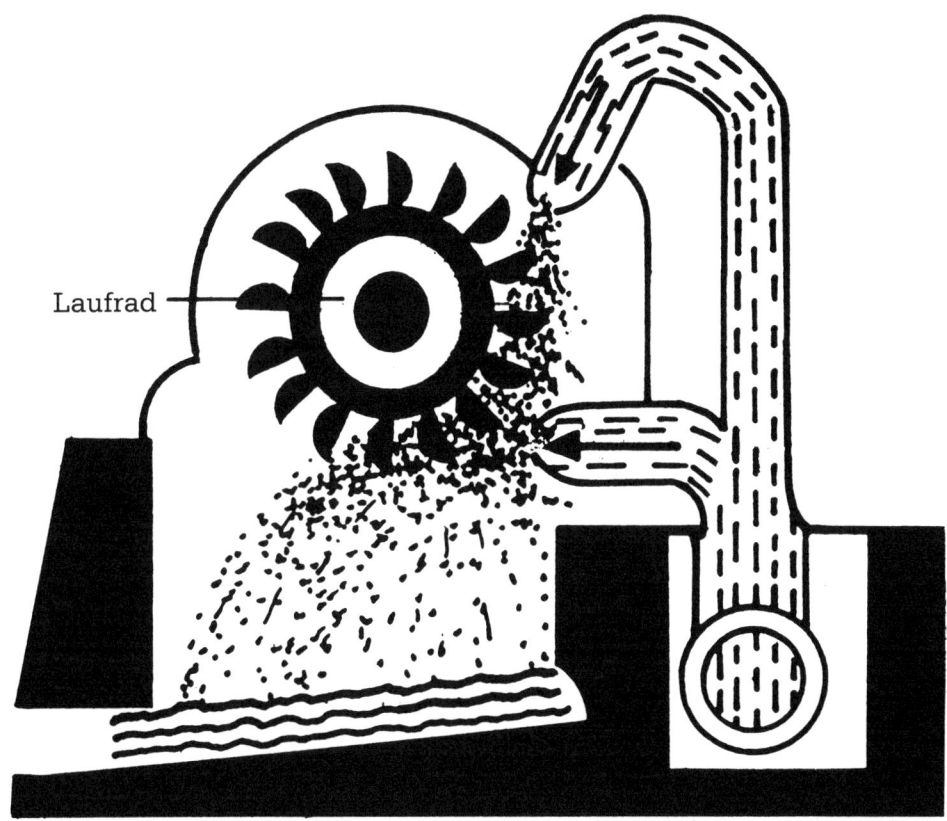

Laufrad

Peltonturbine mit Leitungszuführungen. Diese Turbinenart wird bevorzugt in Speicherkraftwerken eingesetzt. Wasser wird mit großem Druck durch Düsen auf die becherförmigen Schaufeln gelenkt. Das Laufrad steht in Verbindung mit Generatoren zur Stromerzeugung.

sitzen, weiter, das heißt im Kreis, um Generatoren anzutreiben.

Aber der heiße Dampf hat damit noch nicht seine Kraft verloren, der Dampf kann sich noch weiter ausdehnen. Aus diesem Grund sind die nachfolgenden (Niederdruck-) Turbinenstufen (bis drei Stück) auch räumlich größer als die erste, die Hochdruckturbine.

c. **Motorkraftwerk**

- Mit (Diesel-)Motoren, werden Generatoren direkt gedreht. Die Hubkolben der Verbrennungsmaschine übertragen dabei ein Drehmoment auf die Antriebswelle des Generators.

d. **Kernkraftwerk**

- Die Stromgewinnung mit Hilfe der Kernkraft basiert auf dem Prinzip der Kernspaltung.

- Atomkerne werden von den sogenannten Kernkräften zusammengehalten, die überaus stark sind, aber nur auf kurze Distanz wirken. »Sprengt« man einen Atomkern, indem man ihn z.B. mit einem Neutron »beschießt«, so wird diese Kraft in Form von Wärmeenergie umgewandelt. Diese Wärme wird benutzt, um Wasser zu erhitzen, der Wasserdampf treibt Turbinen an, die letztlich die Kernenergie in elektrische Energie umwandeln.

Kernkraftwerk mit Siedewasserreaktor. Die Dampferzeugung findet hier im Reaktor statt. Nachteil einer solchen Anordnung ist, daß der erzeugte Dampf, welcher in die Turbine eintritt, radioaktiv ist. Der Kontrollbereich, unter den alle nuklearen Komponenten fallen, ist dementsprechend größer.

Ganz so einfach ist es natürlich nicht. Die Kernkraft besteht in einem Atomkern, in dem Neutronen und Protonen mit einer immensen Kraft aneinander gebunden sind. Es gibt viele Entwicklungen und Konstruktionen von Kernreaktoren, in denen u.a. Uranisotope innerhalb einer Kernspaltung zur Kettenreaktion herangezogen werden, um das Ziel zu erreichen, Wasser zu erhitzen. Es ist hier nur möglich, den Ablauf einer Reaktion mit Kontrollsteuerung ganz grob anzudeuten. Wenn viele Atome mit ihren Elektronen auf andere Atome mit deren Elektronen »geschossen« werden, dann verlieren viele Atomkerne ihre »Gestalt«, werden in ihre Neutronen und Protonen zerlegt, werden gespalten. Mit den Neutronen werden Uranisoto-

pe »beschossen«. Trifft ein Neutron einen Atomkern, zerfällt dieser unter Aussendung eines elektromagnetischen Wellenpakets (Gammaquant - radioaktive Strahlung) in andere chemische Elemente. Bei diesem Vorgang wird Energie in Form von Wärme (Molekularbewegung) abgegeben. Die Kettenreaktion wird durch sogenannte »Bremsstäbe« z.B. Graphit kontrolliert, die die kinetische (Bewegungs-) Energie der Neutronen bremst, diese zum Teil auch absorbiert. Die abgegebene Wärme kann dann Wasser hoch erhitzen, wobei der Wasserdampf die Turbinen antreibt, die Strom erzeugen. Mit der gewonnenen elektrischen Energie kann nach entsprechender Transformation ein Verteilernetz gespeist werden.

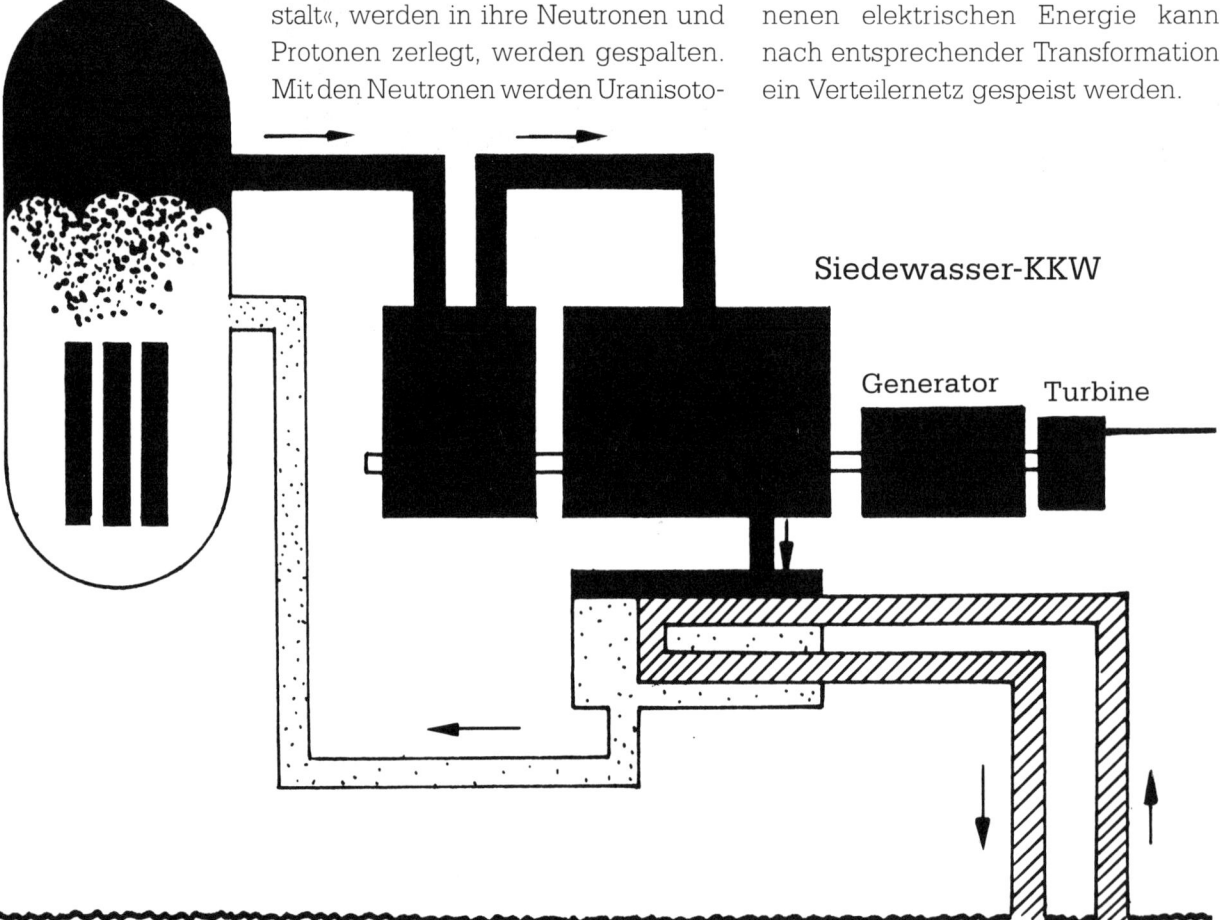

Siedewasser-KKW

Generator   Turbine

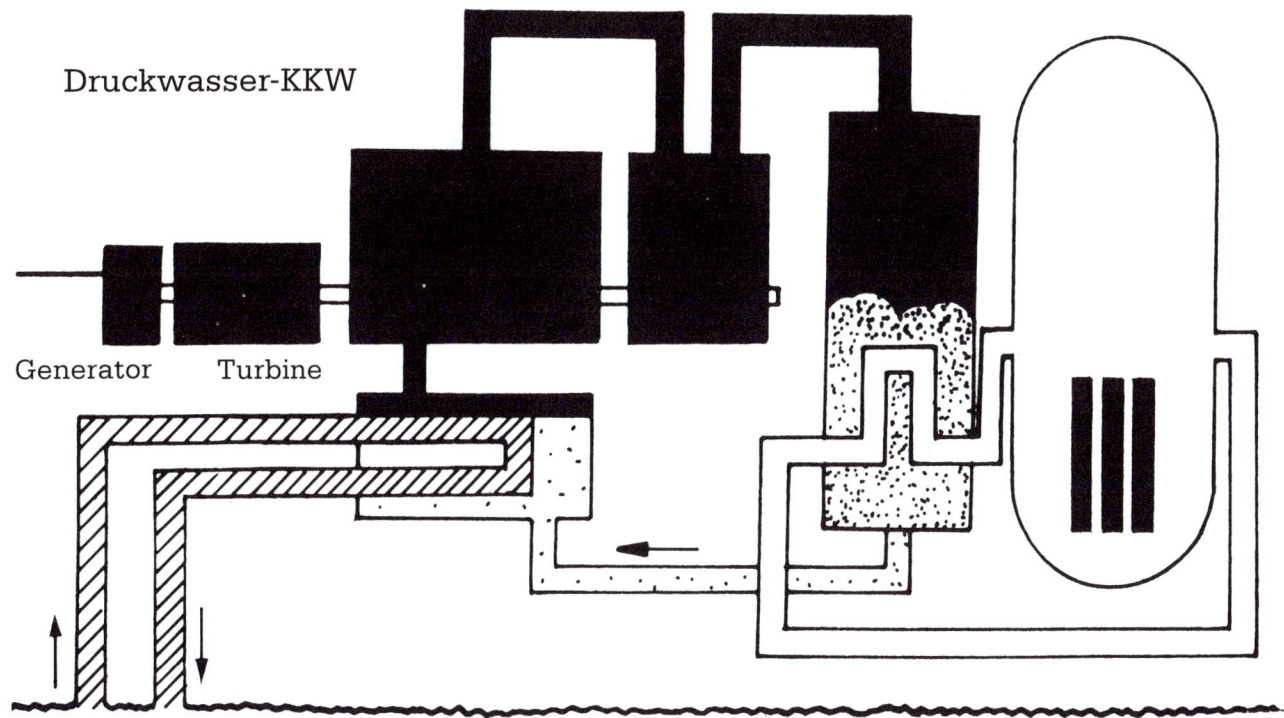

Druckwasser-KKW

Generator   Turbine

7.3 Ersatzkraftwerke

Neben den traditionellen Kraftwerken gibt es noch die sogenannten »Ersatzkraftwerke«, mit denen wir wahrscheinlich langfristig arbeiten können oder müssen.

Wir unterscheiden
    die mit Wind direkt
    mit Aufwind
    mit Bio-Gas
    mit Tidenwasser (Ebbe und Flut)
    mit Wasserströmung (Fluß, Meer)
    mit Sonnenenergie betriebenen.

Jedes Kraftwerk besitzt natürlich Ersatzanlagen und Ersatzteile, damit bei einem Kraftwerksfehler nicht eine ganze Region ohne Strom bleibt.

7.3.1 Sonnenenergie

Als sehr günstig hat sich die Energiequelle Sonne erwiesen. Sie liefert uns wohl nur ein Zweimilliardstel ihrer täglich abgestrahlten Energie, aber immerhin ca. 80.000 mal soviel, wie weltweit an Energie überhaupt erzeugt wird. Eine Anzapfung der Sonnenwärme direkt auf der Erde wird sich mit Spiegeln einfacher, schneller und am billigsten realisieren lassen. Die Erdhohlspiegel in Parabolform, kreisrund oder in paraboler »Wanne oder Rinne«, haben sich heute schon sehr gut bewährt. Auch die nachstellbaren, der Sonne nachgeführten, ebe-

Kernkraftwerk mit Druckwasserreaktor. In einem Kernkraftwerk wird die bei der Kernspaltung freigesetzte Energie zur Dampferzeugung verwertet. Das Reaktordruckgefäß ist hier vollständig mit Wasser gefüllt. Im Wärmetauscher kommt es dann zur eigentlichen Dampferzeugung. Der Vorteil dieser Anordnung besteht in der Trennung der verschiedenen Wasserkreisläufe.

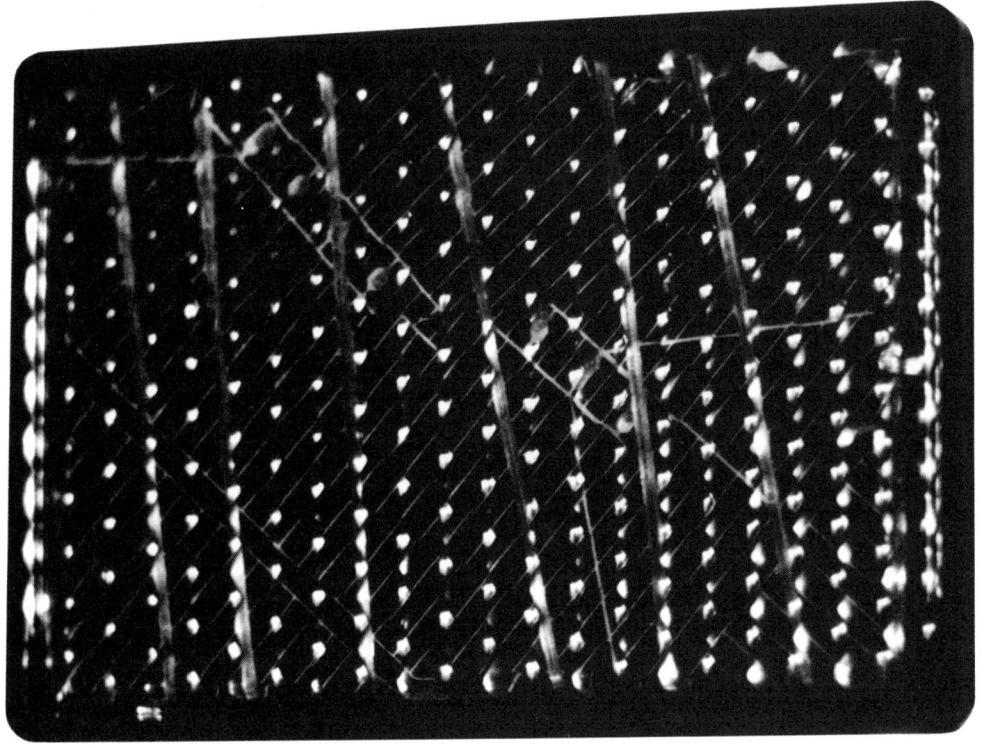

Das Funktionsprinzip der Solarzelle beruht auf dem photo-voltaischen Effekt. Der kurzwellige (energiereichere) Anteil des Sonnenlichtes bewirkt in der aus Silizium bestehenden Solarzelle eine Freisetzung von Elektronen. Die zur Spannungserzeugung notwendige Potentialdifferenz wird durch das Vorhandensein zweier Halbleitermaterialien erzeugt. Da eine einzelne Solarzelle nur eine geringe Spannung aufweist, werden mehrere Zellen miteinander verbunden (Solargenerator).

nen Spiegel (Heliostaten) haben ihre Kinderkrankheiten bereits überwunden. Sie reflektieren die Sonnenstrahlen auf/in Parabolspiegel und diese wieder auf Empfangsstellen, in ihre Brennpunkte, in denen in mit Wasser gefüllten Kesseln oder Rohrleitungen Dampf erzeugt wird und Turbogeneratoren angetrieben werden.

Den direkten Zugriff auf die Sonnenenergie hat der »Stirlingsche Heißluftmotor« vollbracht: mit ihm kann die Sonnenwärme unmittelbar in elektrische Energie umgewandelt werden. Doch auch das Sonnenlicht wird schon »angegriffen«, wird direkt in elektrische Energie umgewandelt: mit Hilfe der Photovoltaik (-technik) ist dies möglich.

Silizium ist für Solarzellen, für deren Halbleiterbauelemente in reinster Form erforderlich. Auf der nordfriesischen Insel Pellworm werden mit einer Voltaik-Anlage jährlich 300.000 Kilowattstunden geliefert, das heißt: die »Sonnengeneratoren« sind sehr zukunftsorientiert und in Afrika wohl mit am günstigsten Platz.

Im Zuge einer Berechnung von Primär- und Sekundärkosten (Kosten für die Beschaffung von Rohstoffen und Kraftwerksbau sind Primärkosten; Kosten zur Beseitigung von Umweltschäden durch Kraftwerke, Entsorgung von Abfallprodukten, z.B. abgebrannte Kernbrennstäbe, sind Sekundärkosten), zur Energieerzeugung, ist der Einsatz von Solarzellen und anderer alternativer Energiequellen, z.B. Windkraftwerke, Gezeitenkraftwerke, schon heute rentabel, obwohl die Entwicklung zur Steigerung des Wirkungsgrades noch lange Zeit nicht abgeschlossen ist.

Die Physiker und Techniker suchen auch aus diesem Grund nach Wegen, um reines Silizium preiswerter zu beschaffen. So ist aus unserem Seesand (theoretisch aus einem Viertel der Erdkruste) amorphes (reinstes) Silizium nur sehr kostspielig herstellbar. Gerade Silizium ist aber wegen des hohen Wirkungsgrades besonders zur Herstellung von Solarzellen geeignet, denn das einfallende Sonnenlicht setzt Elektronen aus dem Silizium frei (Photoeffekt). Das dadurch aus dem Gleichgewicht geratene Verhältnis der Ladungen läßt sich als Spannung messen und erzeugt bei einem geschlossenen Stromkreis dann einen Strom, mit dem z.B. Akkus geladen werden können.

Damit sind wir von der Sonnenenergie wieder zur Elektrizität gekommen.

Langfristig gesehen, werden überall Solarzellen, Spiegel und Windräder auftauchen. Bisher können nur wenige der oben genannten Ersatz-Kraftwerke als Leistungsträger im Verbundnetz eingesetzt werden. Die Kosten, völlig neue Ressourcen, die wir nicht einmal erahnen, zu erschließen, werden ungeheuerlich sein. Und da wir dafür wiederum Energien benötigen, befinden wir uns in einer Art Teufelskreis.

Auch der enorme Forschungsaufwand, der nötig ist, um alternative Energieträger wie Sonne, Wind und Wasser rentabel nutzen zu können, rechtfertigt zur Zeit noch den Einsatz von Kraftwerken auf der Basis fossiler Brennstoffe. Doch sollten zukünftig weiterhin aus umwelttechnischen Gründen gezielt Alternativenergien gefördert und eingesetzt werden.

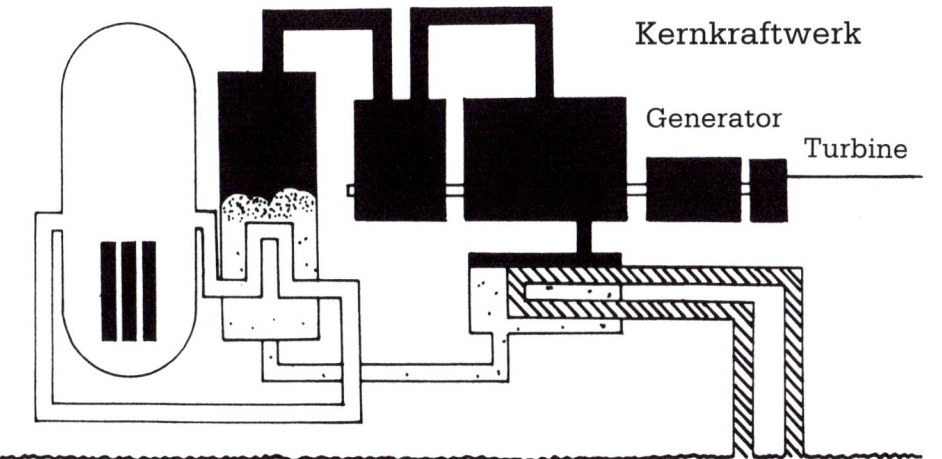

Kernkraftwerk

Generator

Turbine

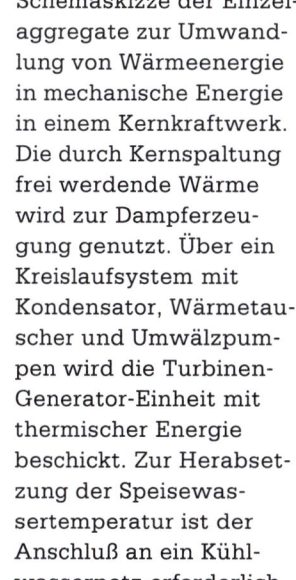

Schemaskizze der Einzelaggregate zur Umwandlung von Wärmeenergie in mechanische Energie in einem Kernkraftwerk. Die durch Kernspaltung frei werdende Wärme wird zur Dampferzeugung genutzt. Über ein Kreislaufsystem mit Kondensator, Wärmetauscher und Umwälzpumpen wird die Turbinen-Generator-Einheit mit thermischer Energie beschickt. Zur Herabsetzung der Speisewassertemperatur ist der Anschluß an ein Kühlwassernetz erforderlich.

Ansicht auf die Kühltürme eines Heizkraftwerks. Fossile Energieträger (Kohle, Öl) werden verfeuert, um die entstehende Wärme in Bewegungsenergie umzusetzen. Die vom Dampf betriebenen Turbinen sind mit Generatoren zur Stromerzeugung verbunden.

Verschiedene Typen von Kraftwerken und ihre Funktionsweise. Um einen Energieträger zur Erzeugung von elektrischem Strom nutzen zu können, werden Kraftwerke verschiedener Funktions- und Bauarten betrieben. Dabei ist es ein vorrangiges Anliegen, die einzelnen Energieumwandlungsprozesse mit einem möglichst hohen Wirkungsgrad ablaufen zu lassen. In diesem Abschnitt soll ein kurzer Überblick über die wichtigsten Kraftwerkstypen abgehandelt werden. Die wohl am weitesten verbreitete Betriebsform sind die Kohle- und Ölkraftwerke. Zur Erzeugung von Wärmeenergie werden in der Natur vorkommende fossile Brennstoffe verfeuert, um mit dem dadurch gewonnenen Dampf Kraftmaschinen bzw.

die daran gekoppelten Generatoren (Dynamomaschinen) antreiben zu können. Bei dieser Umwandlung von Wärme in kinetische Energie kommen ausschließlich thermische Strömungsmaschinen zum Einsatz. Bei der Verbrennung der Energieträger ist natürlich eine enorme Emissionsbelastung der Atmosphäre zu verzeichnen, obwohl gerade in jüngster Vergangenheit auf dem Gebiet der Rauchgasentschwefelung ein erheblicher und auch erfolgversprechender Forschungsaufwand betrieben wurde. Weitaus weniger emissionsbelastend können hingegen Kernkraftwerke betrieben werden. Bei dieser Form der Energieumwandlung macht man sich den Vorgang der Kernspaltung zunutze. Der Energierohstoff ist angereichertes Uran, das in Form von Brennstäben zum Einsatz kommt. Im Kernreaktor läuft eine von langsamen Neutronen ausgelöste Kettenreaktion ab, bei deren Spaltvorgängen die in den Atomkernen gespeicherte Bindungsenergie frei wird. Diese Wärmeenergie wird wiederum dazu genutzt, um in einem Kesselsystem Dampf auszubilden und thermische Strömungsmaschinen anzutreiben. Ein spezielles Sicherheitsanliegen ergibt sich aus der Tatsache, daß die bei der Kettenreaktion anfallenden Spaltprodukte ausgeprägte radioaktive Eigenschaften aufweisen. Der Reaktor, in dem diese Spaltprozesse ablaufen, sowie alle wichtigen Aggregate entsprechen daher in ihrer Bauweise höchsten Sicherheitsansprüchen. Nichtkalkulierbare, systembedingte Restrisiken mit extremen Unfallfolgen

sind jedoch, weil nicht vorhersehbar, nicht auszuschließen. Eine weitere erwähnenswerte Sparte bilden die Kraftwerke, die mit sogenannten alternativen Energieträgern betrieben werden. Speziell Wind, Wasser und Sonne werden genutzt. Wegen vergleichsweise geringer Leistungsausbeute und wenig rentablem Wirkungsgrad sowie aufgrund starker regionaler Standortabhängigkeit ist diese Form der Stromerzeugung jedoch bisher in den meisten Fällen nicht über ein Experimentierstadium hinausgekommen.

In früheren Zeiten wurde Windenergie häufig zum Antrieb von Windmühlen genutzt. Die einzelnen Flügel sind mit einer Nabe verbunden, die auf einer Welle sitzt. Die Flügelprofile müssen so ausgelegt sein, daß die Windströmung an ihnen eine Drehbewegung hervorrufen kann.

8. Generatoren

Prinzipdarstellung einer Innenpolmaschine zur Stromerzeugung. Das Magnetfeld wird von der innenliegenden Erregerspule geliefert, die rotiert und von Gleichstrom durchflossen ist. Die auf diese Weise induzierte Spannung wird an den Ankerwicklungen im sogenannten Stator abgenommen.

Generatoren sind elektrische Maschinen. Sie werden angetrieben durch Motoren oder Turbinen, z.B. in einem Kraftwerk zur Umwandlung einer vorhandenen Bewegungsenergie in elektrische Energie. Es gibt praktisch unzählige Konstruktionen, kleinste bis einige Meter hohe Generatoren, sich schnell drehende und sogenannte »Langsamläufer«. Die Drehzahlen der Läufer in den Statoren sind sehr unterschiedlich, sie reichen (theoretisch) von 75 bis 3000 Umdrehungen pro Minute. Das Bild zeigt einen »halbfertigen« Generator, in dessen Ständer noch keine Spulen in die Nuten hineingelegt worden sind.

Die Generatoren im Kraftwerk liefern Spannungen von 10.000 bis 30.000 Volt und Ströme in der gleichen Größenordnung. Höhere Spannungen können aus Gründen der Isolation noch nicht erreicht werden.

Die in Kraftwerken angetriebenen Generatoren bestehen aus einem fest montierten Ständer, auf dem eine Spule gewickelt ist (Stator), und einem Läufer (Rotor). Im Ständer wer-

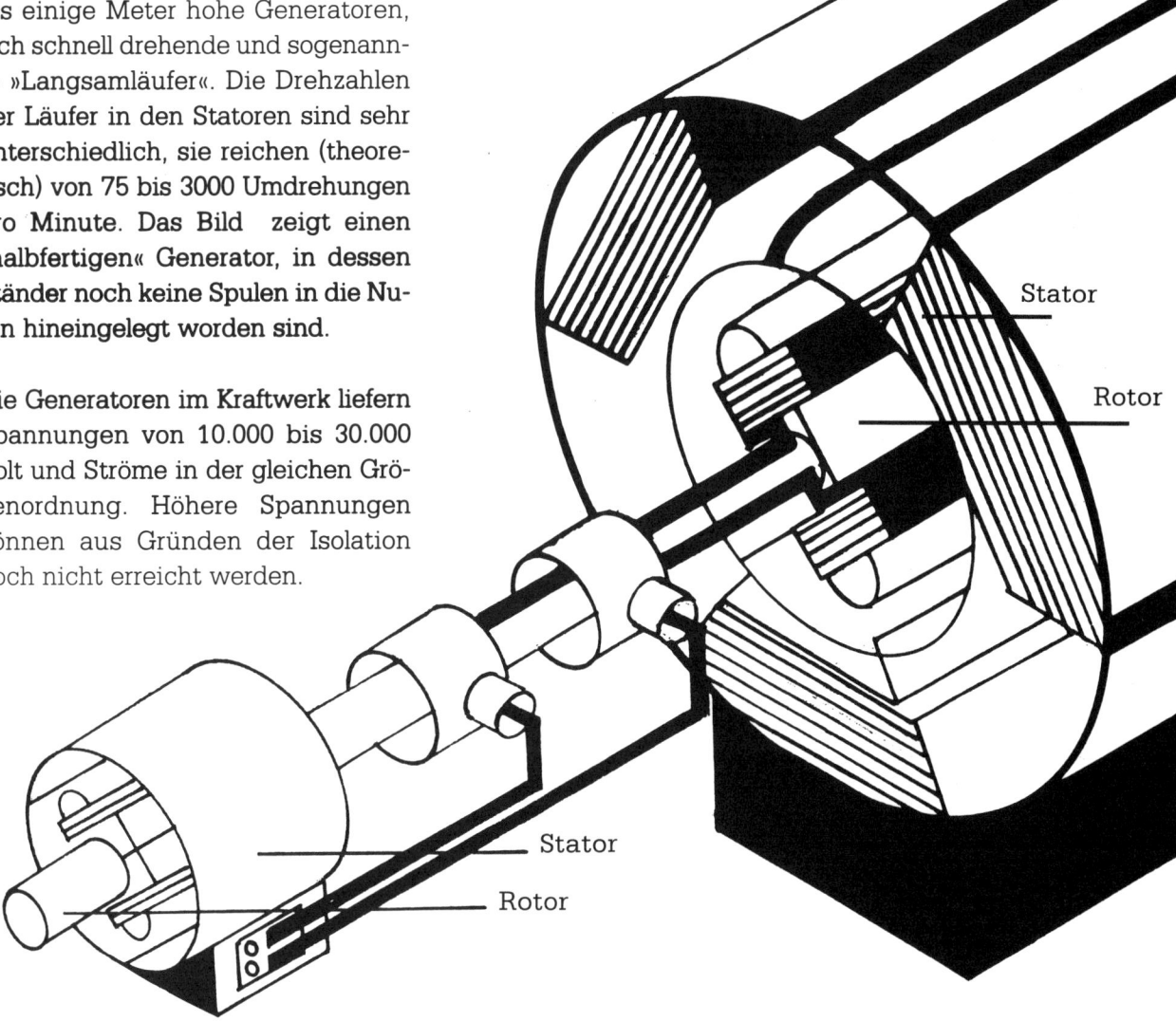

Stator

Rotor

Stator

Rotor

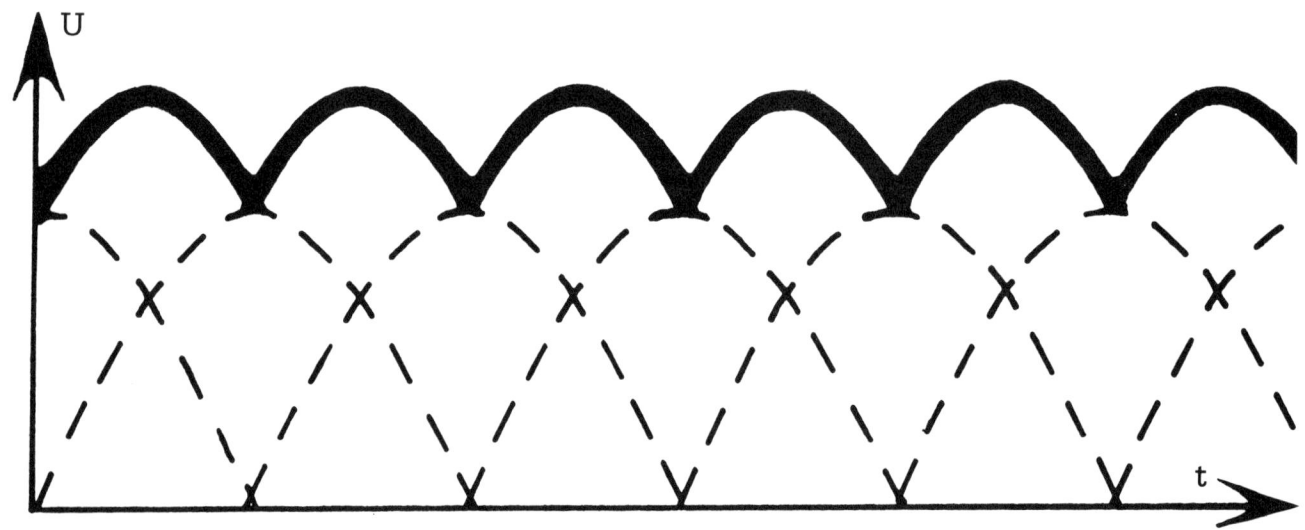

Typischer Kurvenverlauf einer geglätteten pulsierenden Gleichspannung. Amplitude und Pulsierfrequenz werden durch die Anzahl der gegeneinander versetzt aufgetragenen Elektromagnetwicklungen beeinflußt. In Gleichstromlichtmaschinen wird nach diesem Funktionsprinzip die notwendige gleichmäßige Verbraucherspannung erzeugt.

den die Läufer mit auf ihnen montierten Spulen gedreht. In der Innenseite der Ständer sind die Magnetpole eingebaut. Nicht nur ein Paar, sondern viele. Auf den Rotoren sind die Spulen entsprechend verteilt montiert. An Schleifringen auf der Rotorwelle wird die erzeugte Spannung abgenommen und weitergeleitet.

Um aber die hohen Ströme bei derartigen Maschinen nicht mit Hilfe von Bürsten über Schleifringe abnehmen zu müssen, hat man die Maschinen umgekehrt konstruiert: die Magnetpakete liegen auf dem Rotor und die den Strom liefernden Spulen sind am Stator befestigt, von dem der Strom direkt - ohne Schleifringe - über Stromleitungen abgenommen wird.

Die Magnete auf dem Rotor erhalten ihren Gleichstrom - es sind Elektromagnete - von einem Gleichstromgenerator (der Erregermaschine), der auf derselben Welle sitzt. Dieser Gleichstrom, wird über Schleifringe vom Ge-

nerator direkt auf der Welle an die Magnetspulen übertragen. Das Bild zeigt eine prinzipielle Innenpolmaschine zusammen, mit der Erregermaschine. (Erregung bedeutet: der Strom erregt die Spulen zu Elektromagneten).

Man kann in diesem Zusammenhang die Erregermaschine auch als sogenannten Nebenschlußgenerator bezeichnen. Bei der Besprechung der Messung eines Spannungsabfalls an einem elektrischen Verbraucher wurde das Prinzip der Nebenschlußschaltung bereits erwähnt bzw. erläutert. Im vorliegenden Fall bedeutet dies, daß die Windungen auf den Elektromagneten des Rotors mit der Eigenerregerwicklung parallelgeschaltet sind. Der vom Generator erzeugte, im sogenannten Kollektor gleichgerichtete Wechselstrom ist jedoch mehr oder weniger starken Stromstärkeschwankungen unterworfen, das heißt, er pulsiert. Um eine gleichmäßige Verbrauchsspannung abgreifen zu können, ist es notwendig, den pulsierenden Gleichstrom zu glätten. Man erreicht dies, indem entsprechend viele Wicklungen auf den Magneten gegeneinander versetzt aufgetragen sind. Folglich wird auf diese Weise die Pulsierfrequenz des Gleichstroms heraufgesetzt, wobei seine Amplitude um so geringer wird, je mehr am Stator befestigte Spulen mit dem Kollektor verbunden sind. Der charakteristische Kurvenverlauf der auf diese Weise geglätteten, pulsierenden Gleichspannung ist auf dem Bild links oben illustriert. Die Spannungsamplituden sind in Abhängigkeit von der Zeit in einem Achsensystem aufgetragen. Ein gebräuchliches Beispiel für ein solches Funktionsprinzip ist die sogenannte Gleichstromlichtmaschine zur elektrischen

Energieversorgung aller Verbraucher in Kraftfahrzeugen. Sie wird über einen Keilriementrieb, der den Drehimpuls von der Kurbelwelle auf die Lichtmaschinenwelle überträgt, angetrieben. Da die Motordrehzahl während des Fahrbetriebs natürlich starken Schwankungen unterworfen ist, wird, um eine konstante Spannungsversorgung gewährleisten zu können, ein Regler eingesetzt, der etwaige Differenzen kontrolliert und entsprechend durch Erhöhung des Erregerstromflusses ausgleicht.

Innenansicht eines Polgehäuses einer Gleichstromlichtmaschine, wie sie zur Erzeugung elektrischer Energie in Kraftfahrzeugen zum Einsatz kommt.

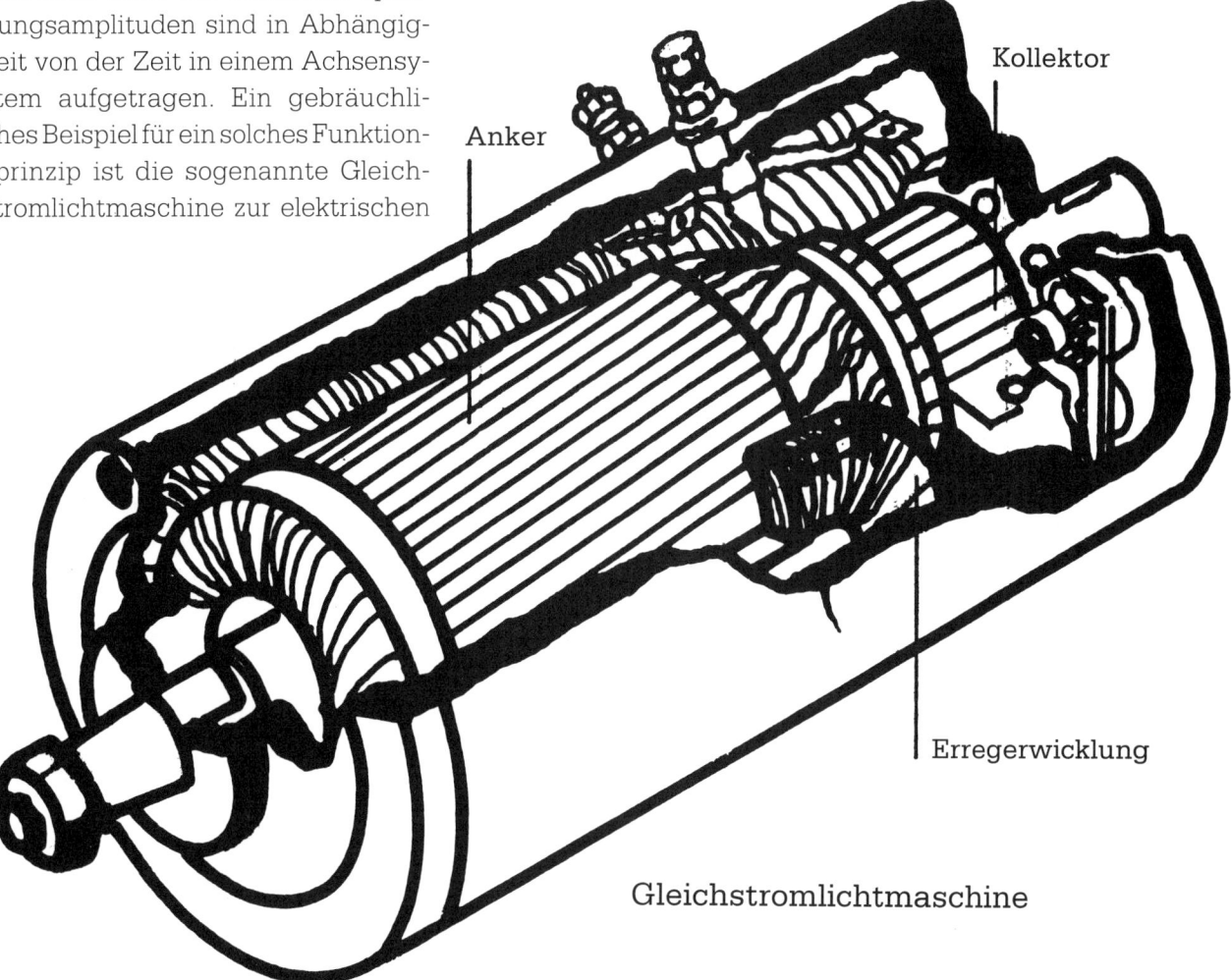

Anker

Kollektor

Erregerwicklung

Gleichstromlichtmaschine

9. Drehstrom

Wir sprachen schon von der Parallelschaltung von Spulen und Magneten. Wenn aber die Statorspulen und entsprechend die Rotormagnete (die sich drehenden Elektromagnete) um genau 120 Grad versetzt montiert bzw. geschaltet sind, entstehen drei Sinusschwingungen zu gleicher Zeit, die »nacheinander« ihre Scheitelwerte, die höchsten Spannungen (Amplitude), erreichen, sich gegenseitig überlappen und ineinander greifen. Sie sind unter- oder miteinander »verkettet«.

Die sich aus der Verkettung ergebende Spannung wird »Drehstrom« genannt. 400 Volt-Drehstrom ist eigentlich widersprüchlich, die Bezeichnung »Volt-Strom« kann es jedoch nicht geben. Aber das »Spannungs-System« hat nun einmal den Begriff »Drehstrom«. Drehstrom, weil die Sinusspannungen, die Phasen, im Kreis

des Statorfeldes von 360 Grad, zu gleicher Zeit mit einem Abstand von 120 Grad auftreten: eine Scheitelspannung folgt der anderen. Demnach drehen sich die Spannungswerte der Statorspulen im 360-Grad-Kreis.

Wenn Sie wollen, können Sie zum Vergleich auf der Linie, auf der Sie den Sinusstrom aufgezeichnet hatten, auch den Drehstrom eintragen. Die Linie stellt 360 Grad dar, eine Kurbelumdrehung, und nach je 360 Grad eine neue Schwingung. Jetzt - bei Drehstrom - beginnt die zweite Sinuslinie aber schon nach einem Drittel der Grundlinie, bei 120 Grad, und die dritte, ebenfalls 120 Grad weiter, bei 240 Grad. So laufen die drei Sinuslinien des Drehstromes ineinander. Betrachtet man die Spannungswerte, ist zu erkennen, daß die drei Scheitelspannungen der Linien neben- und teilweise übereinanderlie-

Darstellung einer Drehstromkurve. Der Drehstrom entsteht in drei voneinander unabhängigen Wicklungen eines Generators. Bei genauerem Hinsehen fällt auf, daß die Kurven identisch sind und sich lediglich in ihrem Startpunkt unterscheiden. Die drei Wicklungen des Generators sind um jeweils 120° versetzt. Betrachtet man gleiche Punkte zweier Kurven (z.B. zwei Maxima), so stellt man fest, daß deren Abstand genau diesen 120° entspricht.

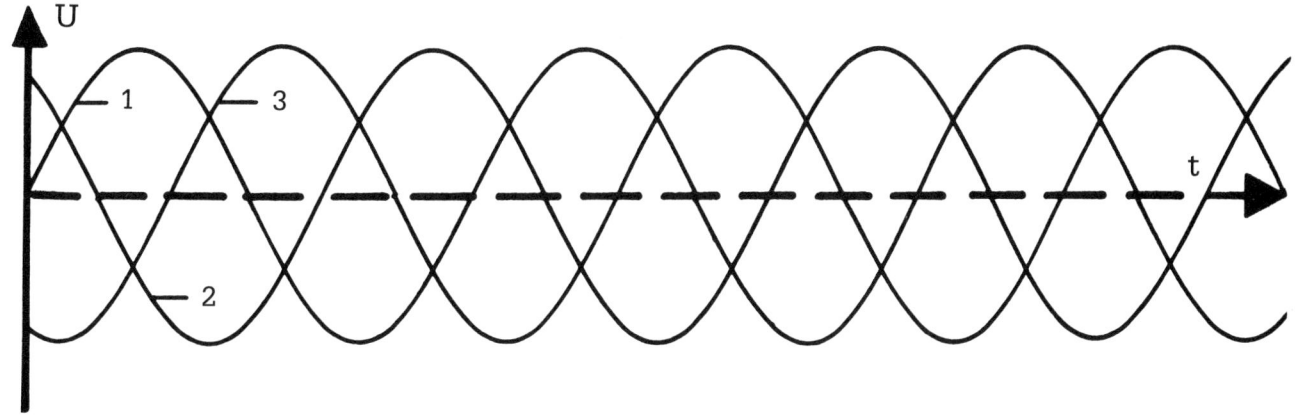

gen und folglich Lücken zwischen den maximalen Spannungen bilden. Die übereinanderliegenden Amplitudenwerte der Sinuslinien müssen addiert werden, um die momentanen Spannungswerte zu erhalten.

Die drei Spannungen werden Phasen genannt und haben die Bezeichnungen R, S und T: die Phasen des Drehstromes. Die Phasenspannungen (der gleichmäßig erscheinenden 380 bis 400 Volt-Spannung) errechnen sich, ebenso wie unsere Gebrauchsspannung 230 Volt, wenn man von 400 die dritte Wurzel zieht = 230.

Die drei Phasenspannungen werden indes auch als Strangspannungen bezeichnet. Da die Einheit der Spannung, wie wir bereits wissen, mit dem Großbuchstaben U abgekürzt wird, wollen wir die Strangspannungen

entsprechend mit U_1, U_2, und U_3 bezeichnen. Um nun einen Verbraucher mit elektrischer Drehstromenergie versorgen zu können, brauchten wir, um eine verwertbare Spannung abgreifen zu können, sechs Leitungen. Das Prinzip der Sternschaltung eines Drehstromsystems ist jedoch so aufgebaut, daß die drei Hauptleitungen in einem Punkt, also sternförmig, zusammenlaufen. Diesen Zusammenschluß nennt man Sternpunktleiter, der im System einen vierten Strang darstellt. Es wird nun möglich, eine Verbraucherspannung zwischen Sternpunktleiter und jedem der drei einzelnen Hauptleiter abzugreifen. Diese Strangspannungen werden entsprechend mit U_R, U_S, und U_T bezeichnet. Dadurch ergeben sich natürlich Vorteile bei der Nutzung eines Drehstromsystems: Durch die beschriebene Verkettung von Leitun-

Arbeiten an der Antriebseinheit einer großen Fördervorrichtung. Der Bewegungsmechanismus wird von Drehstrommotoren mit hoher Nutzleistung in Gang gesetzt. Entsprechende Motorentypen setzen große Seil- bzw. Riementriebe in Bewegung; die unterschiedlichen Rollendurchmesser ermöglichen ein für den Gesamtantrieb günstiges Übersetzungsverhältnis.

gen kann Leitungsmaterial eingespart werden. Es ergibt sich eine deutliche Vereinfachung der Bauart von mit Drehstrom betriebenen Motoren. Außerdem stehen für einen Verbraucher wahlweise zwei unterschiedliche Spannungen permanent bereit.

Entprechend diesen Merkmalen von Dreiphasen- oder Drehstrom erfolgt der Einsatz in der Praxis. Eines der bekanntesten Beispiele aus dem Bereich der elektrischen Maschinen ist

die Drehstromlichtmaschine in Kraftfahrzeugen, die als sogenannter Nebenschlußgenerator die elektrische Energie zum Betrieb aller elektrischen Anlagen, sowie zum Aufladen der Batterie liefert.

Sie zeichnet sich vor allem dadurch aus, daß hier der Drehstrom, bedingt durch die Lage der ihn erzeugenden Elemente (Ständer, Erregerwicklung) einfach zu entnehmen ist und die Bauweise durch die geringe axiale Länge kompakt ausfällt.

Schnellaufende Achterbahn in einem Vergnügungspark. Um die miteinander gekoppelten Wagen auf entsprechende Geschwindigkeiten beschleunigen zu können, kommen drehstromgespeiste Reibradantriebe mit hoher Ausgangsleistung zum Einsatz.

10. Überlandverteilung

10.1 Verbundnetze

Um ein Spannungsnetz mit ausreichender Leistung zur Verfügung stellen zu können, ist praktisch ganz Westeuropa zu einer Verbrauchergemeinschaft zusammengeschaltet, und zwar durch ein »Verbundnetz«. Die BRD liefert Strom z.B. an Skandinavien und erhält Verrechnungseinheiten bzw. umgekehrt. Für die Weiterleitung von den Kraftwerken zu regionalen Verteilerstationen, werden Höchstspannungen von 150.000 bis

350.000 Volt und Hochspannungen von 60.000 bis 150.000 Volt benutzt. Die Verbindungen in ländlichen Gebieten begnügen sich mit Mittelspannungen von 1000 Volt bis 60.000 Volt.

Die Verteilung der Energie, der Spannungen, ist sehr unterschiedlich gewichtet. Sie ist abhängig vom Verbrauch der Kunden, der Kundengebiete. Das Ruhrgebiet benötigt wesentlich mehr Strom (zumindest am Tage) als Schleswig-Holstein. Aber auch die Tages- und Jahreszeiten haben einen großen Einfluß auf den Bedarf. In einer reinen »Wohnstadt« ist der Verbrauch morgens und am Abend größer als am Tage. Im Indu-

Abbildung eines Motorkraftwerkes. Bei diesem Kraftwerkstyp wird die innere Energie des Treibstoffs (meist Dieselöl) über eine Hubkolbenmaschine in mechanische Energie umgewandelt, die wiederum zum Antrieb der Generatorwelle genutzt wird. Die Bauweise der Motor-Generator-Einheit ist recht kompakt, die verwertbare Leistung jedoch vergleichsweise gering. Motorkraftwerke kommen daher oft als Notstromaggregate bei Versorgungsengpässen in Krankenhäusern stationär zum Einsatz.

Beim Transport von elektrischer Energie über größere Distanzen ist man bemüht, die Stromwärmeverluste möglichst niedrig zu halten. Daher werden Spannungen beim Verlassen des Kraftwerks hochtransformiert und vor dem Erreichen des Endverbrauchers wieder umgespannt (heruntertransformiert).

striegebiet ist er tagsüber am höchsten, da hier die höhere Produktionsauslastung eine Rolle spielt.

10.2

Spitzenkraftwerke

Zur Abdeckung dieser sich bildenden »Bedarfs-Spitzen« sind besondere Kraftwerke vorgesehen, »Spitzen-

kraftwerke«, die sich in wenigen Sekunden automatisch einschalten (Motorkraftwerke), oder aus Pumpspeicher-Seen Turbinen speisen. Wasser für den See wird wieder nach oben gepumpt, wenn preisgünstiger Strom angeboten wird. Denn einige Heizkraftwerke können aus wirtschaftlichen oder auch aus technischen Gründen über Nacht nicht abgeschaltet werden und bieten günstigen Strom an. In Bergregionen ist der Bedarf z.B. im Winter höher, weil dann kein Wasser für Turbinen zur Verfügung steht, während dort ab Frühjahr

durch die Schneeschmelze eigene Kraftwerke in Betrieb genommen werden können.

10.3 Verteilerstationen

Früher waren die Verteilerstationen Überlandzentralen, jetzt sind es Umspannwerke und Freiluftanlagen, sofern sie im Freien aufgestellt sind. In diesen Zentralen werden die Verbundnetze zusammengeschaltet bzw. von den Höchstspannungen auf Hochspannungen und auch Mittelspannungen heruntergespannt und ins Land weitergeleitet.

Für die Umspannung werden Transformatoren benutzt. Die Freiluftanlagen sind nicht ständig von Aufsichtspersonen besetzt, denn alle Umspannwerke werden zentral verwaltet. Das Netzbrummen, von dem wir schon gesprochen haben, können Sie oft auch hier hören, wenn Sie dicht am Zaun stehen.

10.4 Transformatoren

Für die Änderung von Spannungen werden Umspanner, sogenannte Transformatoren, eingesetzt. Sie wan-

deln eine Wechselspannung in eine niedere oder höhere um. Kupferdrahtwindungen auf Eisenkernen, die aus Blechen bestehen, liegen als Wicklungspakete über- oder nebeneinander und beeinflussen sich gegenseitig durch magnetische Kopplungen, durch Induktion. Die Spannungsumwandlung richtet sich nach der Anzahl der Windungen pro Wicklungspaket.

Bild oben: Ein Transformator besteht im wesentlichen aus zwei Wicklungen, welche durch einen Eisenkern miteinander verbunden sind. Ein Wechselstrom, der durch die erste Wicklung (Primärspule) fließt, induziert in der zweiten (Sekundärspule) ebenfalls eine Spannung. Die Größe dieser Spannung hängt vom Verhältnis der Windungszahlen beider Wicklungen ab.

Bild unten: Schematische Darstellung der Funktionsweise eines Gleichstrom-Transformators. Die an der Primärspule induzierte Gleichspannung wird an der Sekundärspule entsprechend dem Windungsverhältnis hochtransformiert.

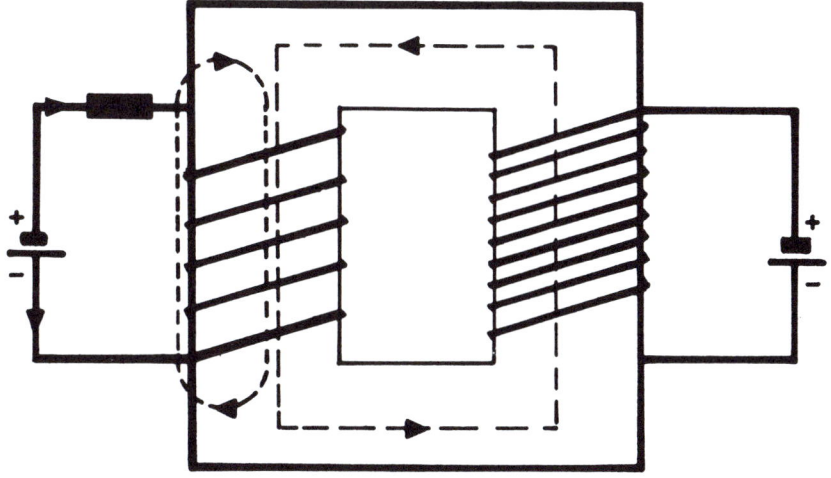

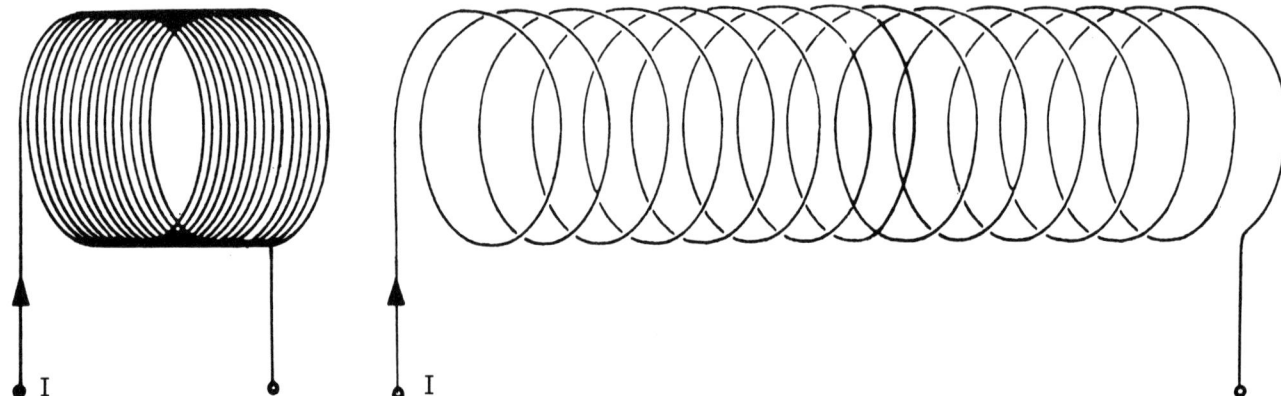

Bild oben und unten:
Überall dort, wo Spannungen umgewandelt
(transformiert) werden,
kommt der Transformator zum Einsatz. Er
besteht im wesentlichen
aus zwei Wicklungen
(Primär- und Sekundärspule). Die Spannungen
an Ein- und Ausgang des
Transformators stehen
im Verhältnis zu der
Anzahl der Spulenwicklungen.

Die Primär- oder Eingangsspannung
wird einem Wicklungspaket zugeführt; die Ausgangsseite liefert von
dem zweiten Wicklungspaket, das
aus mehr oder weniger Windungen
bestehen kann, die Sekundär- oder
Ausgangsspannung. Sie kann - den
Windungszahlen entsprechend - grö
ßer oder kleiner sein als die Eingangsspannung. Gleiche Windungszahlen
ergeben gleiche Spannungen:

$$U1 : U2 = W1 : W2$$

Ein Transformator (Trafo) kann für beide Übertragungsrichtungen benutzt

werden. Frequenzen werden beim
Transformieren nicht verändert. Die
Größe der Transformatoren ist abhängig von der Leistung, d.h. dem Produkt aus Strom und Spannung (U x I)
bzw. der Wicklungszahl und dem
Querschnitt der Drähte. Die Bilder zeigen kleine Trafos für kleine Geräte und
auch große Drehstrom-Umspanner
der Freiluftanlagen. Mit diesen Transformatoren werden z.B. die Spannungen der Kraftwerke von 60.000 Volt auf
350.000 Volt erhöht, um auf den Freileitungen wenig Spannungsabfall zu
erhalten.

Ein kleines Rechenbeispiel soll dies
verdeutlichen: Nehmen wir an, an ei-

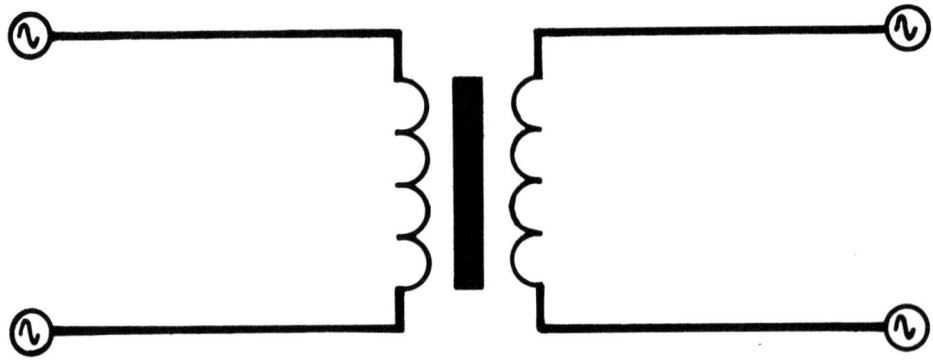

ner Spannungsquelle mit 230 V fließt ein Strom von 100 A, d.h. eine Leistung von P = U x I = 23.000 (= 23 kW) wird »entnommen«. Nehmen wir weiter an, diese Leistung wird in einiger Entfernung »verbraucht« und dazwischen sei ein Leitungswiderstand R = 1 Ohm. Dieser Widerstand liegt in Reihe mit dem Verbraucher.

Bezogen auf die Gesamtleistung heißt das: Im ersten Beispiel werden 43 % der Leistung in der Zuleitung »verbraucht« bzw. es kommen nur noch 57 % der Leistung zum Verbraucher, die die Quelle geliefert hat. Und beim zweiten Beispiel beträgt die Verlustleistung kaum 0,004 % d.h. 99,996 % der ursprünglichen Leistung kommen

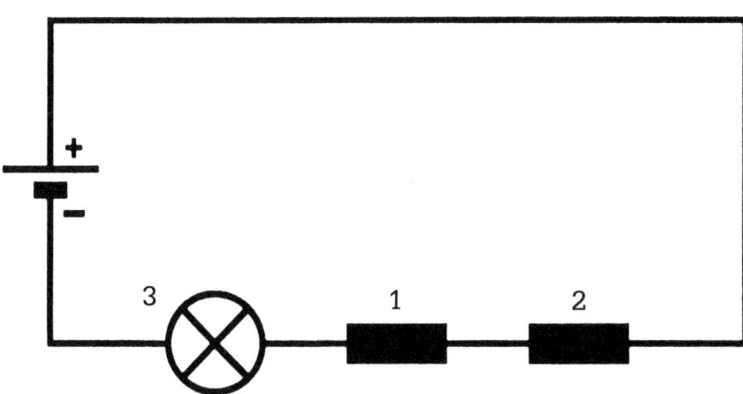

Das heißt: I x R = U = 100 V. Bei einem Leitungswiderstand von nur 1 Ohm fallen 100 V Spannung allein auf der Leitung ab, die bei 100 A auch 10 kW der vorhandenen Leistung in Wärme umwandelt. Bleiben wir nun bei konstanter Leistung von 23 kW, erhöhen jedoch die Spannung auf den angegebenen Wert:

beim Verbraucher an, was eine höhere Effektivität bedeutet.

Wandertransformatoren bekommen Sie kaum zu Gesicht. Es sind riesige, auf Spezialwagen der Bundesbahn montierte Objekte, die überall hinbefördert werden, wenn Umbauten, Unfälle, Katastrophen es erfordern.

P = 23 kW; U = 23 kV;
daraus folgt: I = 1 A.

Jetzt fällt nur noch U = I x R = 1 A x 1 Ohm = 1 V auf der Leitung (dem Leitungswiderstand) ab. Die Leistung, die von dem Widerstand in Wärme umgewandelt wird, ist demnach P = U x I = 1 V x 1 A = 1 W.

Den Transformatoren kann Drehstrom nur zugeführt werden, wenn ihre Wicklungspakete nach der »Sternbzw. Dreieckschaltung« zusammengeschaltet sind.

Der sogenannte Nulleiter wird nur für das Ende Verbraucher angeschlossen, bei denen eine ungleichmäßige Belastung der 3 Phasen zu erwarten ist oder nur eine Phase für die Geräte

Reihenschaltung von Widerständen. Die Abbildung zeigt einen Stromkreis mit einer Lampe (3) sowie zwei in Reihe geschalteten Widerständen (1) und (2). Der Gesamtwiderstand hintereinander geschalteter Einzelwiderstände ist gleich der Summe der Einzelwiderstände. Die abgebildete Schaltungsart findet auch unter dem Namen Spannungsteiler Verwendung.

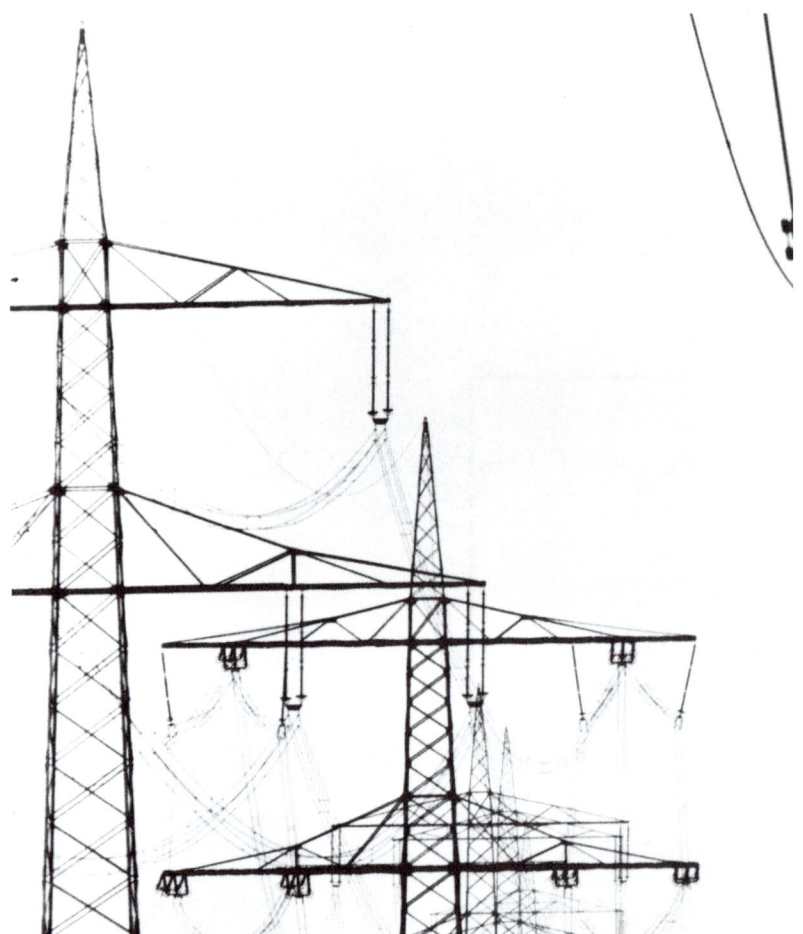

chen Spannungen R, S und T an den freien Enden heben sich gegenseitig auf. Daher sind die Amplituden der Spannung zu addieren: 1 x (+2) plus 2 x (-1) = 0. Dieser »Nullpunkt« wird ebenfalls an eine Leitung angeschlossen, so daß für Drehstromanschlüsse vier Leitungen erforderlich sind. Zum Netz gehören also R, S, T und N (Null). Die Weiterführung der unterschiedlichen Spannungen wird mit Hilfe von Seilen als Leitungen an Masten vorgenommen. An großen Masten für die Höchstspannungen bis 350.000 Volt und die Hochspannungen, an kleineren Masten für die Mittelspannung und an kleinen Holzmasten für die Ortsversorgungen mit Drehstrom 400 Volt.

10.5 Gittermasten

Freileitungsmasten bestehen aus Traversen, Isolatoren und den stromführenden Kabeln. Vor dem Bau solcher Anlagen ist zunächst zu prüfen, ob eine unterirdische Verlegung der Kabel nicht wirtschaftlicher ist. Die Spannungen solcher Freileitungsmasten liegen zwischen 110.000 und 380.000 Volt.

benötigt wird. Im Verbundnetz und meistens auch in der Schwerindustrie werden nur die drei Phasen verwendet. Es ergeben sich zwischen zwei Phasen 400 Volt und zwischen Phase und Null 230 Volt. Die Drehstromleitungen sind an das erste Paket eines Transformators je an das eine Ende dreier getrennter Wicklungen angeschlossen. Die drei anderen, freien Enden dieser »Spulen« sind zusammengeklemmt, zusammengeschlossen zu einem Punkt, dem »Sternpunkt«. Der Sternpunkt ist spannungslos, denn die drei unterschiedli-

Die Überlandleitungen an den großen Gittermasten führen die drei Phasen des Drehstromes. Sie können es sehen: an einer Seite eines Mastes hängen drei Seile (auch als Doppelleitungen) an langen Isolatorketten (je höher die Spannung, desto länger die Ketten). Das sind die Drehstromleitungen mit den Phasen R, S und T. Und eine Leitung, die Sternpunktleitung N, läuft auf der Mastspitze, nicht isoliert, denn ihre Spannung ist gleich Null. Das ist ein Blitzableiter, der verhindern soll, daß Blitze in die Phasen einschlagen. Stets werden an beiden Sei-

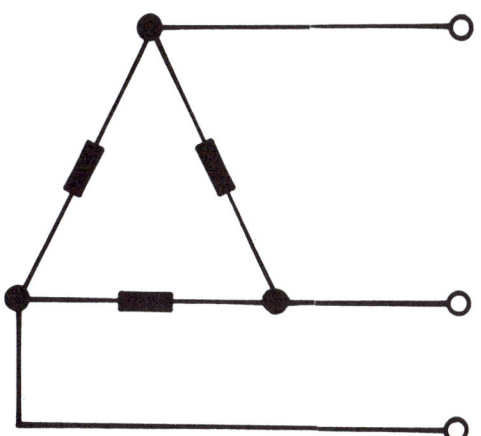

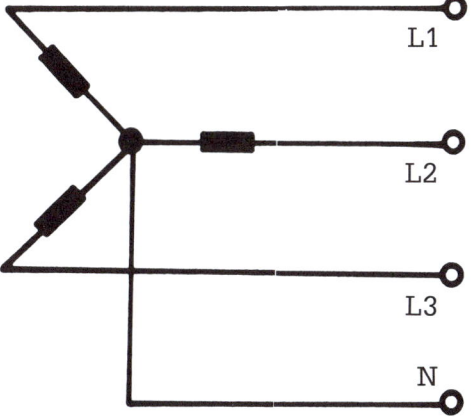

ten der Masten je drei Leitungen geführt. Denn wenn schon kilometerweit Masten vorhanden sind, werden sie auch voll ausgenutzt, die Leistung aufgeteilt und Spannungsabfall gespart. Mit weniger Strom wird dann pro Phase gefahren, mit weniger Verlust bei der Gesamtenergie und teilweise nur einer Nulleitung.

10.6

Mittelspannungsmasten

Diese führen oft nur drei Drähte (Seile). Das sind dann die Phasen R, S und T, aber der Nulleiter fehlt. Das liegt an der Transformation. In den Verteilerstationen werden die Ausgangswicklungen eines »Stern-Dreieck-Transformators« im Dreieck geschaltet, also ohne Null. Und bei den relativ kurzen Entfernungen treten keine schädlichen Spannungsabfälle auf, so daß der Nulleiter, gespart werden kann.

10.7

Niederspannungsmasten

Für ein Dorf wird die Mittelspannung mit Hilfe von Transformatoren wieder auf den Drehstrom mit der brauchbaren Phasenspannung von 400 Volt heruntertransformatiert, um auf diese Weise den Nulleiter zurückzubekommen für die Gebrauchsspannung 230 Volt. Die Nulleitung, der Sternpunkt, ist am Transformator geerdet. Man sieht diese Transformatoren am Dorf-

Bild oben: Stern- und Dreieckschaltung. Das öffentliche Drehstromnetz besteht aus vier Leitern (L1, L2, L3 und dem Sternpunktleiter). Die meisten elektrischen Haushaltsgeräte benötigen eine Betriebsspannung von 220 Volt. Diese erhält man, wenn der Abgriff zwischen einem der Leiter und dem Sternpunkt erfolgt. Die Spannung zwischen je zwei Leitern hingegen beträgt 380 Volt. Damit wird beispielsweise der Elektroherd betrieben.

Bild unten: Elektrische Geräte mit sehr hohen Leistungen benötigen Spannungen von 380 Volt (Schweißgeräte). Die entsprechende Kennzeichnung erfolgt durch das Dreieck-Symbol. Bei Anlagen, die wahlweise mit 220 oder 380 Volt betrieben werden, erscheint neben dem Dreieck auch das Sternsymbol (für 220-Volt-Betrieb).

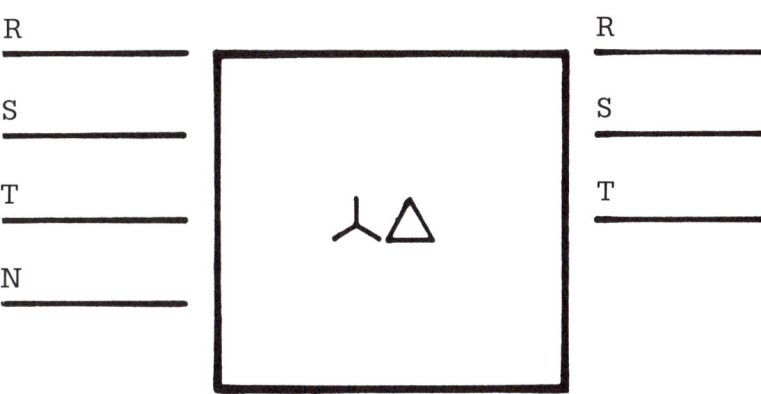

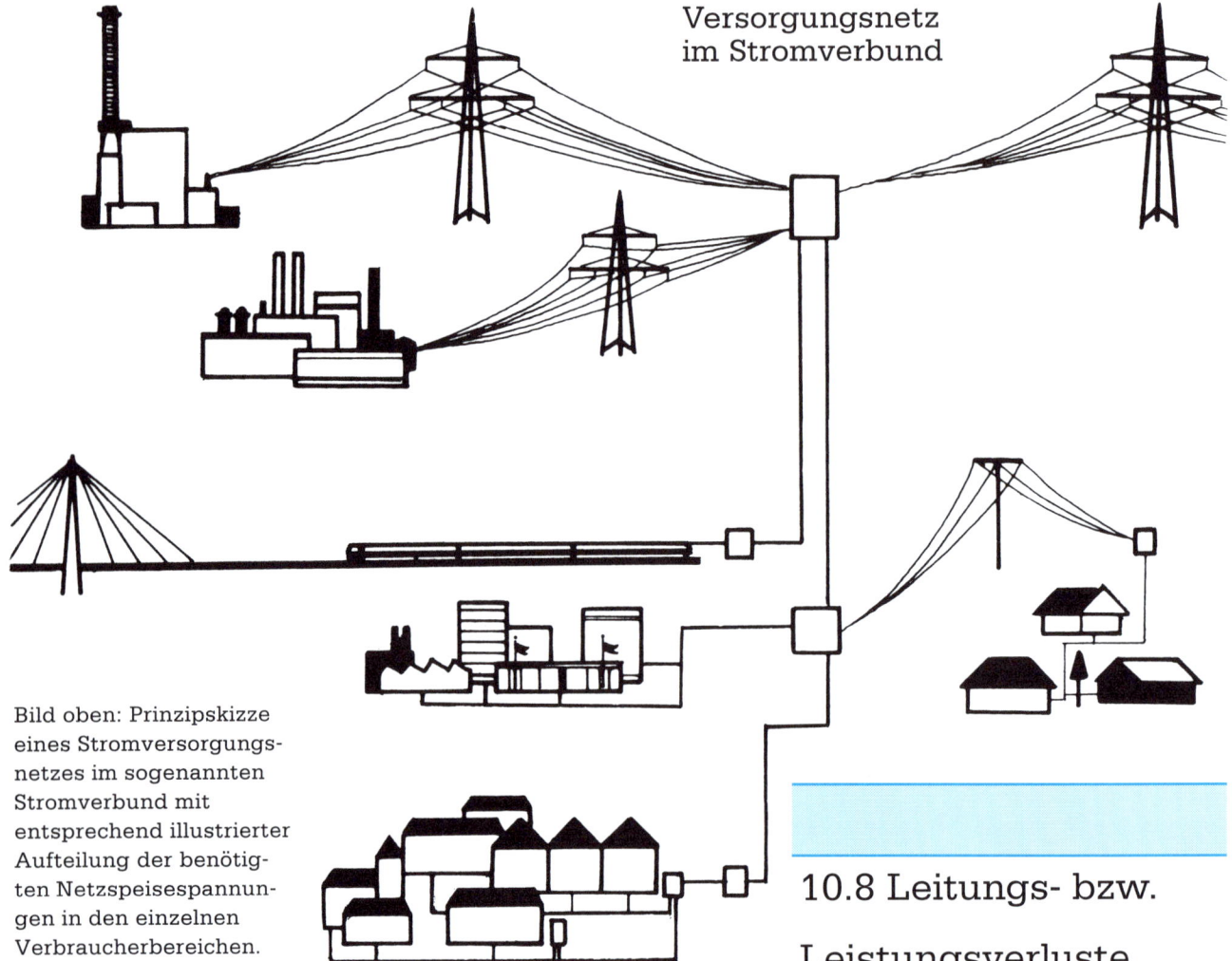

Versorgungsnetz
im Stromverbund

Bild oben: Prinzipskizze eines Stromversorgungsnetzes im sogenannten Stromverbund mit entsprechend illustrierter Aufteilung der benötigten Netzspeisespannungen in den einzelnen Verbraucherbereichen.

Bilder rechte Seite: Isolatoren an Freileitungen werden aus Glas oder Porzellan gefertigt. Sie verhindern eine elektrisch leitende Verbindung zwischen Gittermast und dem stromführenden Kabel. Unterstützt wird dieser Effekt durch die Beschaffenheit der Isolatorenoberfläche und durch feine, nach außen ragende Drähte, die hohe elektrische Feldstärken beseitigen.

rand an Masten (selten in kleinen Backsteinhäusern), von denen dann der Drehstrom über Leitungen (selten als Kabel) an Holzmasten ins Dorf geleitet wird.

An den Holzmasten im Dorf mit den vier Leitungen R, S, T und Null können Sie an den Isolatoren erkennen, welcher der Nulldraht ist. Die Isolatoren haben eine andere Farbe, oder an den Haken für diese Isolatoren hängt ein Haken oder ein Ring.

10.8 Leitungs- bzw. Leistungsverluste

Leistungsverluste (schädliche Spannungsabfälle) lassen sich vermeiden, wenn nur die hohen Spannungen von Kraftwerken zu den Verteilerstationen oder Städten übertragen werden. Die folgenden Beispiele zeigen das.

Strom mal Spannung ergibt die Leistung und natürlich: weniger Strom mal höherer Spannung kann die gleiche Leistung ergeben (3A x 8V = 24W, 6A x 4V = 24W).

U = Spannung gemessen in Volt (V)
mal
I = Strom gemessen in Ampere (A)
gleich
P = Leistung gemessen in Watt (W)
das heißt: P = U x I

U x I = P

100 V x 1.000 A = 100.000 W
1.000 V x 100 A = 100.000 W

in beiden Fällen ist:

P = 100.000 W (100 kW)

Und damit tritt bei nur 100 A ein wesentlich geringerer Spannungsverlust in den »Überlandleitungen«, den weiten Strecken auf, als bei 1.000 A. Denn auch ein Kupferdaht mit ca. 3 cm Durchmesser stellt auf langen Wegen einen Widerstand dar, der den schon vorher genannten »schädlichen Spannungsabfall« verursacht. Denn Strom I mal Widerstand R = Spannung U = U-Abfall:

I x R = U

1.000 x 10 = 10.000 sehr groß
100 x 10 = 1.000 nur ein Zehntel.

Deshalb also nur kleiner Strom und hohe Spannung. Und es laufen über Freileitungen nicht 400 Volt, sondern bis zu 350.000 Volt, die dann natürlich in den Verbraucherregionen wieder heruntertransformiert werden müssen.

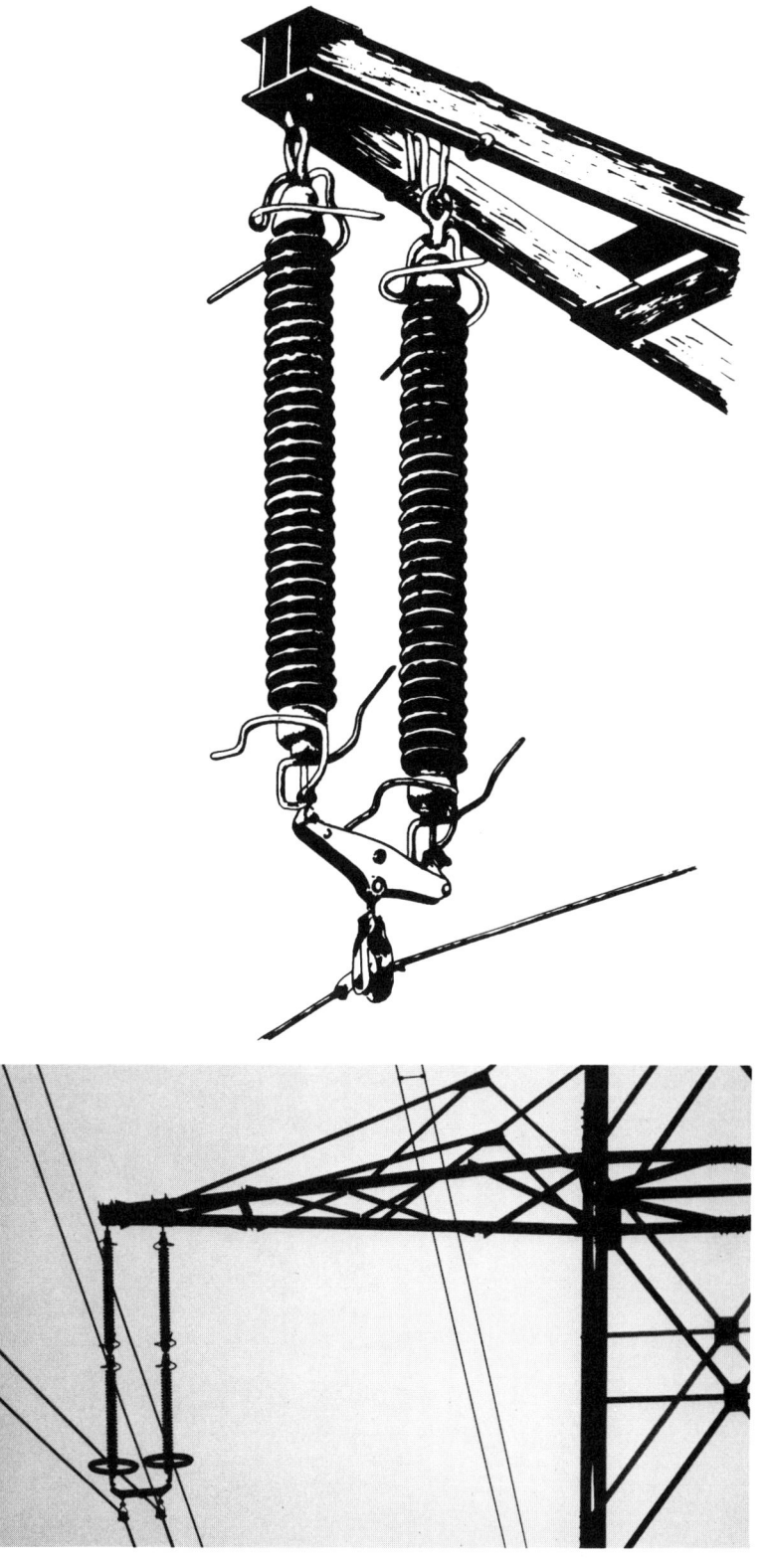

11. Stadtversorgung

11.1 Hochspannung

Die genannten Versorgungsleitungen (von Dorf zu Dorf) sind bei Großstädten oft als »Ringleitung« um die Stadt an Gittermasten verlegt, jedoch mit Spannungen bis 350 000 Volt. Normalerweise laufen Überlandleitungen direkt von einer Umspannstation zur nächsten. Dieses Ringnetz und auch vermaschte Netze sorgen für eine sichere Stromversorgung. Bei Abschaltung, bei Ausfall einer Sicherung oder anderen Fehlern werden nur wenige Netzteile, Verbrauchergebiete, spannungslos. Vermaschte Netze haben außer dem Ring noch mehrere Querverbindungen, die über abgesicherte Verteiler speisen oder auch kleine Verbindungen abtrennen können, so daß ein »Black-out« sich auf nur wenige Kunden auswirken kann. Solche Hochspannungsverteiler sind vor unbefugtem Zutritt durch entsprechende engmaschige Gitter sowie durch Verbotsschilder geschützt.

Von elektrischen Anlagen, die mit dieser Warntafel versehen sind, kann eine tödliche Bedrohung ausgehen. Hier treten neben hohen Spannungen auch große Ströme auf. Daß von einer hohen Spannung allein noch kein Risiko ausgehen muß, zeigt die Zündspule eines Autos, die mehrere tausend Volt erzeugt. Auch vom Anlasser, der Ströme von 30 Ampere benötigt, geht wegen der niedrigen Spannung von 12 Volt keine Gefahr aus. Erst das Zusammenwirken von großen Strömen und Spannungen bedeutet Gefahr.

Mittelspannungsleitungen in Stadtgebieten werden mit ca. 10.000 Volt gespeist. Schienenfahrzeuge wie die Straßenbahn beziehen die nötige Betriebsspannung aus Oberleitungen. Der Abgriff erfolgt über den Stromabnehmer. Die Berührung des Fahrdrahtes wird erst dann zur Gefahr, wenn ein gleichzeitiger Kontakt mit der Schiene besteht.

11.2

Gebrauchsspannung

Die Netze besitzen Einspeisungsmöglichkeiten (regional bedingt) an zwei oder mehreren Stellen, aber an sehr vielen mit dem Ring verbundenen Freiluftanlagen wird z.B. auf 6.000

bis 10.000 V (Mittelspannung) umgeformt. Über Kabel gelangt diese relativ hohe Spannung in die Stadt, wo sie dann in Gebäuden auf die Gebrauchsspannung, den Drehstrom, 400 Volt, heruntertransformiert wird. In kleineren Städten sind statt einer Ringleitung mehrere Einspeisungen vorgesehen, um, wie bei einer Ringleitung, größte Versorgungs-Sicherheit zu erreichen.

Von den städtischen Umspannwerken werden alle Stadtteile mit Hilfe von unübersehbaren, teilweise vermaschten Netzen versorgt. Es ist das Spannungs-, Leistungs- oder Stromnetz von 400 Volt und 50 Hertz, das »Netz«.

An Straßenecken können Sie graue Stahlblechkästen sehen (nicht zu verwechseln mit denen von der Post); darin sind Zwischensicherungen untergebracht, um ganze Straßennetze absichern zu können. Von diesen Kästen aus geht es weiter per Kabel in die Straßen hinein (meist unter beiden Bürgersteigen). Unterwegs werden die Kabel für jedes Haus angezapft, die vier Drehstromleitungen für die Phasen R, S, T und den Sternpunkt Null. Aber zusätzlich ist noch eine fünfte Ader verlegt, ein sogenannter »Schutzleiter MP« (Massepol), der in der Stadt in der Umspannstation mit »Erde« verbunden ist. Auch der Nullleiter ist mit Erde verbunden, tatsächlich mit der Erde, unserem Erdboden.

Sie wissen doch, daß die Straßenbahn (ganz früher »die Elektrische«), nur

Abbildung eines stark verzweigten Oberleitungssystems im Einzugsbereich großer Hauptbahnhöfe. Die eine Mittelspannung führenden Drahtleitungen müssen entsprechend der Schienenführung in Abgriffshöhe der Stromabnehmer verlegt sein. Dabei soll bei der Raumaufteilung die Positionierung der Leitungsmasten ebenfalls mitberücksichtigt werden.

oben ihre Zuführung erhält? Die Schienen liegen dabei auf Trassen oder Holzbohlen, die als Isolatoren betrachtet werden können. Die Schienen selbst bilden dabei die »Rückführung«. Und, falls Sie es nicht wissen sollten, es kann Schlimmes passieren, wenn Sie mit einem Bein auf der Schiene stehen und mit dem anderen

Bein oben an die Leitung kämen. Das geht natürlich nicht. Doch den Vögeln geschieht nichts, wenn sie auf einer 10.000 Volt Leitung sitzen und singen, weil sie nicht geerdet sind. Ein Storch allerdings kann schon zu Tode kommen, wenn er unglücklicherweise mit seiner Flügelspannweite eine Isolatorkette überbrückt.

Prinzip der örtlichen Spannungsversorgung am Beispiel privater Haushalte. In Schaltschränken stationär eingebaute Sicherungen schützen vor Überlastung des Netzes. Mit Stromzählern läßt sich der Stromverbrauch über bestimmte Zeiträume kontrollieren. In Großgebäuden spannen Transformatoren die Mittelspannung in die Verbrauchsspannung um.

11.3 Hausanschlüsse

Die ankommenden Netzkabel (R, S, T, Null und MP) werden (meist im Keller an der Straßenseite) in den »Hauptsicherungskasten« geführt, in dem das gesamte Haus mit starken Sicherungen abgesichert ist. Bei großen Gebäuden ist ein besonderer »Anschluß- oder Versorgungsraum« für Wasser, Gas und Elektrizität vorgesehen. Auch werden in großräumige Gebäudekomplexe und in Fabriken Mittelspannungen (1 kV bis 60 kV) geliefert und dort in besonderen Räumen mit Transformatoren wieder auf die benötigte Verbrauchsspannung herabtransformiert. Nur in wenigen Fällen werden hohe Spannungen direkt gebraucht, es gibt z.B. Hochleistungspumpen, die mit einigen Tausend Volt angetrieben werden, denn viele Anlagen der Schwerindustrie arbeiten mit Mittelspannungen.

11.4

Wohnungsanschlüsse

Die normalen Anschlußkästen für 400 Volt sind mit Plomben versehen und nicht Sie, sondern nur Ihr Elektriker darf darin Sicherungen auswechseln oder wegen einer Reparatur im Hause aus Sicherheitsgründen entnehmen und danach der Stadt die Nachricht geben, daß die Plombe aufgemacht wurde. Dann kommt eines Tages ein Herr von der Elektrizitätsabteilung der Stadtwerke und plombiert den Anschlußkasten wieder. Für den Kasten und den Kilowattstundenzähler sind nur die Stadtwerke zuständig, sie sind durch die Plomben gegen unrechtmäßigen Zugriff abgesichert.

Ohne Kontrolle, ohne Zähler, darf keine Gelegenheit bestehen, an das Netz heranzukommen. Erst »nach« dem Zähler, hinter den Wohnungssicherungen, können Sie einbauen (oder von einem Elektriker einbauen lassen), was die Bequemlichkeit in der Wohnung erweitern soll. Oft ist ein Tag- und Nachtzähler (Doppelzähler) für Ihre Wohnung installiert. Er soll dafür sorgen, daß Sie nachts den preisgünstigen Strom (Nachtstrom), die überschüssige Energie verbrauchen, um die regionale Belastung der Netze auszugleichen. Dies gilt aller-

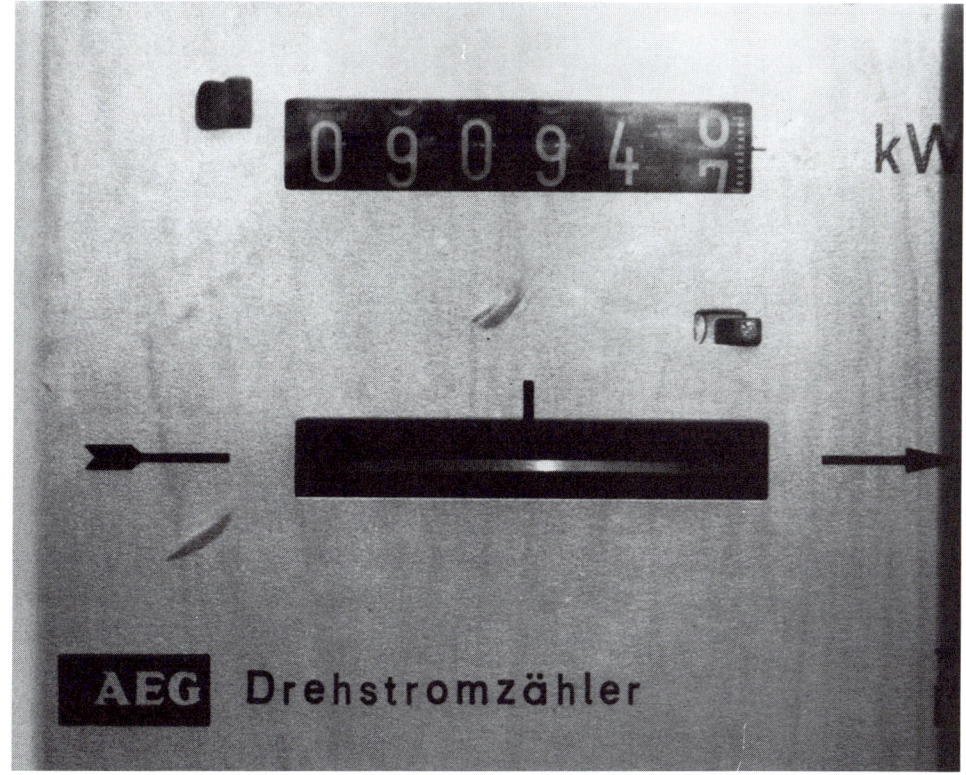

Drehstromzähler im Sicherungskasten eines privaten Wohnhauses. Entsprechend der Nutzungsauslastung drehstromgespeister Haushaltsgeräte wird eine Tachoscheibe in eine mehr oder weniger schnelle Drehbewegung versetzt. Die Scheibe ist über eine kleine vertikale Welle mit der Zählanzeige verbunden, die den Verbrauch in Kilowattstunden für einen bestimmten Zeitraum wiedergibt.

Schnittbild einer Nachtspeicherheizung. Die von elektrisch betriebenen Heizleitern zugeführte Wärmeenergie wird nachts in einer Schicht aus Schamottsteinen (Speichermasse) gespeichert und kann am Tage über ein Wärmetauschersystem mit Gebläse zur Aufheizung eines Raumes genutzt werden.

dings nur für Nachtspeicherheizungen, die sich nachts mit Hilfe des Stroms aufheizen, diese Hitze in Steinen mit einer besonders hohen Wärmekapazität speichern und diese Wärme tagsüber unter Umständen mit Hilfe eines Gebläses wieder abgeben. Kein »normales« elektrisches Gerät darf mit »Nachtstrom« betrieben werden.

Wenn Sie aber das »Netz« durch zusätzlichen Einbau großer Stromverbraucher zu stark belasten, müssen die Stadtwerke auch noch ein Wort mitreden, um eine eventuelle Überbelastung der Speisekabel in der Straße zu verhindern.

Die Räume der Wohnungen sind unterschiedlich an die Phasen R, S und T gelegt, damit möglichst eine ungefähr gleiche Belastung des Netzes stattfindet. Gute Architekten sorgen oft dafür, daß in einem Raum Steckdosen und Lampen gesondert abgesichert werden, so daß eine völlige Dunkelheit, ein »Black-out«, praktisch nicht auftreten kann.

11.4.1 Erdung

In jedem Haus ist die »Erde« mit einem Wasserrohr aus Metall verbunden, um

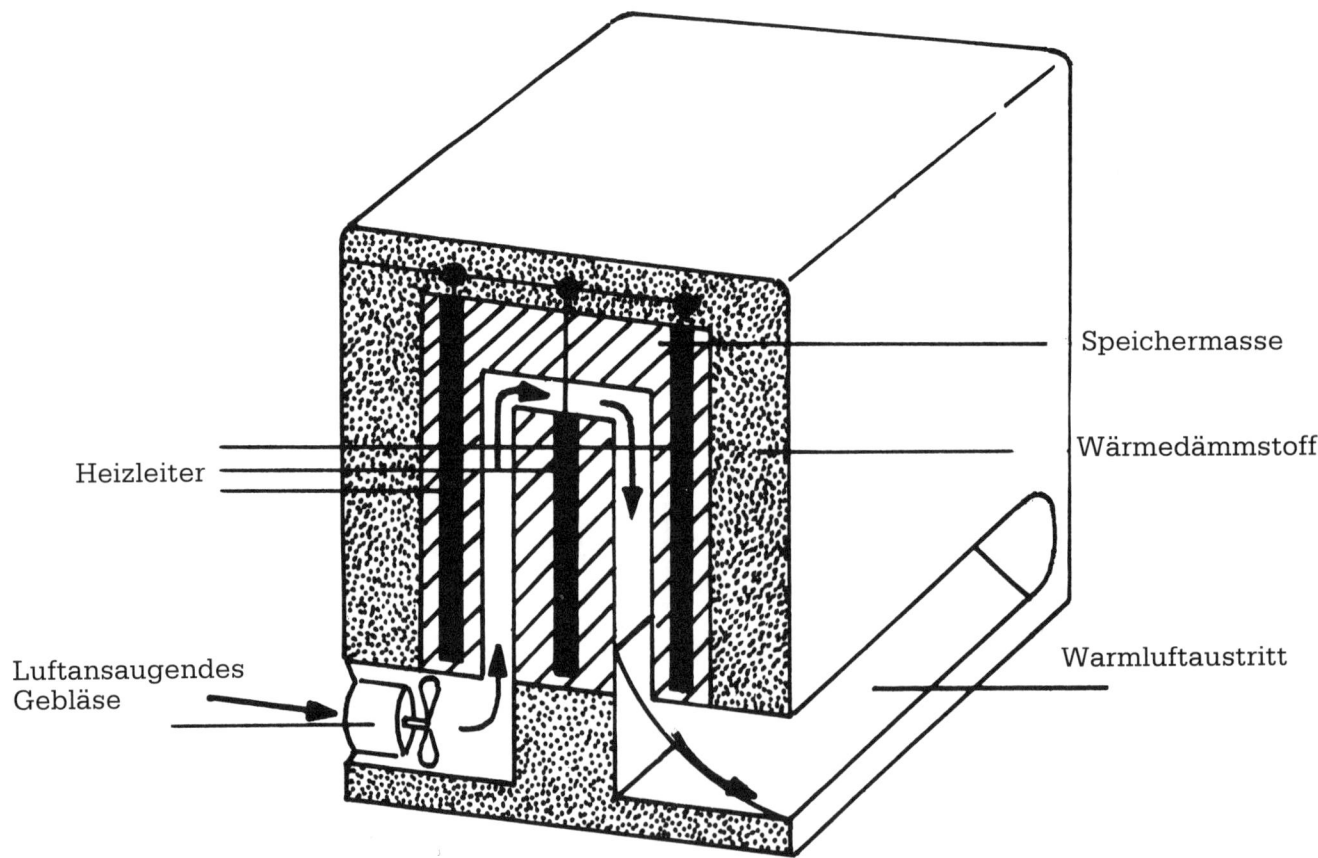

Heizleiter

Luftansaugendes Gebläse

Speichermasse

Wärmedämmstoff

Warmluftaustritt

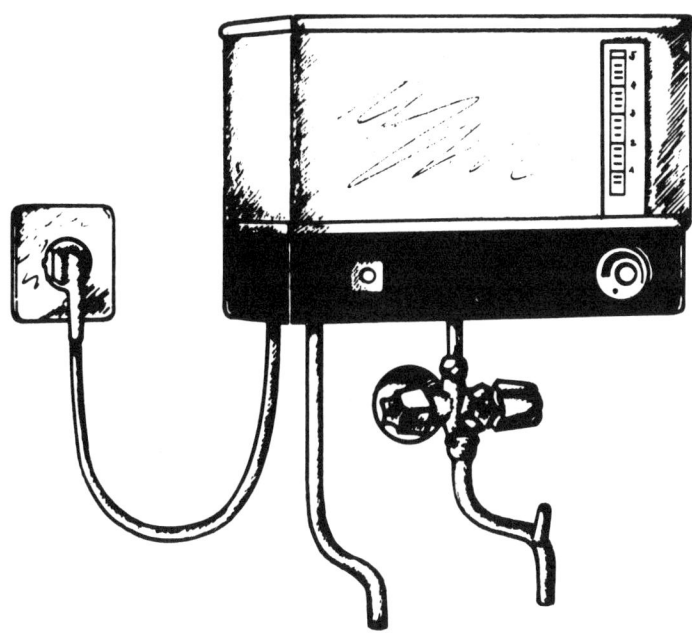

Ansicht eines Heizboilers zur Warmwasseraufbereitung in einer Küche. Dieser Verbraucher wird im Gegensatz zu einem Wasserboiler im Badezimmer über die Netzspannung von 230 Volt gespeist. Das zu erwärmende Wasser wird über einen Mehrweghahn dem Vorratsbehälter zugeführt und dann über eingebaute Heizdrahtschleifen auf die gewünschte Temperatur erhitzt. Diese wird mittels eines Thermostatreglers auf der Frontseite des Boilergehäuses vorgewählt. Nach Erreichen der Endtemperatur kann das Nutzwasser zum Beispiel in ein Spülbecken abgelassen werden.

eine gute Verbindung zur Erde zu gewährleisten. Die Nulleitung, der Sternpunkt, dient im Sicherungs- bzw. Verteilerkasten Ihrer Wohnung als »Gegenpol« für die Gebrauchsspannung 230 Volt, um sie dort erst abzweigen zu können. Zwischen zweien der Phasen R, S und T stehen 400 Volt, aber zwischen einer Phase und dem Nulleiter, dem geerdeten Sternpunkt, nur 230 Volt, die hierzulande übliche Haushaltswechselspannung. Alle Verbraucher einer Wohnung besitzen einen Anschluß für 230 Volt. Nur Wasserboiler im Badezimmer und Elektroherde sind (meistens) direkt mit 400 Volt (Drehstrom) verbunden, dann aber nicht über eine Steckdose, sondern über eine Verteilerdose, in der sie fest angeklemmt werden. Die Metallgehäuse elektrischer Geräte müssen geerdet sein, damit Phasenspannungen am Gerätgehäuse - durch Fehler ent-

standen - direkt an Erde abgeleitet werden können und eine Sicherung auslösen. Bei einer Berührung des Gerätes ist dann eine Verletzung (fast) ausgeschlossen. Hausgeräte werden über die dritte Ader in der Anschlußschnur mit Erde verbunden. International ist diese Erdleitung grün/gelb markiert.

11.4.2 Trenntransformatoren

Mit einem sogenannten Trenntransformator kann der oben genannten Gefahr in gewisser Weise aus dem Wege gegangen werden. Der Netz-Anschluß eines Raumes wird über einen Transformator geleitet. Dieser hat an seiner Eingangsseite eine Phase und Null (230 V), aber auf der Ausgangsseite keine Nullverbindung,

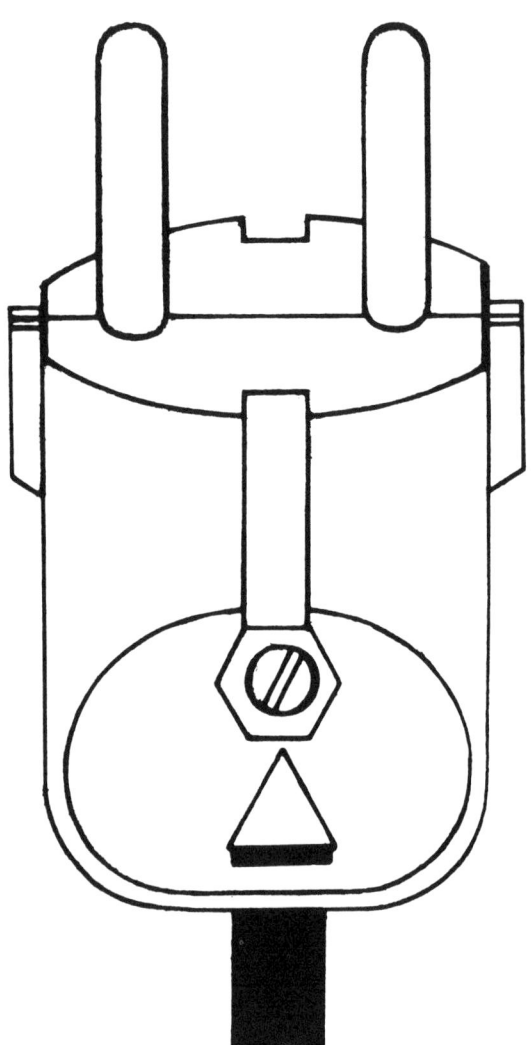

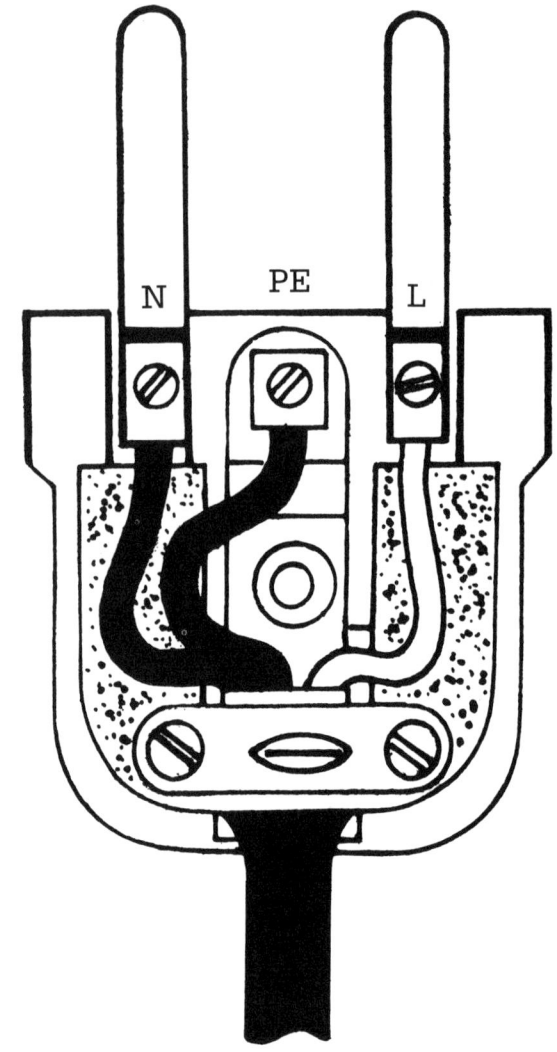

Schutzkontaktstecker mit den Leitungen PE, N und L. Die Buchstaben PE stehen für die englische Bezeichnung protecting earth, was soviel wie Schutzerde bedeutet. Dieser Schutzleiter soll den Menschen vor eventuell auftretenden Kurzschlußströmen schützen. Die N- und L-Leitungen führen die Spannung von 220 Volt.

keine Erdverbindung, d.h. er trennt das Netz absolut vom Nullpunkt. Der Trenntrafo »sorgt« dafür, daß die einzelnen Ausgänge potentialfrei sind, d.h. die Ausgangsspannung von 230 Volt kann zwischen beiden Ausgangspolen gemessen werden, nicht aber zwischen einem Pol, wobei es egal ist, welcher Pol, und der Erde. Berührt man jeweils nur einen Pol des Ausgangs vom Trenntrafo, kann nichts passieren, wohl aber, wenn man beide Ausgänge gleichzeitig be-

rührt. Es gibt gesonderte Steckdosen für Rasierapparate im Badezimmer, die über einen Trenntrafo laufen. Die Trenntrafos für Rasierapparate sind eine besondere Form von Trafos. Durch speziellen Aufbau wird verhindert, daß mehr als eine bestimmte Maximalleistung verbraucht werden kann, zusätzlich zur Potentialtrennung. Auch in diesem Fall gilt: Niemals in der Badewanne rasieren, denn Wasser ist ein Stromleiter, und es besteht Lebensgefahr.

11.4.3 Schutzkontaktdosen

In den Netz-Steckdosen sind die Schutzerden an zwei sich gegenüberliegenden blanken Metallstreifen gelegt. Es sind Schukodosen, »SCHUtz-KOntakt«- Dosen. Auch die für diese Dosen vorgesehenen Stecker haben die Gegenkontakte für diese Erdverbindungen. Leider sind diese Stecker heute äußerst ungünstig konstruiert, sie können oft nur schwer aus einer Steckdose herausgezogen werden. Versuchen Sie aber nicht, die Schnur nur am Kabel aus der Steckdose zu ziehen, denn Sie können dadurch einen Kurzschluß verursachen, wenn das Kabel aus dem Stecker reißt. Die ersten Schukosteckermodelle liefen zur Schnurseite hin etwas breiter aus, um das Herausziehen des Steckers aus der Steckdose zu erleichtern.

Die normalen Steckdosen in Ihrer Wohnung haben also nur zwei Pole, eine Phase R, S oder T und die Null-, die Erdverbindung. Drehstromsteckdosen (flache, dreipolige mit Null und MP oder auch runde, fünfpolige) sind nur für Maschinen, praktisch für Starkstromverbraucher gedacht.

11.4.4 Netzverbindungen

Wir haben bei unseren Versuchen oft über Reihen- und Serienschaltungen gesprochen. Es wird Zeit, auch bei der Netzverteilung das Zusammenschalten der Netze und der Verbraucher zu betrachten. Das ist relativ einfach: sämtliche Abzweigungen, Anzapfungen bei allen Spannungen vom Akku bis zur Freileitungsspannung 350.000 Volt werden nur parallel vorgenommen. Ebenfalls werden alle Geräte

Anlage zur Ausleuchtung eines Schienennetzes. Jeder einzelne Scheinwerfer stellt einen Verbraucher dar, der parallel zum Versorgungsnetz geschaltet ist.

Nächtliche Ansicht eines Gebäudekomplexes in einer Großstadt. Aufgrund des erhöhten Bedarfs an elektrischer Energie wird das Versorgungsnetz stärker belastet. Die Anforderungen an die Sicherungssysteme sind in solchen Phasen entsprechend hoch.

parallel an das Netz geschaltet, denn die Anschlußmöglichkeiten, wie z.B. Steckdosen, Lampenauslässe usw., sind parallel mit dem Netz verbunden. Solange die Stadtwerke laufend »hinter den Steckdosen stehen«, ist in keiner Weise feststellbar, ob und wann ein zusätzliches Gerät eingeschaltet wird. Sie sehen es selber: die Deckenlampe leuchtet, Sie können an die Steckdose im Raum eine Stehlampe anschließen und ein- und ausschal-

ten, ohne daß Sie an der Deckenbeleuchtung etwas bemerken. Eine Serienschaltung aller Verbraucher wäre nicht durchführbar. Das hätte den Effekt der Tannenbaumkerzen: alle Kerzen sind »aus«, wenn nur eine nicht eingeschraubt ist. Um alle Unklarheiten über den Unterschied zwischen Serien (Reihen-, Hintereinander-) Schaltungen und Parallelschaltungen auszuräumen, machen wir schnell eine kleine Zeichnung.

Wohnungsnetz. Wir ziehen vier waagerechte Striche auf ein quer hingelegtes Blatt DIN A4 im Abstand 1 cm voneinander. Dann schreiben wir links an den Anfang der Linien die folgenden Buchstaben: oben »R«, darunter »S« und dann »T«. Die unterste Leitung wird wieder mit »N« = »NULL« bezeichnet. Das ist nun unser Netz: Drehstrom 400 Volt in der Wohnung. Für 3.000, 250.000 Volt sieht es nicht anders aus: R-S-T. So läuft der Strom durch die Stadt, über das Land.

Wir zweigen für die Verbraucher ab, links beginnen wir: vier senkrechte Striche für die Phasen R, S, T und für

N, wieder im Abstand von 1 cm. Das soll die Abzweigung zu einer Wohnung sein. Unter der oberen Nullinie zeichnen wir über alle vier Wohnungsleitungen einen rechteckigen Kasten, das bedeutet Zähler- und Sicherungskasten. Rechts aus dem Kasten trennen wir die Wohnungsverbraucher ab: von den senkrechten Linien R und N je einen Strich nach rechts, 1 cm Abstand, ca. 5 cm lang. Dann verbinden wir die beiden Enden mit einem kleinen senkrechten Strich. Verursachen Sie aber keinen Kurzschluß, sondern zeichnen in die senkrechte Verbindung der beiden Linien (R und N) ein umkreistes X, das soll das Symbol einer Lampe sein (nur für Sie). Die nächste Abzweigung, wieder 5 cm lang, ist für eine Steckdose gedacht: N und S. Zwischen die Enden der zwei

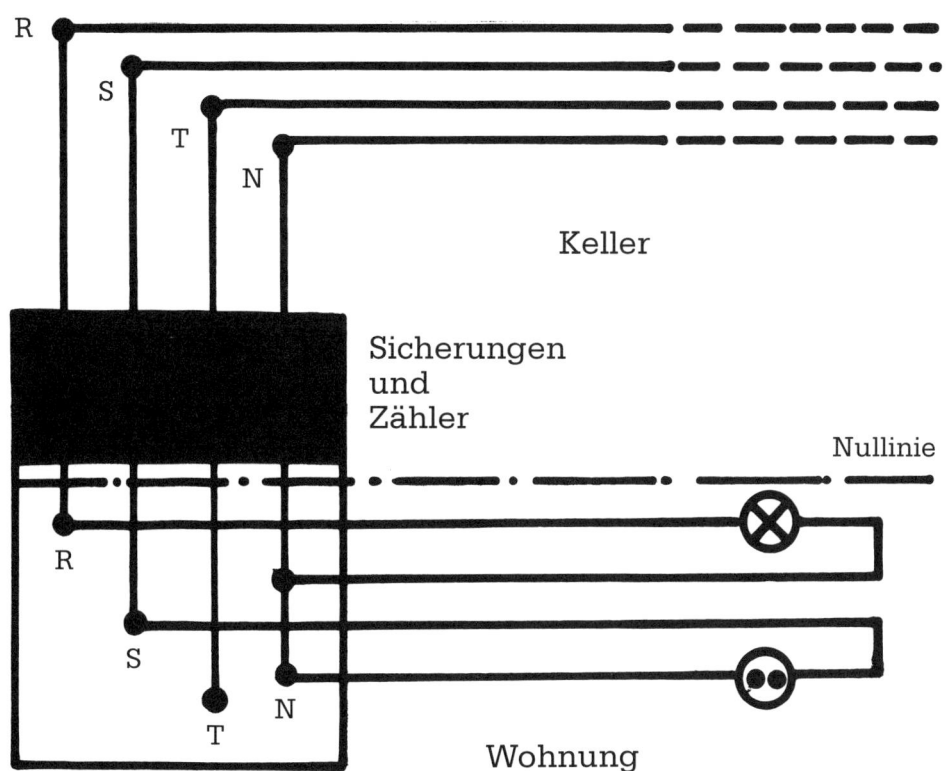

Keller

Sicherungen
und
Zähler

Nullinie

Wohnung

Schematische Darstellung der Elektrifizierung im Haushalt. Die Leitungen des öffentlichen Netzes führen zunächst in den Sicherungskasten. Hier werden die elektrischen Schaltkreise in der Regel aufgeteilt (z.B. nach Etagen oder Verbrauchern). Die angedeuteten Verbraucher sind zwischen Phase und den Nullpunktleiter geschaltet, so daß dort eine Spannung von 220 Volt anliegt.

Sicherung mit Glasmantel, wie sie in fast allen Versorgungsstromkreisen als Überlastungsschutz zum Einsatz kommt. Beim Überschreiten einer bestimmten Nennstromstärke schmilzt der im Glaskörper mit beiden Metallfassungen verbundene Draht, der Stromkreis wird unterbrochen. Der zu verwendende Sicherungstyp richtet sich dabei nach dem jeweils abzusichernden Stromstärkebereich. Der Querschnitt des Schmelzdrahtes ist entsprechend größer oder kleiner ausgeführt.

Striche kommt ein Kreis, in dem die Enden N und S je an einen Punkt gehen = Steckdose. Ohne eingezeichneten Verbraucher hätten Sie einen Kurzschluß geschaffen. Und so können Sie noch viele Verbraucher darstellen.

Aber denken Sie daran, daß bei den normalen Wohnungsverbrauchern stets nur eine Phase und Null zu verlegen sind, damit es 230 Volt bleiben. Denn zwischen R und T liegen - Sie wissen es - 400 Volt. Den Leiter MP, Massepol, die Schutzerde, haben wir weggelassen. Die Elektriker zeichnen sogar für alle Leitungen nur einen Strich und markieren mit kleinen Schrägstrichen auf dem Strich den »Inhalt« der Linie, z.B.: drei Adern.

Über die Versorgungswege der gebräuchlichen Netzspannung, der Wechselspannung 400 Volt, 50 Hertz, zu normalen Wohnungen haben wir uns unterhalten. Jetzt sollten wir, da wir schon in der Wohnung sind, die Verbraucher in unserem Wohnbereich in Augenschein nehmen. Vorher werden wir aber die Sicherungen etwas genauer betrachten.

11.4.5 Sicherungen

Die »Größe«, die »Stärke« einer Schraubsicherung ist an ihrem kleinen »Markierungsplättchen« zu erkennen: grün für 6 A, rot für 10 A, usw. Paßschrauben in der Sicherungstafel

verhindern das Einsetzen von zu großen Sicherungen. Die Stärke der Sicherung ist abhängig von dem sehr dünnen Drähtchen in der Patrone (das Sie praktisch nie zu Gesicht bekommen, es sei denn, Sie zerstören eine neue Schraubsicherung). Die 6-Ampere-Sicherung hat einen dünneren Draht als die 20-Ampere-Sicherung. Die Drähte sind an einem Ende mit

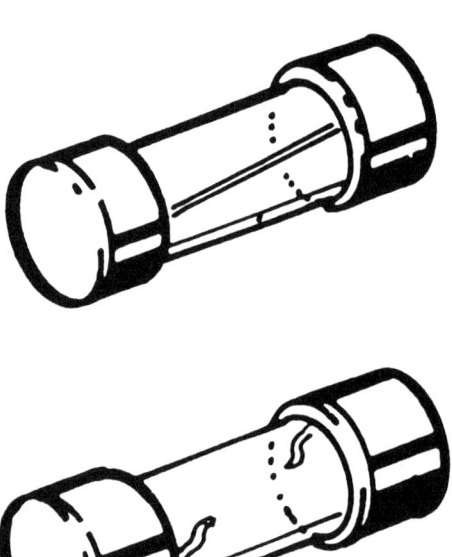

dem Plättchen verbunden, das hinter einer kleinen Glasplatte erkennbar ist. Übersteigt der Strom die Normstärke der Sicherung, so schmilzt das Drähtchen und läßt in 99,9 Prozent aller Fälle erkennen, daß die Sicherung »durchgebrannt«, geschmolzen ist: das Plättchen ist dann abgesprungen und liegt in dem kleinen Raum hinter der Glasplatte.

Ansicht eines Fachwerkhauses in einem ländlichen Gebiet. Oftmals sind in diesen Regionen die Stromversorgungs- und Sicherungsnetze noch nicht den modernen Verhältnissen in den Großstädten angepaßt. Das jeweils zuständige örtliche Elektrizitätswerk muß hier in der Lage sein, Engpässe in der Übertragung, zum Beispiel aufgrund zu schwacher Netze oder fehlender Leitungssysteme, durch entsprechende Notversorgungsmaßnahmen überwinden zu helfen.

Achtung. Es kommt vor, daß die Glasplatte fehlt. Bei Berühren der dann freigelegten Metallfläche in einer eingeschraubten Sicherung besteht ABSOLUTE LEBENSGEFAHR.

Bei zu hohem Stromfluß schmilzt die Sicherung. Beim Schmelzen wird der Stromkreis unterbrochen. Damit aber nach dem Schmelzen, nach der Unterbrechung des Stromkreises, kein »Lichtbogen stehen« bleiben kann - das ist ein Flammenbogen, der von der Spannung bei geringem Abstand der Pole aufrechterhalten wird (z.B. beim Elektroschweißen) - ist die Patrone der Schraubsicherung mit feinem Sand gefüllt, der sofort die Bildung eines Lichtbogens unterbindet. Sicherungsautomaten lösen aus bei zu hohem Strom und auch bei zu hohem Einschaltstromstoß z.B. durch viele Maschinen. Ein Elektromagnet,

durch dessen Spule der Strom fließt, wird bei »Überstrom« zu stark, zu kräftig, und zieht einen Hebel an, der den Schalter abfallen läßt. Diesen abgefallenen Schalter kann man durch einen Knopf (meist rot) oder mit einem Hebel wieder einlegen.

11.5 Versorgung in Stadtrandgebieten

Der Fall kann eintreten, daß die volle Spannung 230 Volt von den Stadtwerken nicht mehr geliefert werden kann. In den Stadtrandgebieten, wo die Straßen-Netz-Verkabelung endet, wo Hausbau und Kabelverlegung noch nicht erweitert wurden, kann es am

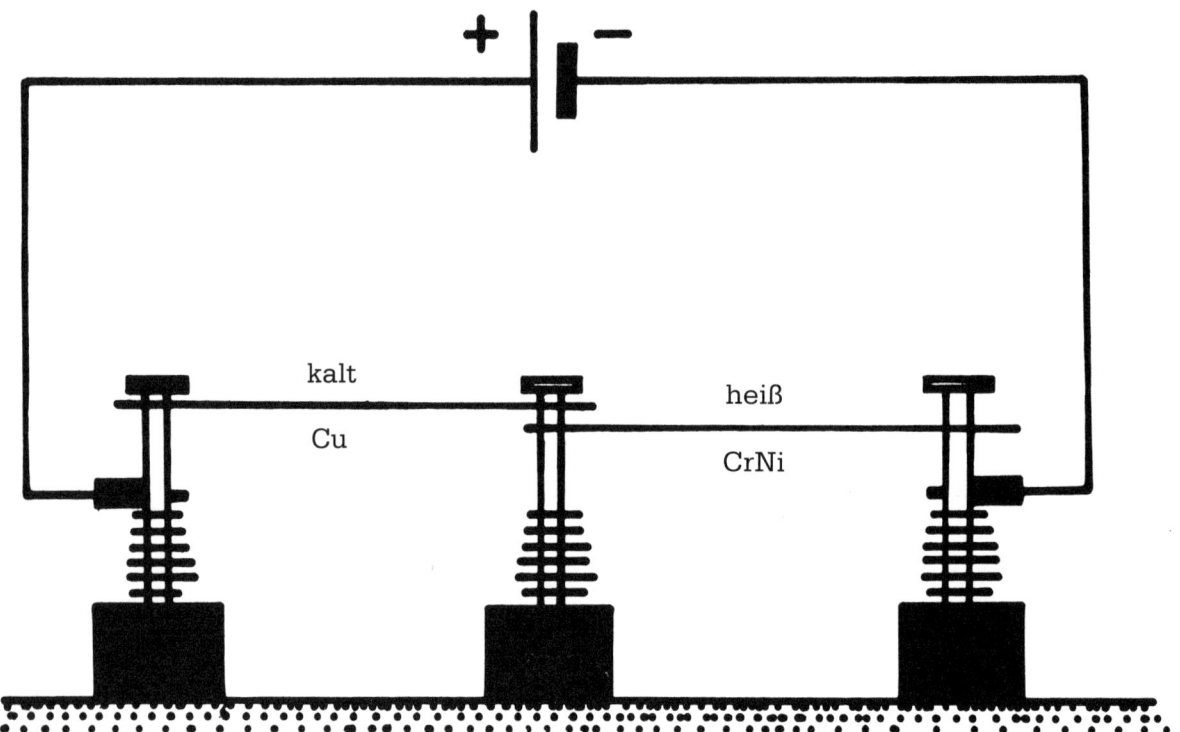

Reihenschaltung von stromdurchflossenen Leitern aus verschiedenen Materialien mit gleichem Durchmesser. Der Chrom-Nickel-Draht hat gegenüber der Kupferausführung einen wesentlich höheren inneren Widerstand (größere innere Reibung), was sich durch stärkere Stromwärmeentwicklung bemerkbar macht.

Sonntagvormittag vorkommen, daß das Braten im Backofen etwas mehr Zeit benötigt als an Wochentagen. Das ist damit zu erklären, daß in sehr viel mehr Haushalten am Sonntag in der Küche gebacken, gekocht und gebraten wird. Jeder Haushalt verbraucht am Vormittag mehr Strom als üblich, und der Spannungsabfall der Zuführungskabel in den Straßen tritt in Erscheinung: statt der 230 Volt liegen nur z.B. 215 Volt an. Dann aber fließen weniger als 10 A durch den Herd und statt ca. 2300 Watt werden nur 2100 Watt »verbraten«: dies erklärt sich wiederum aus der Formel $U = I \times R / I = U : R / R = U : I / R =$ Widerstand = Verbraucher. $P = U^2 : R / P = I^2 \times R$. Jeder Haushalt verbraucht am Vormittag mehr Strom als üblich, und der Spannungsabfall der Zufüh-

rungskabel in den Straßen tritt in Erscheinung: statt der 230 Volt liegen nur z.B. 215 Volt an. Auf Grund des Ohmschen Gesetzes ($U = R \times I$) muß dann auch ein geringerer Strom als zuvor fließen. Wenn die Spannung U auf der linken Seite der Gleichung abnimmt, der Widerstand R indes konstant bleibt, muß demzufolge der Strom I kleiner werden. Beschreibt man die Verbraucherleistung mit der Formel $P = U \times I$ und ersetzt die Spannung U durch den Ausdruck $R \times I$, bzw. den Strom I durch U / R, so stellt sich nun die Leistung in folgender Form dar: $P = I^2 \times R$ oder $P = U^2 / R$. Beide Darstellungsformen enthalten einen quadratischen Ausdruck, der darauf hindeutet, daß ein Abfall der Spannung sich deutlich auf die Leistung des Verbrauchers auswirkt.

Die Stromversorgungsunternehmen sind jedoch heutzutage in der Lage, solche Leistungsengpässe zu kontrollieren. Dabei ist eine sogenannte Netzleitstelle für die regionale Betriebsführung zuständig. In Informationszentralen werden auch kurzzeitige Überlastungsfälle durch optische oder akustische Warnsignale angezeigt. Im Einzelfall können dann zum Beispiel Notstromaggregate die Versorgung kleiner Bezirke mit elektrischer Energie übernehmen.

Weiterhin wird die dargestellte Beziehung zwischen Spannung und Stromstärke auch elektrische Verlustleistung genannt. Ein fühlbares Merkmal der Verlustleistung an einem elektronischen Verbraucherbaustein ist die Abstrahlung von Wärmeenergie. Dieses Phänomen wird dadurch verursacht, daß für einen Ladungstransport durch einen Leiter eine Arbeit erforderlich ist. Da diese Arbeit gegen den inneren Widerstand des Leiters verrichtet werden muß, entsteht durch Reibung der Stromwärmeverlust. In der Beleuchtungstechnik macht man sich diesen Effekt zunutze, um die Wendeln von Glühbirnen auf hohe Temperaturen aufzuheizen, was die Abgabe von Lichtenergie zur Folge hat.

Gleicher Schaltungsaufbau wie links. Beide Drähte sind hier jedoch aus gleichem Material (Chrom-Nickel) mit unterschiedlicher Stärke ausgeführt. Dieser Versuch zeigt, daß auch der Leitungsdurchmesser einen Einfluß auf die Abstrahlung von Stromwärmeenergie hat. Diese Abstrahlung ist umso intensiver, je geringer der Durchmeseser ausfällt.

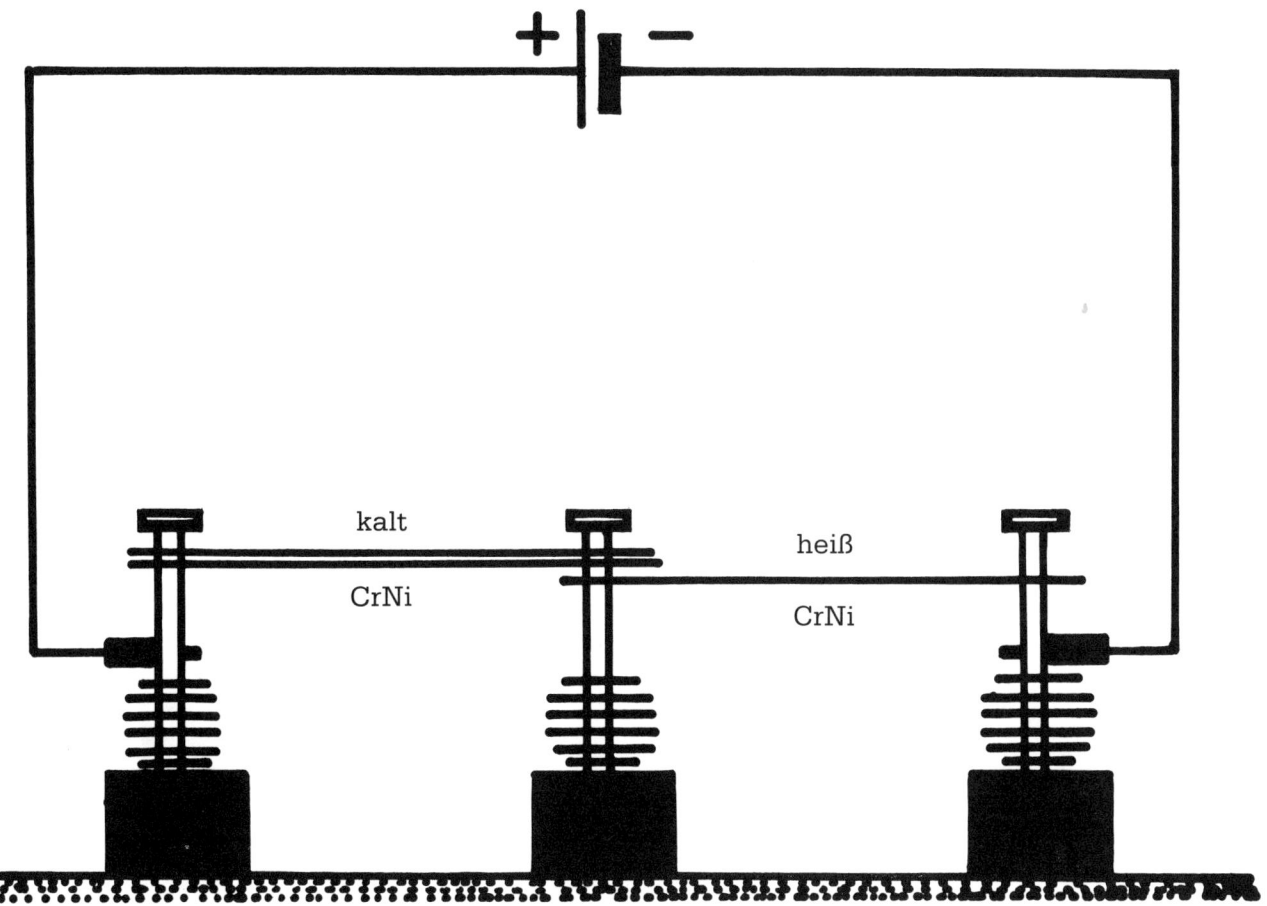

kalt

CrNi

heiß

CrNi

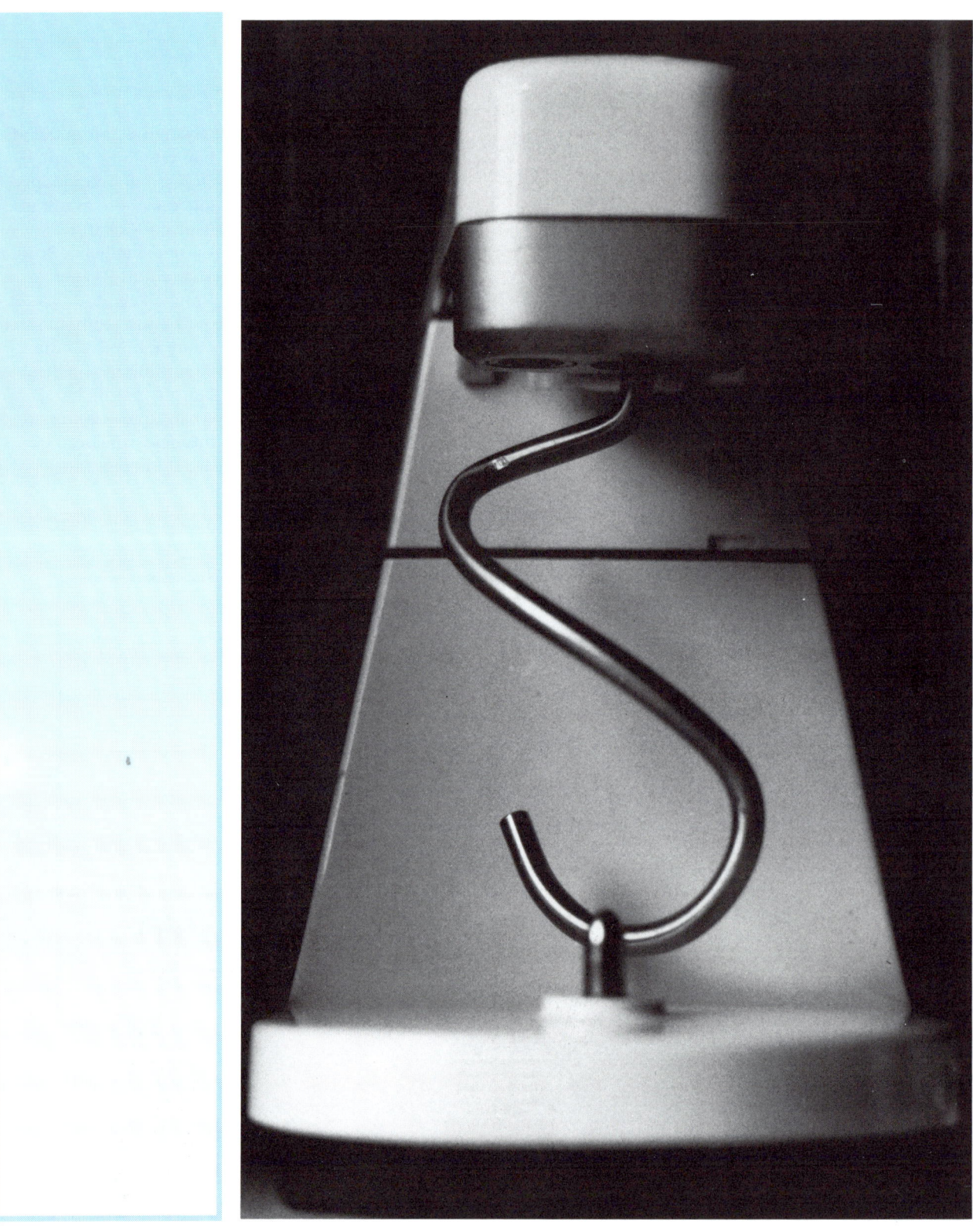

12. Haushaltsgeräte

Bei vielen Geräten im Hause ist einiges besonders zu beachten. Haben Sie einen Elektroherd, dann sollten sie auch einen elektrischen Wasserkessel und/oder einen Tauchsieder benutzen, denn Wasser auf einer Kochplatte zum Kochen (Sieden) zu bringen, kostet viel Abstrahlungswärme (also Geld), die beim Kessel weniger, beim Tauchsieder überhaupt nicht auftritt.

Der Tauchsieder gibt seine ganze Wärme direkt im Wasser an das Wasser ab. In seiner Spule mit ca. vier Windungen aus Metallrohr befindet sich ein Widerstandsdraht, der zur Isolation mit Perlen überzogen ist. Ohne Wasser würde ein normaler Tauchsieder glühend warm werden und der Widerstandsdraht schmelzen. Einige seltene Exemplare jedoch kön-

Schemaskizze der örtlichen Versorgung von Haushaltsgeräten mit elektrischer Energie. Es wird deutlich, daß das abgebildete Gerät parallel zum Dreiphasennetz geschaltet ist, wie es bei allen elektrischen Verbrauchern in einem Haushalt üblich ist. Zusätzlich ist das metallische Gehäuse des Gerätes separat mit der Schutzerde verbunden, um einen etwaigen Spannungsübergriff abzuleiten.

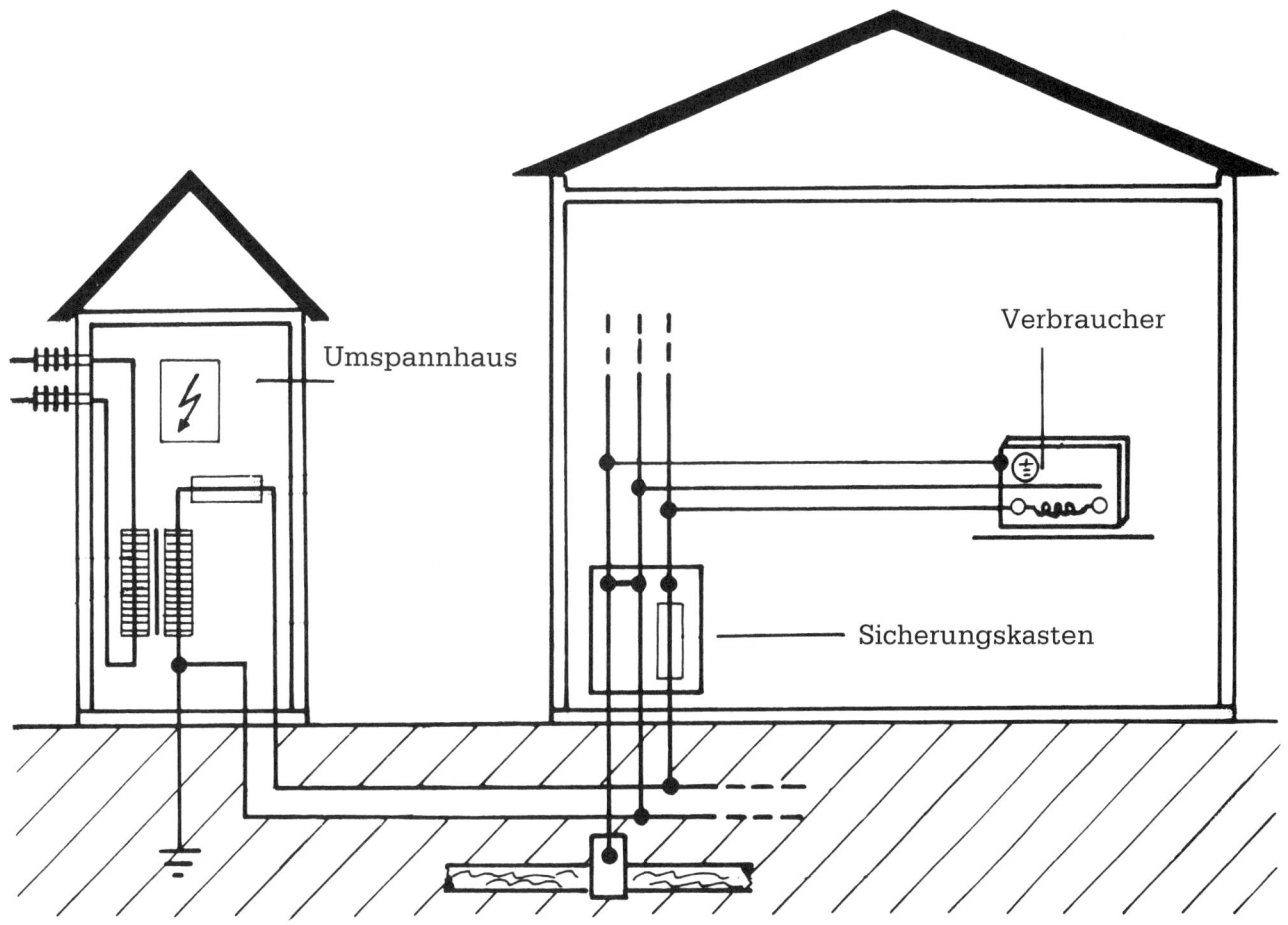

Umspannhaus

Verbraucher

Sicherungskasten

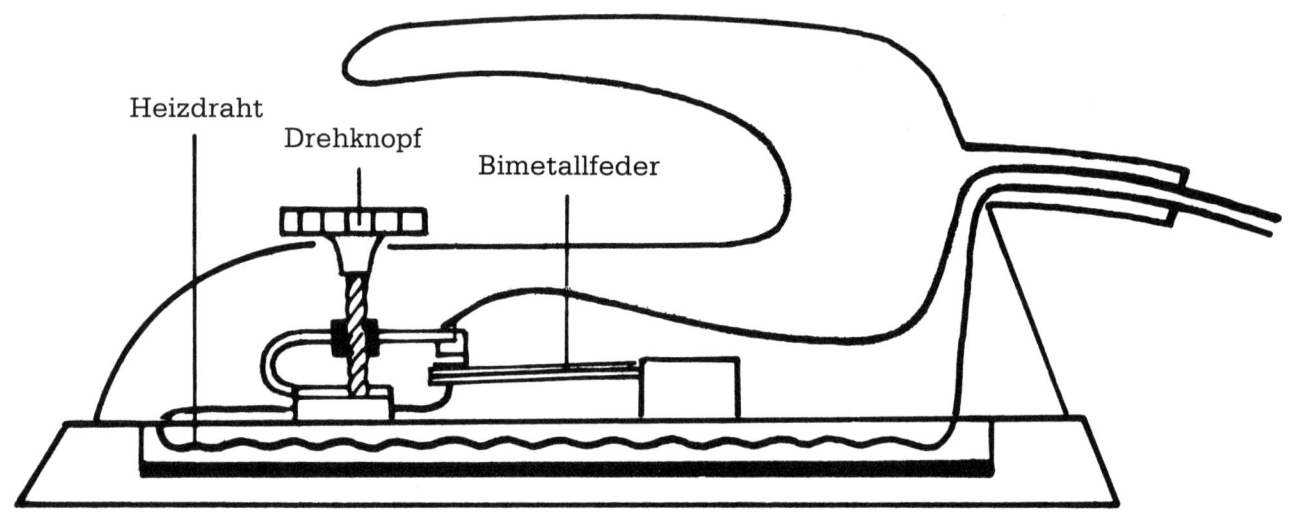

Heizdraht　　Drehknopf　　Bimetallfeder

Schnittzeichnung eines handelsüblichen Bügeleisens. Von Strom durchflossene Drähte mit sehr hohem Widerstandswert werden aufgrund ihrer großen Verlustleistung stark aufgeheizt. Die Wärmeenergie wird über Schamott- und Metallplatten auf die zu bügelnde Wäsche übertragen. Die Regelung der Einschaltautomatik übernimmt eine sogenannte Bimetallfeder, die über einen Drehknopf für den jeweiligen Bereich entsprechend eingestellt werden kann.

nen »trocken gehen«; sie nehmen also, ohne im Wasser zu liegen, keinen Schaden, brennen Ihnen aber Löcher in Tisch und Decken und können Feuer verursachen, wie es bei Bügeleisen geschieht, wenn sie nicht auf die vorgesehenen Abstellplatten abgestellt werden. Zur Vorsicht sei noch darauf hingewiesen, daß diese Tauchsieder unter den sicherheitstechnischen Gesichtspunkten nicht sehr empfehlenswert sind.

Im Bügeleisen wie auch in den Kochplatten befinden sich Widerstandsdrähte, eingebettet in Rillen einer Platte aus Schamotte. Sie werden warm und erhitzen die Platten. Mit Hilfe von Schaltern können die Plattentemperaturen per Hand oder automatisch geregelt werden.

Strahler für Badezimmer usw. sind teilweise nicht mehr aus metallischen Widerständen, sondern aus keramischem Stoff aufgebaut. Dies ist eine Mischung, deren Widerstand so klein ist, daß ein Strom fließen kann, der den Keramikstab zum Glühen bringt und - vor einen Aluminiumspiegel gesetzt - sehr gut große Wärme abstrahlen kann.

Ein weiteres modernes elektrisches Küchengerät ist der Mikrowellenherd, der etwa seit Mitte der 60er Jahre in vielen Haushalten zum Einsatz kommt. Hier dient die Einstrahlung elektromagnetischer Wellen von Zentimeter- bis Millimeterlänge der Erwärmung von Speisen. Das Funktionsprinzip basiert auf einem Leitungsteil, dem sogenannten Magneton, das den elektrischen Strom in Mikrowellen umwandelt. Geschirrteile aus Porzellan oder Glas haben die Eigenschaft, die Mikrowellen nicht zu reflektieren. Dies hat zur Folge, daß die Strahlungsenergie direkt in der Speise in Wärme umgewandelt wird. Die Moleküle der Speise werden dabei von der Mikrowellenstrahlung in eine Bewegung versetzt, wobei Reibungswärme frei wird.

12.1 Heizgeräte

Alle Geräte zur Raumheizung müssen einen Überhitzungsschutz besitzen. Andernfalls dürften Sie wohl den Raum, aber nicht die Wohnung verlassen, wenn das Gerät eingeschaltet ist. Wie bei offenem Kaminfeuer oder bei brennenden Tannenbaumkerzen, bei denen stets jemand im Raum sein muß. Es ist zwar so, daß »richtige« Kerzen die weihnachtliche Atmosphäre erhöhen, doch Sie sollten, wenn Sie derartige Kerzen benutzen, nach den Weihnachtstagen die Zeitungen studieren. Sie werden sehen, daß in einer Großstadt durch diese Kerzen ein Dutzend Wohnungsbrände entstehen. Auch Raumstrahler sollten Sie nur so montieren lassen, daß sie auch bei Dauerbetrieb kein brennbares Material entzünden könnten, das in entsprechender Nähe fest eingebaut ist.

Doch Ihre Höhensonne dürfen Sie überall aufstellen, wenn der nötige Abstand von wärmeempfindlichen Teilen eingehalten wird bzw. die Infrarotheizung abgeschaltet ist. Aber denken Sie bitte daran, daß die ultravioletten Strahlen in wenigen Augenblicken Ihre mit Sorgfalt gepflegten Blumen und Pflanzen töten können, was Sie erst nach Tagen feststellen werden.

Zerlegung des sichtbaren Lichtes in seine einzelnen Spektralfarben. Die Wellenlänge verringert sich dabei von links (violett) nach rechts (rot) kontinuierlich. Jenseits dieser Zonen findet eine Verschiebung in den ultravioletten bzw. infraroten Bereich statt. Die nicht sichtbare infrarote Wärmestrahlung wird zum Beispiel bei medizinischen Behandlungsgängen und beim Betrieb von entsprechenden Heizgeräten genutzt.

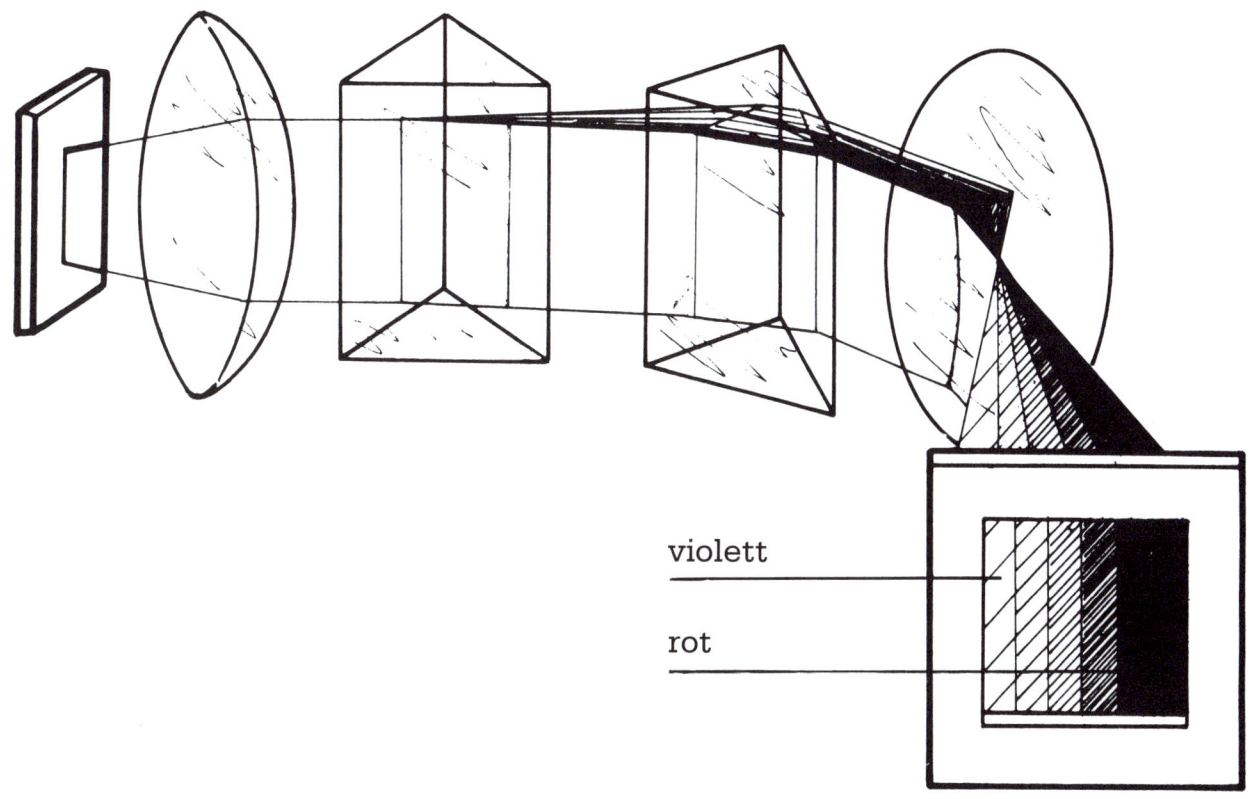

violett

rot

12.2 Mikrowellenherd

Frontansicht eines modernen Mikrowellenherdes. Im Garraum werden durch Mikrowelleneinstrahlung Speisen und Getränke erwärmt. Die Garzeit kann auf der Einstelleiste mittels Drehknopf vorgewählt werden. Die Geräte können energiesparend und nahezu wartungsfrei betrieben werden und sind durch ihre kompakte Bauweise leicht in den Küchenhaushalt zu integrieren.

Ein Mikrowellenherd basiert auf der Idee, daß in fast allen Speisen in unterschiedlichen Mengenverhältnissen Wasser enthalten ist. Dieses Wasser ist in Form von gebundenen Atomen vorhanden, die in einem Gedankenmodell mit Tischtennisbällen verglichen werden können. Die Schwingungen, die der Mikrowellenherd erzeugt, regen nun die »Tischtennisbälle« an, ebenfalls zu schwingen. In diesem Moment ist die Frequenz des Mikrowellenherdes ziemlich genau auf die Resonanzfrequenz (die Frequenz, mit der die »Tischtennisbälle«

am leichtesten zum Schwingen gebracht werden können) der »Tischtennisbälle« abgestimmt, und deshalb schwingen diese sehr heftig. Diese Schwingungen im Molekularbereich sind aber das, was wir landläufig als Wärme bezeichnen (Brownsche Molekularbewegung), und deshalb wird das Essen (auch innen) warm.

Beim Arzt werden durch Kurzwellentherapie Körperteile erwärmt. Das Funktionsprinzip basiert dabei auf dem »Wärmestrahlerprinzip«. Mit Hilfe von elektromagnetischen Wellen (»Radiowellen«) einer sehr hohen Frequenz, die gezielt auf eine Region gerichtet sind, können unzugängliche Körperstellen »bestrahlt« (erwärmt) werden. Die Platten sind aus Metallgitter, in Gummi eingeschweißt und

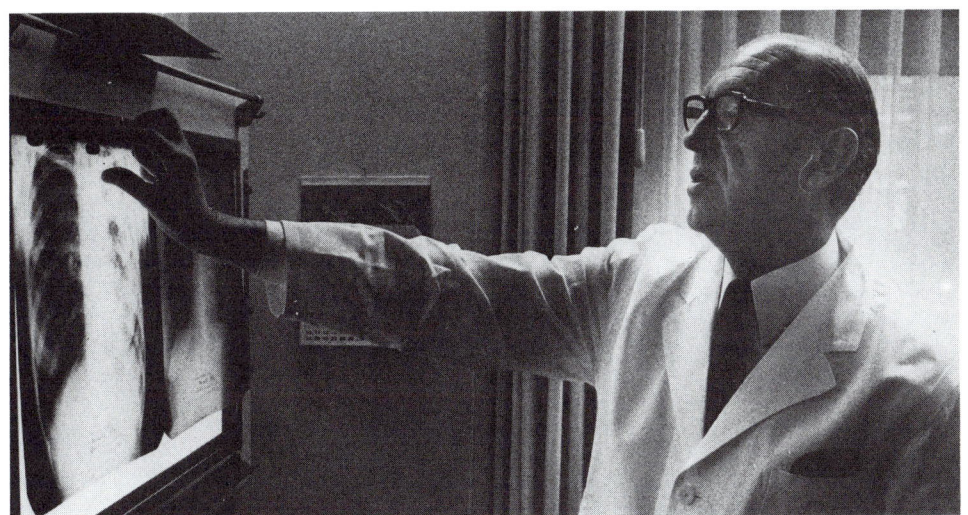

Bei der Röntgenuntersuchung macht sich die Medizin den Effekt zunutze, daß langwellige Röntgenstrahlung Körperteile und Organe weitgehend zu durchdringen vermag. Diese elektromagnetische Strahlung wird von einer Gasentladungsröhre erzeugt. Die abzubildenden Bereiche werden über einen fluoreszierenden Bildschirm auf Filmplatten fotografiert, die entstandenen Aufnahmen im Labor entwickelt. Das fertige Röntgenbild kann dann über einer beleuchteten Mattscheibe betrachtet werden.

an einen leistungsstarken Frequenzerzeuger, einen Sender, angeschlossen.

12.3

Kostenberechnung

Am Ende der Verbraucherbetrachtung sind auch die Kosten zu erwähnen, denn schließlich müssen sie bezahlt, also beachtet werden. Sie ändern sich von Land zu Land, von Stadt zu Stadt. Aber alle liegen zwischen 15 und 30 Pfennigen pro Kilowattstunde. Rechnen wir also mit 20 Pfennigen. Ihr Zähler wird ab und zu abgelesen. Der Zähler, der Elektrizitätszähler (der Kilowattstundenzähler) zählt die verbrauchten Kilowattstunden, addiert sie und zeigt sie an. Später werden sie dann abgelesen.

Berechnungsbeispiele:

Ein Backofen mit 2000 Watt = 2 Kilowatt = 2 kW oder ein Geschirrspüler und eine Kochplatte, wenn beide zusammen 2000 Watt erreichen, verbrauchen in einer halben Stunde:

$$2000 \text{ W} \times \frac{1}{2} \text{ h} = 1000 \text{ Wh} = 1 \text{ kWh}$$

= 1 Kilowattstunde, das entspricht DM 0,20.

Und eine Glühlampe von 40 Watt, die über Nacht leuchten soll, kostet Sie:

0,04 Kilowatt mal 12 Stunden mal 20 Pfennige, das sind ganze 10 Pfennige: $0,04 \times 12 \times 0,2 = \text{DM } 0,10$.

Jetzt können Sie ausrechnen bei Ihren vielen Lampen, wenn Sie Gäste haben, wieviel Sie für eine Festbeleuchtung zu zahlen haben.

13. Digitalisierung der Medienelektronik

Rundfunkstrahlung hatten wir schon erwähnt, dann können wir, da wir schon bei hohen Frequenzen angelangt sind, auch gleich beim Rundfunk und beim Fernsehen bleiben. Die in den letzten Jahrzehnten auf dem Markt erschienenen Mikroprozessoren, Computer, Chips, integrierten Schaltungen mit Kleinstbauteilen, d.h. die Digitaltechnik, hat die inneren Aufbauten von Funk-Sendern und -Empfängern gewaltig und in sehr kurzer Zeit verändert. Es wäre falsch, eine Beschreibung zu versuchen, denn die Neuorientierung auf diesen Gebieten ist noch nicht zum Stillstand gekommen, ein Ende der Umrüstungen ist langfristig nicht zu erkennen. Diese neuartige Technik unter Berücksichtigung der Hochfrequenz zur Übermittlung von Tönen, Bildern, Impulsen (drahtlos oder durch Glasfaserkabel) erweitert sich schneller, als Ende des 19. Jahrhunderts die Eisen- Antennen zum Empfang von Radio- und Fernsehprogrammen. Solche Anlagen bestehen im wesentlichen aus einem Kondensator und einer Spule. Ein abgewandelter elektrischer Schwingkreis wandelt die elektromagnetischen Wellen, welche die Antenne aufnimmt, in elektrische Impulse um, die dann im Rundfunkgerät weiter verarbeitet werden.

bahntechnik und 50 Jahre später die Luftfahrt- und Raumfahrttechnik sowie die Erforschung des Weltalls.

13.1 Funk-Anlagen

Amplitudenmodulation durch einen Verstärker. Die Trägerfrequenz (HF-Welle) wird durch die NF-Welle (NF = Niederfrequenz) beeinflußt. Auf diese Weise findet eine Art Codierung der Frequenz statt, die im Empfangsgerät wieder entschlüsselt wird.

Den kommerziellen Geräten ist trotz der Wende eines geblieben: sie benötigen gute Antennen und eine sehr gute Erdung, während jedoch die Empfänger der Unterhaltungselektronik keinen Anschluß für eine »Außenantenne« aufweisen und auch ein spezieller Erdanschluß nur selten zu finden ist. Jedoch sind Lautsprecher oder zumindest Anschlüsse für Laut-

sprecher stets vorhanden. Und das ist auch das Ziel eines Empfängers: die Wiedergabe von Tönen, der empfangenen modulierten Hochfrequenz. Die Sender strahlen ihre Hochfrequenz also stets moduliert aus.

13.2 Hoch- und Niederfrequenzen im Bereich des Funks

Wegen der erwähnten Modulation müssen wir uns aber doch etwas mit dem Inneren der Geräte befassen.

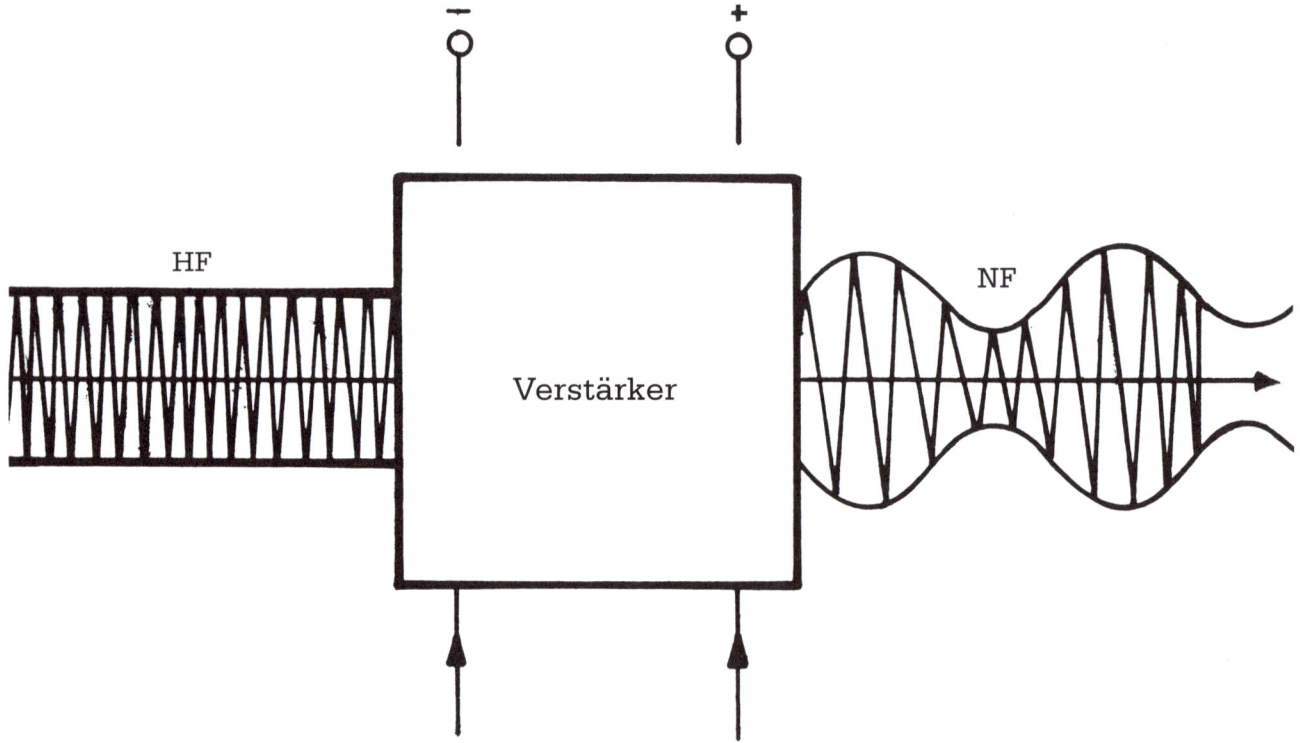

Jede Rundfunkübertragung muß Musik, Sprache oder sogar beides zu gleicher Zeit und schließlich noch im selben Augenblick ein Bild in Ihr Haus

den in einer Sekunde z.B. 7000 Hz erzeugt, gesteuert durch ein Mikrofon oder einen Tonträger (Tonband). Eine NF-Schwingung von 7 kHz ist kaum

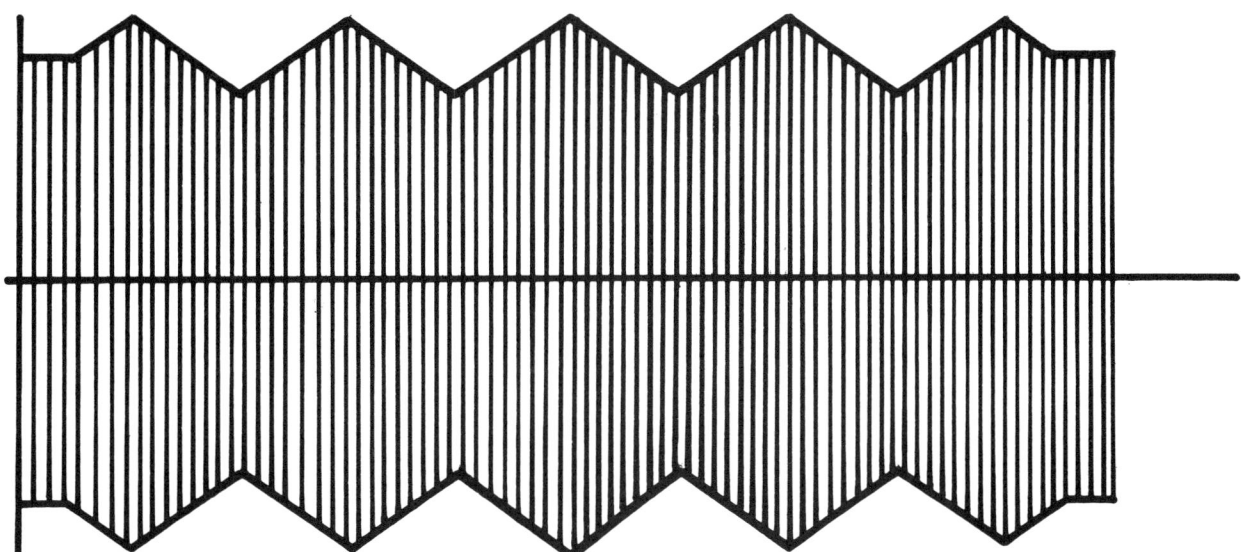

schaffen können. (TV ist auch Rundfunk. Unser altes »Radio« heißt jetzt »Hörfunk«.) Um Ihnen nun aber nicht zu viel mit einem Mal aufzutischen, werden wir uns vorerst daran wagen, um festzustellen, wie ein Sender überhaupt Töne von sich geben bzw. übertragen kann, was eine Person zur selben Zeit in ein Mikrofon spricht.

Erinnern wir uns an unsere Zeichnung . Sie hatten doch schon eine Kurve gezogen für die Schwingungen, die Sinusschwingungen und zeigten damit die positiven »Berge« und die negativen, d.h. die positiven und negativen Amplituden. Alles schön in einer eleganten Sinuswelle. Auch bei der Hochfrequenz (HF) ist es das gleiche, und wenn die Frequenz noch so hoch ist, Sinus bleibt Sinus. Nur: bei der Niederfrequenz (NF) wer-

zu zeichnen, und damit eine Hochfrequenz, die mehr als das zigfache an Schwingungen liefert, dann erst recht nicht. Also suchen wir nach einer Behelfslösung und gehen nach unserem »Privatprinzip« vor: wir zeichnen auf eine Länge von 10 Zentimetern die 750 kHz (Mittelwelle). Das Sinusbild selber ist allerdings nicht zu erkennen. Wir müssen schon dazu schreiben: das soll 750 kHz darstellen. Was sehen wir, wenn wir das Bild aus einer geringen Entfernung betrachten? Erst einmal wieder den dicken Mittelstrich von links nach rechts, die Nullinie. Und darauf einen breiten grauen Schatten, nach oben 2 cm und auch nach unten 2 cm. Grau, weil Sie mit einem Bleistift ganz dicht nebeneinander Striche gezogen haben, nicht sauber einen Strich neben den anderen, sondern weil Sie schraffiert ha-

Modulierte Hochfrequenz-Welle. Die Regelmäßigkeit der Wellenform deutet auf ein gleichförmiges NF-Signal hin. Dies könnte z.B. ein in gleichen Abständen erscheinender kurzer Piepton sein.

Nichtmodulierte Trägerfrequenz. Die Schraffierung deutet die sinusförmigen Kurvenzüge an. Aufgrund der großen Schwingungszahl pro Zeiteinheit sind die Konturen der Kurve nicht mehr zu erkennen. Die Buchstaben O, N und U stehen für obere und untere Amplitudengrenze bzw. Nullinie.

ben, als wollten Sie den Bleistift einmal ausprobieren.Und da von Sinus nichts mehr zu sehen ist, können Sie gerne alle Striche, die oben und unten über das Maß von 2 Zentimetern hinausragen, mit einem Radiergummi auslöschen. So erhalten Sie zwei waagerechte, gerade Linien, Grenzen der Scheitelwerte, der HF-Amplituden. Insgesamt drei gerade Striche, wenn die Mittellinie berücksichtigt wird. Drei Linien, oben: O = Oberkante der positiven Amplitudenwerte der hohen Frequenz, Mitte: N = Nullinie, unten: U = die Grenze der negativen Amplituden.

So betrachtet, erkennen wir einen 4 cm breiten grauen Balkenstreifen. Mit Hilfe dieses Bildes machen wir ein neues »Experiment«, einen Modulationsversuch auf dem Papier.

Experiment

Amplituden-Modulation. Ca. 1 cm über der vorliegenden oberen Amplitudenlinie (O) werden 5 Punkte in einem Abstand von 2 cm zueinander gezeichnet. Das gleiche zwei Zentimeter tiefer (1 cm unter der Amplitudenlinie O mit 4 Punkten, das heißt 1 cm höher, als die HF-Nullinie N). Diese zweite Punktreihe kommt jeweils in der Mitte zwischen zwei oberen Punkten zu liegen. Nun verbinden Sie bitte die Punkte miteinander, von oben nach unten, wieder nach oben usw., immer weiter nach rechts bis zum Punkt 5. Es ergibt sich eine Dreieckslinie. Das gleiche können Sie auch unterhalb der HF-Nullinie vornehmen, dabei aber die dortseitigen obe-

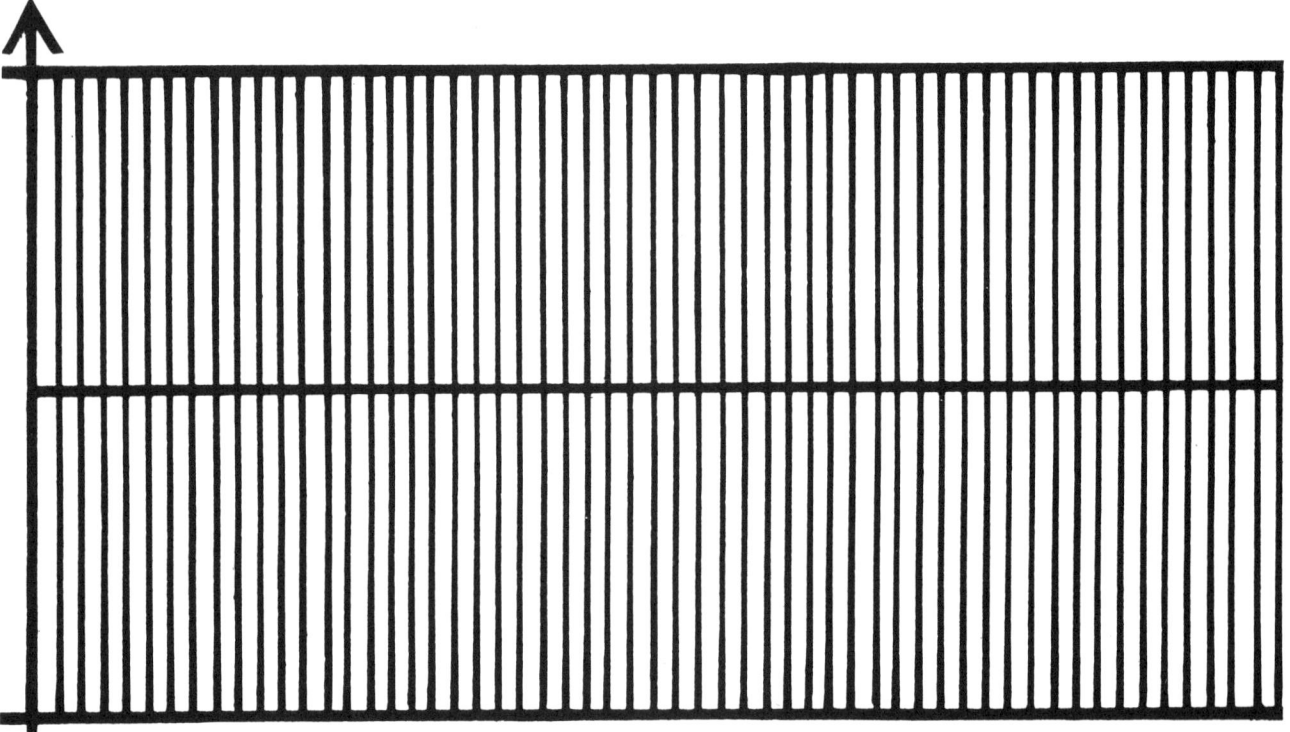

ren Spitzen, die oberen vier Punkte, so hinschieben, daß sie den unteren Spitzen von oben, denen oberhalb der HF-Nullinie, gerade gegenüberstehen.

die Linien O und U. Genauso sehen auf einem Oszilloskopen die mit Zick-Zack modulierten Amplituden der Schwingungen eines HF-Trägers aus,

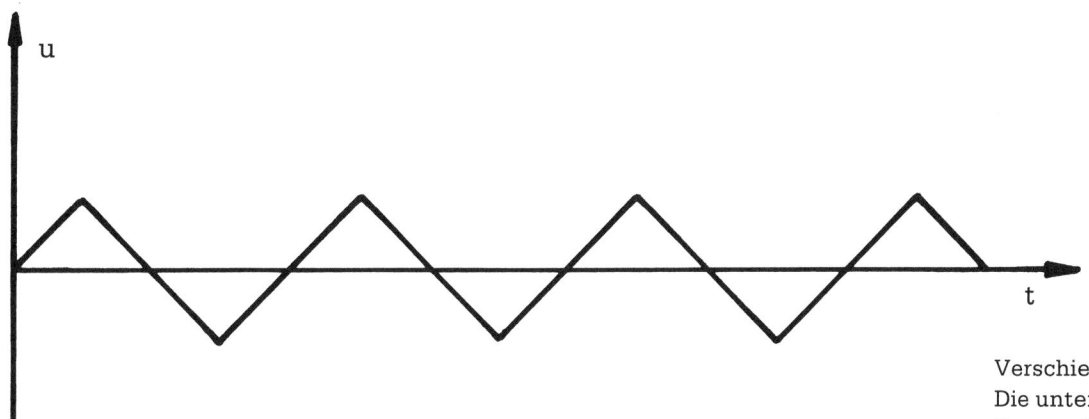

Verschiedene HF-Wellen. Die unterschiedlichen Formen können je nach Art der Amplitudenmodulation entstehen. Die Kurvenzüge erhält man, wenn sämtliche Spitzen der Amplituden miteinander verbunden werden. Ein in regelmäßigen Abständen erfolgender Ton, der eine bestimmte Zeit anhält, würde auf einem Oszilloskop das Bild einer Rechteckkurve erzeugen.

hen. Danach 2 cm tiefer, 1 cm unter der unteren Amplitudenlinie (U) - wieder versetzt um 2 cm - fünf Gegenpunkte. Auch diese verbinden Sie

eine Amplituden-Modulation, moduliert mit einer dreieckigen Niederfrequenz, wie sie in der Rundfunktechnik verarbeitet wird.

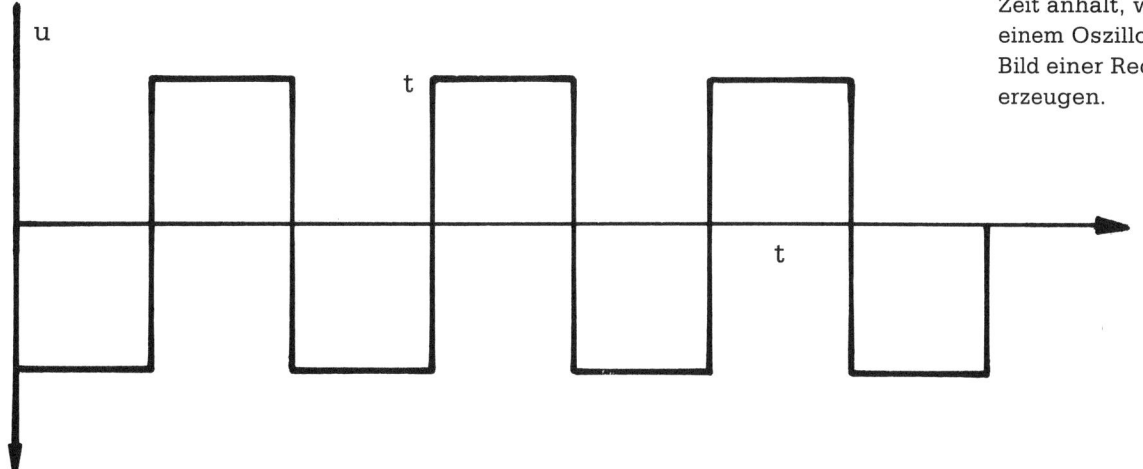

und erhalten unterhalb der Nullinie eine gleiche Dreieckslinie. Die Enden dieser beiden Linien oben und unten ziehen Sie im gleichen Winkel bis an

Niederfrequenzen - überhaupt alle Frequenzen - können die eigentümlichsten Formen annehmen, sie brauchen nicht dem Sinus zu entsprechen. Aber sie sind Sinusgemische und können in klassische Sinuslinien aufgelöst werden (Fourierreihen).

Modulieren wir jetzt unsere HF mit einem Zeitzeichen - wir können es ja. Die Punkte sollen Töne von 1000 Hertz ergeben. Sie benötigen eine Zeit,

auch wenn sie noch so kurz sein sollten, sie sind schließlich ein Ton, also haben sie auch zeichnerisch eine Länge. Punkte und Pausen geben wir je 1/2 Sekunde, sie sollen also zeitgleich sein. Die Länge eines Punktes entspricht immerhin 1000 durch 2 = 500 Sinuswellen. Die Frequenz ist

Darstellung von modulierten Hochfrequenz-Wellen. Abbildung a zeigt die unbeeinflußte (nicht modulierte) Trägerfrequenz. In b findet eine Beeinflussung dieser Frequenz durch die zu übertragenden Stromschwankungen (NF) statt. Abbildung c und d deuten schematisch an, wie es zum Übersteuern von Tönen kommt. Überschreiten die Amplituden der Trägerfrequenz bestimmte Werte, so kommt es zu einer Überlagerung der Wellen. In diesem Moment beginnt die Verzerrung der Töne.

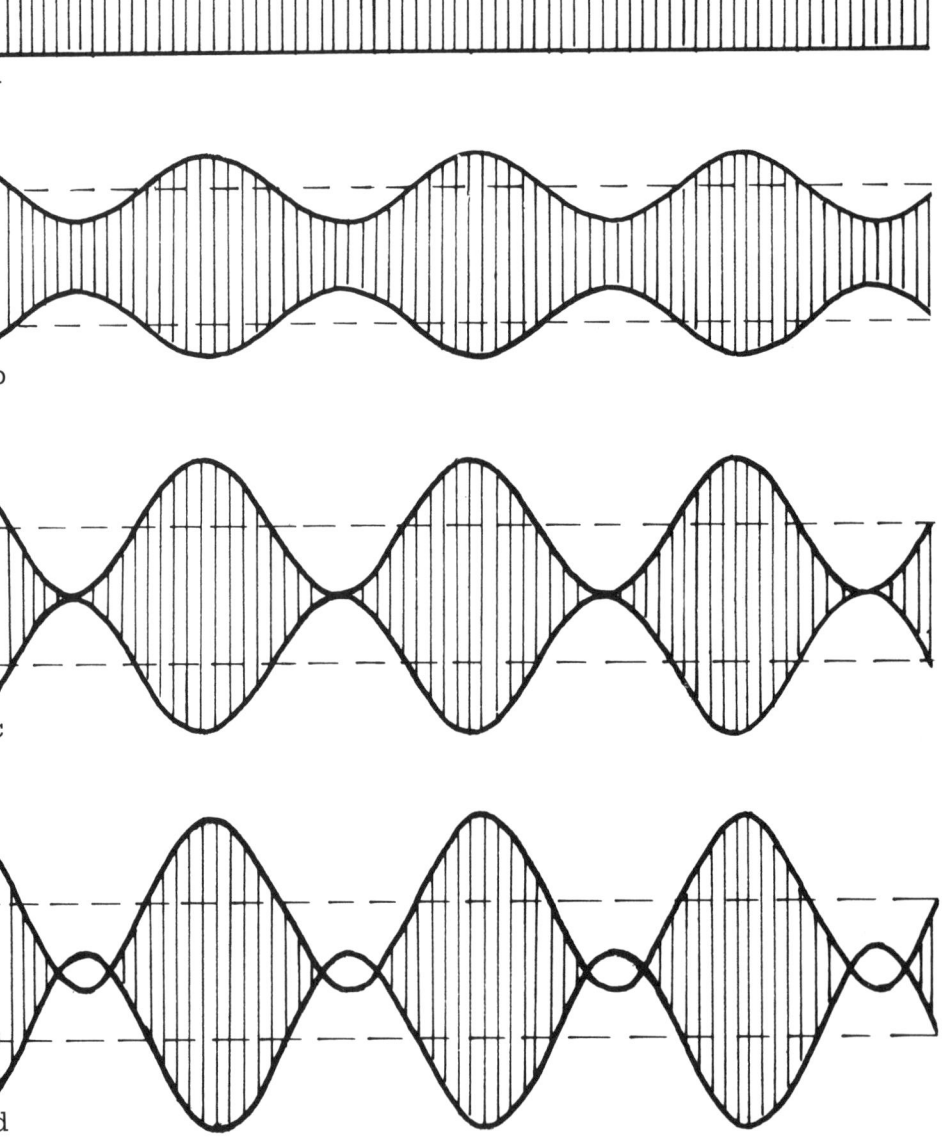

a

b

c

d

Verschiedene Drehregler zur Bedienung eines Mischpultes in einem Tonstudio. Die einzelnen Frequenzen können über getrennte Kanäle entsprechend den Klanganforderungen untereinander gemischt, modifiziert und gefiltert werden. Durch entsprechende Amplitudenmodulationen wird einem Übersteuern einzelner Frequenzbereiche vorgebeugt.

1000 Hertz in einer Sekunde, in 1/2 Sekunde = durch 2. Sie sind nicht zu zeichnen. Den Zeitzeichenpunkt machen wir auf der Zeichnung einen Zentimeter lang, zeichnen aber (ausnahmsweise fälschlich) nur eine Schwingung pro Zeitzeichen-Punkt: dann sieht die modulierte HF wie folgt aus: der graue Balken der HF zeigt, wie die Zick-Zack-Modulation oben und unten zwei Sinusschwingungen mit gleichen Formen hintereinander, die die zwei Zeitzeichen-Punkte des Tones 1000 Hz und dazwischen die Pause darstellen sollen. Die Trägerwelle der Pause, gleichlang wie die der Punkte, ist aber tonlos, die Amplituden der HF sind in ihrem Scheitelpunkt in diesem Bereich nicht verändert worden.

Die eigene Modulation haben wir bestens gelöst. In dieser Form entspricht sie auch einer modulierten Morsetelegrafie, wie sie auf 600 Metern Wellenlänge (500 kHz) bei der Handelsmarine international üblich ist. Die tonlose Telegrafie aber unterbricht nur die HF, oder besser gesagt, strahlt nur HF in Form von Morsezeichen aus.

Wie sieht es in Wirklichkeit beim Sender aus? Halten wir uns die vorherigen Bilder unserer Modulation noch einmal im einzelnen vor Augen (Abbildungen):

Erstens sind die Grundlinien (O, N, U) von oben angefangen zu benennen:

O = obere Amplitudengrenze der Trägerfrequenz

N = Nullinie (Mittellinie) der Trägerfrequenz

Hauptnullinie der modulierten Trägerfrequenz

U = untere Amplitudengrenze der Trägerfrequenz

Zweitens Benennung der Modulationsober- und -unterkanten in der Abbildung:

Berg oben = positive Amplitude der 1000 Hz-Modulation mit 1 cm Abstand nach oben von O und 3 cm Abstand nach oben von N

Mittellinie der 1000 Hz-Modulation gleich O gleich 2 cm Abstand nach oben von N

Tal unten = negative Amplitude der 1000 Hz-Modulation mit 1 cm Abstand nach unten von O und 1 cm Abstand nach oben von N

unterhalb der Haupt-Nullinie ist alles spiegelbildlich; damit ergeben sich völlig symmetrische Bilder

HF auf Papier haben wir moduliert. Jetzt wenden wir uns dem Sender zu und ergründen seine Modulation.

Beispiel einer 2-Kanal-Übertragung mittels Trägerfrequenztechnik. Die jeweils von Mikrophonen erzeugten Sprachbänder werden ihrem Träger aufmoduliert und als Frequenzgemisch dem Übertragungsweg zugeführt. Am Empfangsort werden die Signale über Filter und Demodulatoren getrennt aufgeschlüsselt und in akustisch wahrnehmbare Sprachfrequenzen umgewandelt.

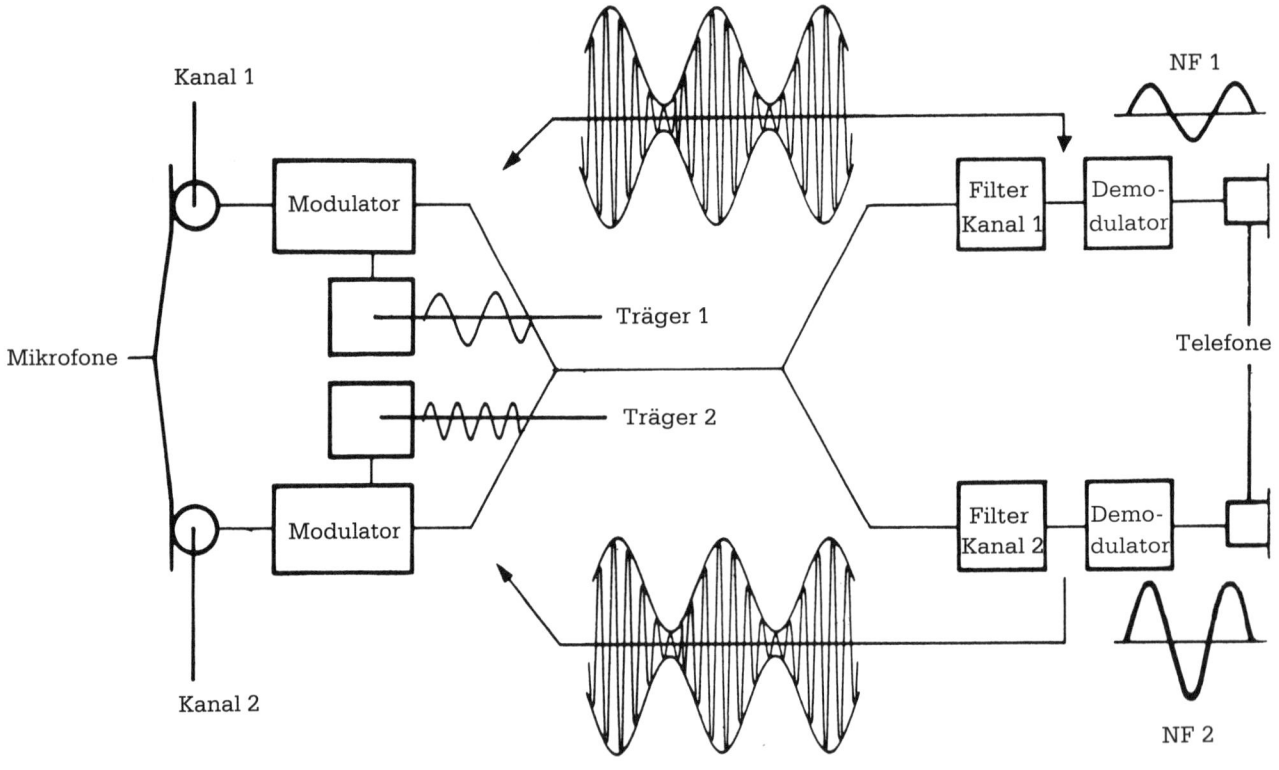

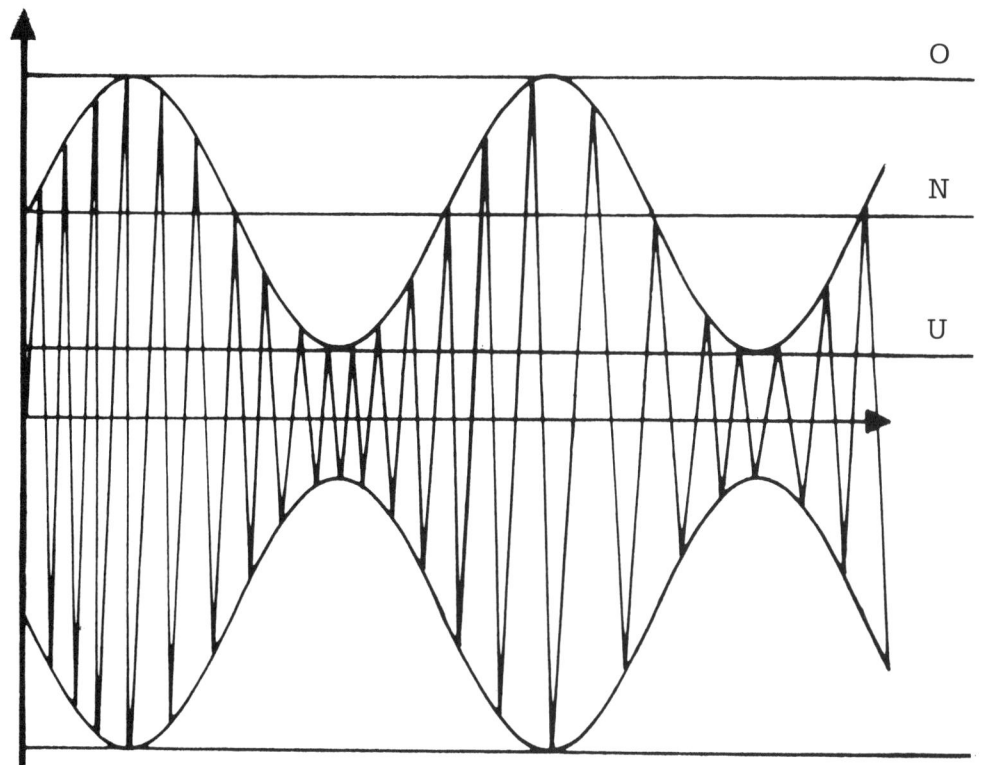

Eine hochfrequente Trägerfrequenz ist durch eine niederfrequente Sprachschwingung aufmoduliert. Zur Veranschaulichung sind die einzelnen Amplitudenabschnitte durch waagerecht verlaufende Linien mit O, N und U bezeichnet. Die Abszisse des Achsensystems stellt dabei die Hauptnullinie der modulierten Trägerfrequenz dar. Die oberen und unteren Frequenzverläufe sind zueinander spiegelsymmetrisch.

Experiment

Modulator. Es wird der Modulator eines Senders gebaut. Er soll den Sender modulieren mit einem Ton, zweimal »tut« nacheinander. Ein Zeichen, das bei der Zeitangabe im Hörfunk oft ertönt und wie es bereits in der Abbildung angedeutet wurde. Der Sender sendet HF (Hochfrequenz), eine Sinusschwingung, die Frequenz ist momentan aber nicht von Interesse. Je größer die Amplituden der Hochfrequenz sind, von Linie Null bis zum Berg (siehe die Abbildung), desto höher auch die Spannungen der Berge der Sinusschwingung, die Maximalwerte der Amplituden. Oben Plus,

unten Minus, aber das wissen Sie schon.

Da die Frequenz im Sender erzeugt wird, gibt es dort bestimmt auch Möglichkeiten, Stufen, bei denen wir an die Amplituden herankommen können, bei denen es möglich ist, sie zu beeinflussen, ohne die Senderfrequenz selber dadurch zu verändern. Das wäre z.B. in einem Verstärker der Fall. »Verstärkung«? Klar, es soll ja auch eine gewisse Leistung vom Sender abgestrahlt werden, und die wird durch mehrere aufeinander folgende Verstärkerstufen aufgebaut.

Mit Hilfe eines Verstärkers ist es aber auch möglich, das Gegenteil zu erreichen, nämlich abzuschwächen. Denken Sie an einen Widerstand, mit dem ein Stromfluß so beeinflußt, geregelt werden kann, daß mehr oder weniger Strom fließt. Im Verstärker wird eine Spannung größer oder kleiner abgeschwächt, verringert. Und dazu können wir die Niederfrequenz, den Ton, benutzen. Denn eine NF ist auch mit Spannung aufgebaut: laut = hohe Spannung, große Amplitude und leise = kleinere Spannung, kleinere Amplitude. Die HF wird durch die NF so beeinflußt, wie es im Experiment mit dem Zeitzeichen angedeutet wurde. Da die Lautstärke im Empfänger geregelt wird, ist kaum zu erkennen, ob eine Sendung an und für sich laut oder leise (stark oder schwach) ist. Bei einer Konzert- oder Hörspielübertragung bemerken Sie die Lautstärkenunterschiede der Sendung schon sehr

genau, als ob laute oder sehr leise Töne gesendet werden. Die Grundspannung der Trägerfrequenz ist aber nie verändert, nur die NF war kleiner in ihrer Spannung und hatte damit beim Modulationsvorgang die HF geringer beeinflußt: die übertragenen Töne sind leiser als vorher. Denn die Spannungen der NF verursachen durch die Modulation der Hochfrequenz, des Trägers, Lautstärkeunterschiede.

Experiment

NF-Modulation. Die NF-Sinuslinien sind auf dem Träger genau symmetrisch angeordnet, so daß die Täler

Die Abbildung veranschaulicht das Arbeiten mit einem Weltempfänger. Diese Geräte sind für den Empfang kurzfrequenter elektromagnetischer Radiowellen ausgelegt. Diese Kurzwellenstrahlung kann über lange Distanzen transportiert werden und ermöglicht es dem Zuhörer, Radiosendungen aus aller Welt zu empfangen.

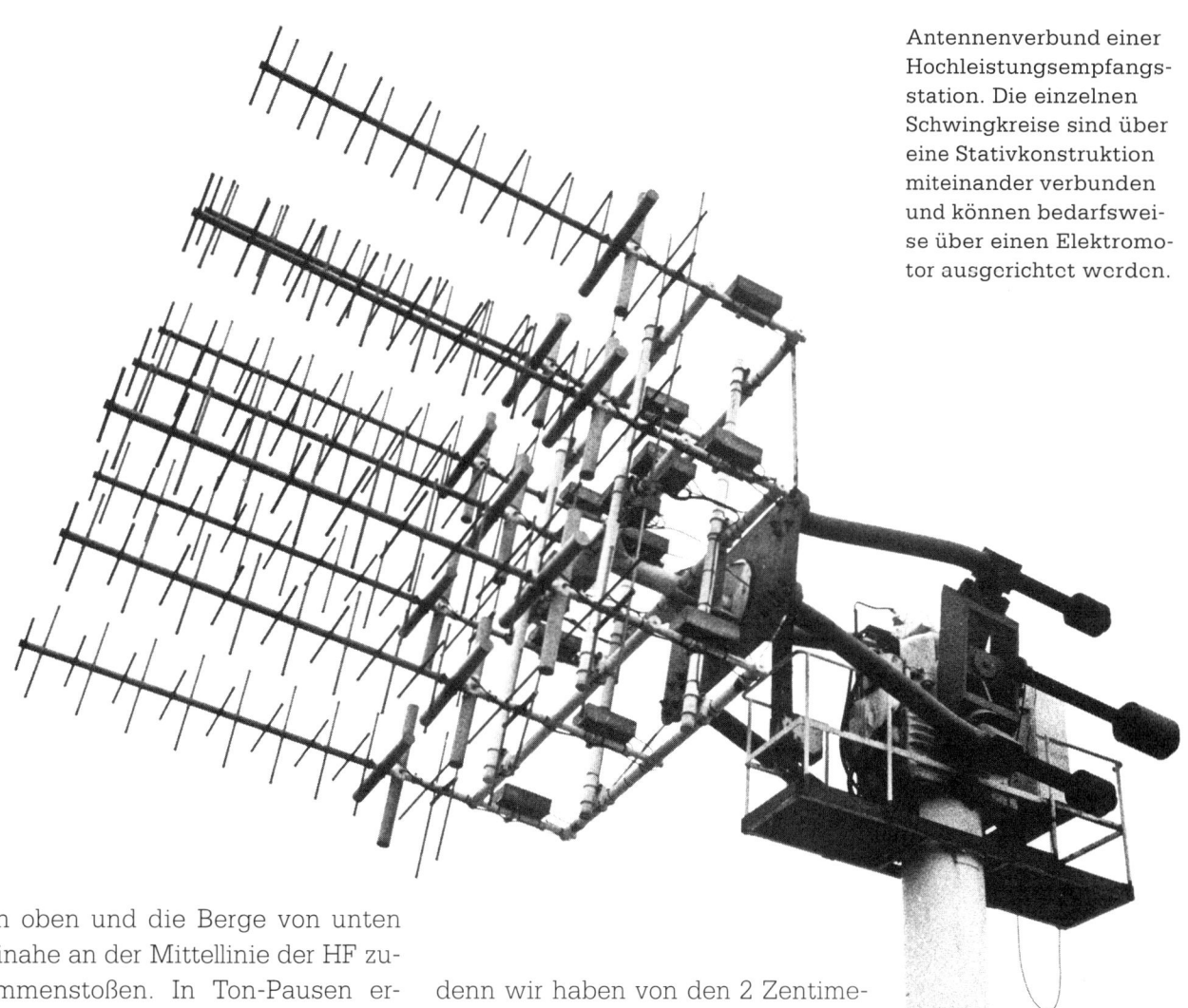

Antennenverbund einer
Hochleistungsempfangs-
station. Die einzelnen
Schwingkreise sind über
eine Stativkonstruktion
miteinander verbunden
und können bedarfswei-
se über einen Elektromo-
tor ausgerichtet werden.

von oben und die Berge von unten
beinahe an der Mittellinie der HF zu-
sammenstoßen. In Ton-Pausen erscheinen nur die Oberkanten der un-
modulierten HF, ihre Amplitudenspit-
zen. Die Symmetrie der NF ermöglicht
die Berührung der Täler (von oben)
und der Berge (von unten) an der HF-
Nullinie. Stoßen sie aber dort zusammen, so beginnt die Übersteuerung,
die Verzerrung der Töne, der Modulation. Der Rundfunk begnügt sich aus
diesem Grunde mit ca. nur 30 prozen-
tiger Modulation.

Das wäre auf der Abbildung sehr wenig, 50% können wir uns vorstellen,
denn wir haben von den 2 Zentimetern Abstand der NF-Nullinie (O) von
der Haupt-Nullinie (N) nur einen Zentimeter nach oben und einen nach unten belegt, das sind nur 50% der Möglichkeit, eine 50prozentige Modulation. Eigentlich wieder einmal recht
einfach. Eine 100prozentige Modulation ergäbe in diesem Fall schon eine
gegenseitige Berührung der Täler
und Berge.

Jedoch sprachen wir davon, einen
Sender direkt zu modulieren. Holen
wir es nach.

Ansichten eines modernen Radioteleskops mit sogenanntem Hohlspiegel. In Sternwarten dient es dem Empfang sehr hochfrequenter Radiostrahlung aus dem Weltraum. Moderne Parabolantennen arbeiten im Prinzip nach dem gleichen Funktionsschema. Die vom Sender modulierten und ausgestrahlten Wellen werden durch die »Schüsselform« gebündelt empfangen und in entsprechend nachgeschalteten Verstärker- und Demodulationsstufen umgewandelt.

Sendermodulation. Durch NF sind die Amplituden der HF (des Trägers) zu verändern, zu beeinflussen. Und zwar in einem Verstärker, den wir auch zum Abschwächen nehmen können. An den Modulationseingang dieses Verstärkers, der auch als Mischer fungiert und an den schon der Träger angeschlossen ist, legen wir die NF, mit der moduliert werden soll: einen Ton bzw. die Zeitzeichentöne, oder Sprache. Am Ausgang des Mischers erscheint ein HF-Täger, bereits moduliert. Da die NF-Spannung wesentlich geringer ist als die der HF, kann sie nur die Spitzen der HF beeinflussen, verringern oder erhöhen, mit den positiven oder negativen Bergen ihrer Schwingung. Die HF wird also in ihren Amplituden (Höhen, Maximalwerten) größer, als sie geliefert wird, und natürlich auch kleiner, je nach der angebotenen NF. Aber »die HF merkt nichts davon«, sie läuft weiter im Sender durch die nächsten Verstärkerstufen bis zur Antenne und läßt sich abstrahlen. Sie »trägt« dabei die Niederfrequenz, ist mit der NF moduliert, und bringt sie zum Empfänger. Sie nennt sich daher »Trägerfrequenz«.

Die Sendertätigkeit ist damit beendet, und es folgt eine Kurzbeschreibung zum Aufbau eines Senders:

13.3 Kurzfassung Sender

Zum Sender gehören grundsätzlich neben vielen Sondersektoren
- ein Schwingungserzeuger
- einige Verstärker
- ein Mischteil zur Modulierung
- ein Antennenanpaßteil
die Bedienungsmöglichkeiten
- für Telegrafie
- Zeitzeichen
- für Modulation mit Sprache und Musik.

Um eine Sendung durchführen zu

können, ist eine Antenne erforderlich. Sie gehört eigentlich nicht zum Sender, wohl aber zu einer Sendeanlage; wie auch eine »Empfangsanlage« mit einer Antenne ausgerüstet sein muß.

13.4 Empfänger

13.4.1 Typen

Über die Aufgabe, die Wirkung eines Empfängers z.B. eines Radios sind Sie bestimmt unterrichtet, und Sie haben

Teilansicht der Frontplatte eines Rundfunkverstärkers. Die Rückseiten der Klangregler sind mit Potentiometern (regelbaren Widerständen) verbunden.

Teilansicht eines Radiorekorders. Die Schallpegelmeßinstrumente links oben im Bild sollen ein Übersteuern der Aufnahme verhindern. Rechts unten sind regelbare Widerstände zur Klangregulierung angeordnet.

gewiß schon verschiedenste Empfänger in den Händen gehabt und bedient.

Mit einem Empfänger kann potentiell hörbar gemacht werden, was alle möglichen Sender abstrahlen, was sie aussenden. Doch nur einen Sender zur Zeit wollen wir hören, zwei Sender mit unterschiedlichen Programmen auf einmal sind schon zuviel. Da aber

die Hülle unseres Planeten, die Atmosphäre, mit unzählbaren HF-Schwingungen (HF ist die Abkürzung für Hoch-Frequenz) übersät bzw. von ihnen durchdrungen ist, müssen wir schon einen Empfänger auswählen, der uns aus den sehr vielen Frequenzen nicht nur eine, sondern die eine bestimmte heraussieben und dem Lautsprecher zuführen kann. Wir werden sehen, daß uns auch das gelingt.

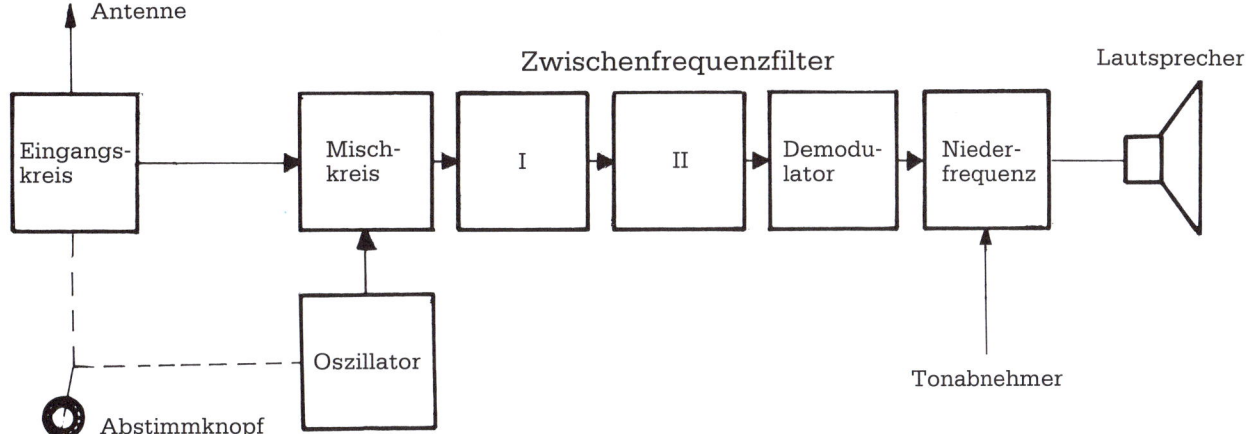

Im ungleichen Verhältnis zu den auf dem Markt erscheinenden Sendern werden unzählige Mengen von Empfängern aller Art angeboten. Nur sollten wir dabei nicht die kommerziellen Empfänger für den Funkdienst vergessen z.B. für die Marinefunkstellen an Land und an Bord. Diese können in jeder Hinsicht den Funkempfangsdienst des Funkbetriebes technisch erheblich unterstützen. Sie sind aber mit normalen Rundfunkempfängern nicht zu vergleichen. Das kann schon am Preis erkannt werden: DM 25.000.- und mehr sind für diese hochtechnisierten Qualitätsgeräte zu zahlen.

13.4.2 Aufbau eines

Rundfunkgerätes

Von den vielen Empfängertypen wollen wir uns hier nur dem Rundfunkgerät, dem Hörfunkgerät, zuwenden. Grundsätzlich besteht jedes Gerät aus

- dem Antenneneingang
- den Hochfrequenzverstärkern
- der Gleichrichtung
- der Niederfrequenzverstärkung
- dem Ausgang, d.h. den Anschlüssen für Lautsprecher und Kopfhörer.

Wenden wir uns den einzelnen Sektoren zu.

Antennen- und Erdanschluß

Beide werden an die Enden einer kleinen Spule, den Eingang des Empfängers, gelegt, damit ein Stromkreis geschlossen wird. Deshalb ist auch der Senderausgang mit der Plusseite an den isolierten Fußpunkt seiner Antenne angeschlossen, und der andere Pol, die Minusseite des Senders, ist an eine wirklich gute - möglichst erdfeuchte - »Erde« gelegt. Nur dann kann eine Antennenanlage für einen Sender als zufriedenstellend betrach-

Blockschaltbild eines Empfängerteils in einem Radio. Die von der Antenne empfangenen und vom Abstimmregler bereichsweise eingestellten Hochfrequenzen werden über verschiedene Zwischenstufen in niederfrequente Schwingungen umgewandelt. Angeschlossene Lautsprechersysteme erzeugen akustische Signale im hörbaren Bereich.

tet werden. Ein trockener Wüstensand gilt nicht als »Erde«, da muß schon das später erwähnte Gegengewicht herhalten.

Senderausgang und
Empfängeranschluß

Der »Eingang« eines kommerziellen Empfängers gehört an eine Antenne und an einen Erdanschluß. Die Gründe sind folgende: wir haben schon häufiger gesagt, daß Stromkreise geschlossen sein müssen, wenn etwas funktionieren, wenn ein Strom fließen soll. Das gleiche gilt auch zwischen Sender und Empfänger. Der Sender ist angeschlossen »über« die Antenne an den »allround«-Stromkreis »Atmosphäre - Erde«. Auf diese Weise läuft der geschlossene Stromkreis : »Sendeantenne - Atmosphäre - Erde« und

zurück zum Erdanschluß des Senders. Aber unterwegs findet laufend Erdkontakt statt, die HF verliert nach und nach ihre Energie. Bis dahin jedoch kann stets mit Empfängern Sendeenergie angezapft werden. Der Empfänger muß aber auch mit seiner Antenne an die Atmosphäre »angeschlossen« sein und ebenso an die Erde mit seinem Erdanschluß, wenn der Stromkreis geschlossen sein soll, damit ein Empfang zustandekommt, damit überhaupt empfangen werden kann. Das Wort Atmosphäre kann selbstverständlich einfacher, weil treffender, durch die Bezeichnung »Luft« ersetzt werden. Nur scheint es unverständlich zu sein, wenn gesagt wird: der Empfänger muß mit seiner Antenne an die »Luft« angeschlossen werden. Und auch hier, bei der gewünschten speziellen Frequenz, sind alle Empfänger praktisch parallel an den vorhandenen Stromkreis angeschlossen. Atmosphäre und Erde sind somit verbunden.

Schematische Darstellung eines einfachen Fernsprechkreises. Die akustischen Sprachsignale werden über ein Mikrophon in der Sprechkapsel in elektrische Schwingungen umgewandelt, wobei sich die Stromstärke im Rhythmus der Schallschwingungen ändert. Die Rückumwandlung dieser Stromschwankungen übernimmt eine Hörkapselvorrichtung mit Magnetspule, die nach dem elektrodynamischen Prinzip eines Lautsprechers arbeitet. Eine eingebaute Metallmembran erzeugt so die für den Empfänger akustisch wahrnehmbaren Signale.

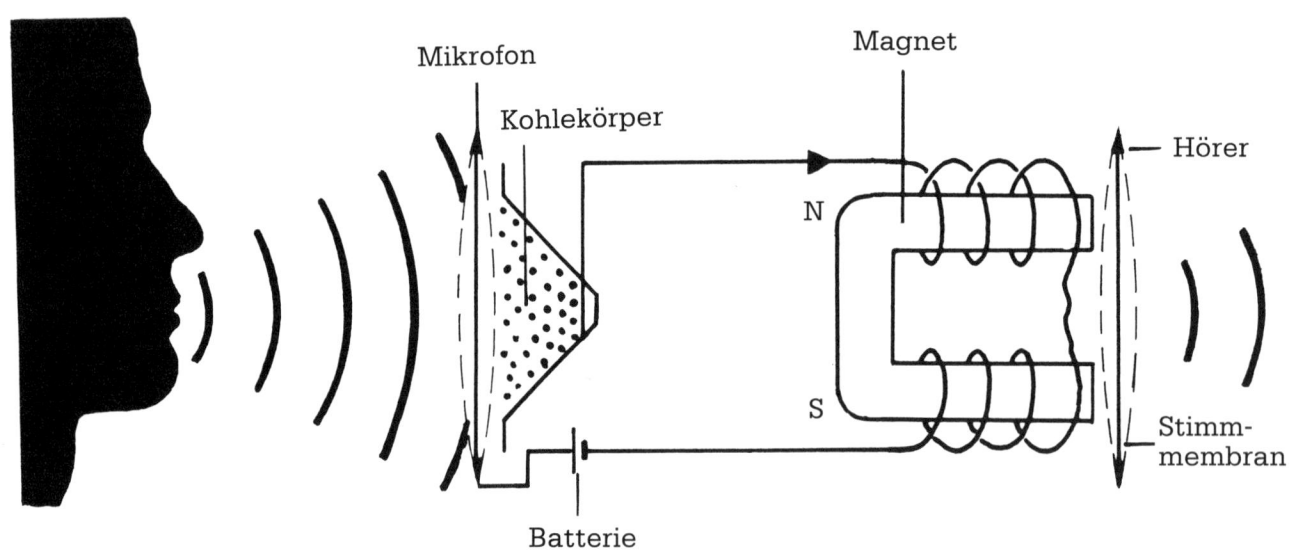

Mikrofon

Kohlekörper

Magnet

N

S

Hörer

Stimm-membran

Batterie

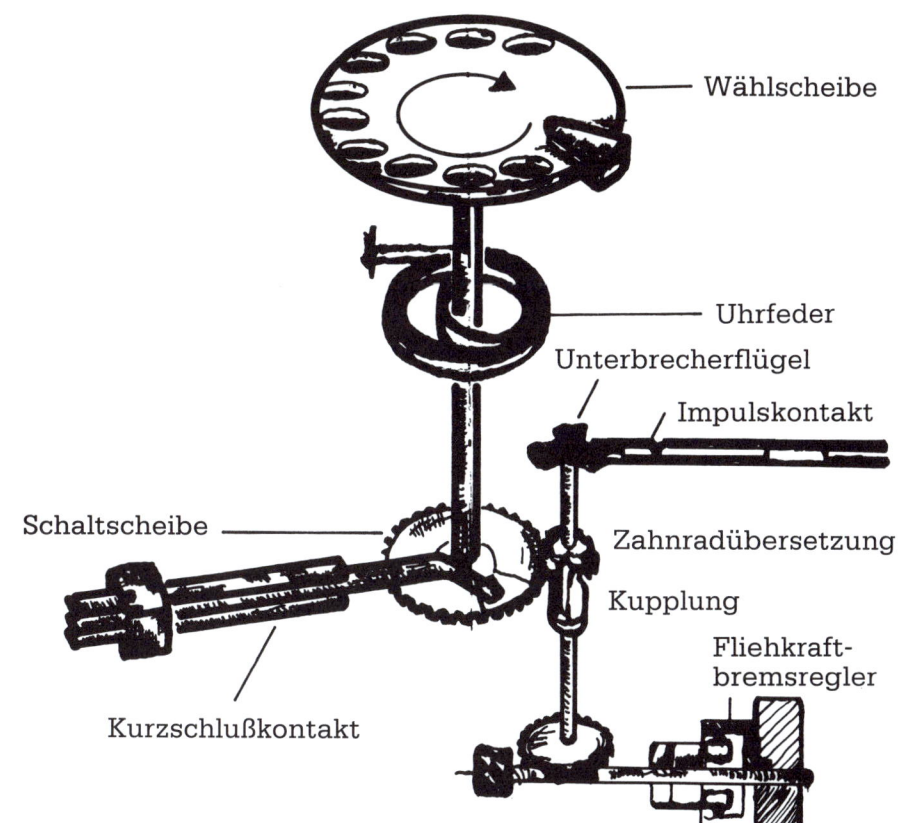

Wählscheibe

Uhrfeder

Unterbrecherflügel

Impulskontakt

Schaltscheibe

Zahnradübersetzung

Kupplung

Fliehkraft-
bremsregler

Kurzschlußkontakt

Funktionsskizze der Wählvorrichtung in einem Telefonapparat. Dieser sogenannte Nummernschalter besteht im wesentlichen aus den im Bild dargestellten Bauelementen. Bei der Anwahl einer Ziffernfolge wird der Teilnehmerkreis bei jedem Rücklauf der Wählscheibe von einem Impulskontakt entsprechend der jeweils gewählten Zahl für Sekundenbruchteile unterbrochen und ein Schaltrelais ebenso oft betätigt. Auf diese Weise wird die Rufnummer des gewünschten Gesprächspartners der Vermittlungsstelle mitgeteilt, die die Verbindung dann realisiert.

Frequenznetz

Sie können sich vorstellen, daß die unzähligen Sender aller Art und aller Frequenzen ein unübersehbares HF-Netz in alle Richtungen - kreuz und quer - über unseren Globus gelegt haben. Man muß sich wundern, daß z.B. die USA oder Peking gut empfangen werden können bei diesem »Frequenz-Gedränge«. Nur für die Antennenanlage einer Funkverbindung zu/von sich nicht auf dem Erdboden befindlichen Funkanlagen - Flugzeug/Satellit - wird die »Erde« durch ein sogenanntes Gegengewicht ersetzt. Aber bei sehr kurzen Wellen, bei sehr hohen Frequenzen, wird praktisch nur mit »Dipolen« gesendet und empfangen: Fernsehantennen/die Verbindungen zu Raumschiffen/die Verbindung mit einem Kraftfahrzeug, der Metallkörper des Autos stellt praktisch das Gegengewicht dar.

- **Empfängereingang**:

- Die Eingangsspule

Der Empfänger koppelt, induziert den aufgenommenen modulierten HF-Träger über eine Eingangsspule »in den Empfänger hinein«. Dort aber befinden sich gedruckte, integrierte Schaltungen.

UKW – MHz   **UKW – STEREO**   **ABSTIMMANZEIGE**

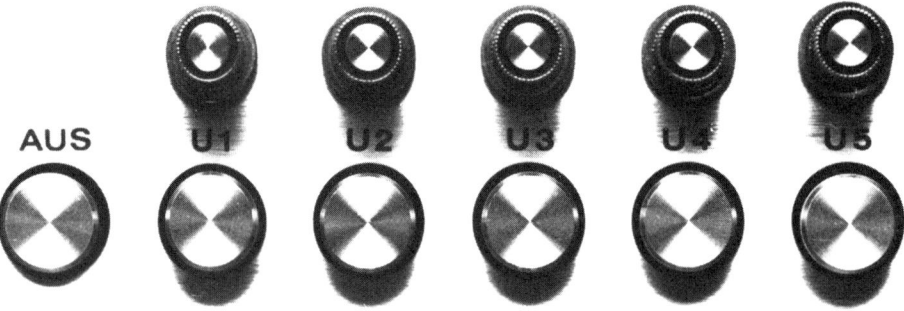

AUS   U1   U2   U3   U4   U5

Teilansicht der Front-
platte eines Stereo-
Empfängers für UKW-
und MW-Bereich. Fünf
ausgewählte Sender
können über jeweils
einen Abstimmknopf
eingestellt und mittels
einer entsprechenden
Festtastenbelegung
jederzeit abgerufen
werden. Analoge Anzei-
geinstrumente informie-
ren den Benutzer über
die angewählte Frequenz
und Feldstärke des
Senders.

- Abstimmung

An den Frontplatten der Empfänger
wird auf den Namen der Rundfunksta-
tion oder die Frequenzangabe eingestellt. Der Drehknopf an der Frontplatte trägt die Bezeichnung »Abstimmung«, »Sender-« oder »Frequenzein-
stellung«. Auch Tasten können es
sein, die zur Abstimmung herangezogen werden, sie schalten vorabbe-
stimmte (»programmierte«) Spulen an
die Eingangsspule.

- Eingangsverstärkung

Die empfangene Energie ist so
schwach, daß sie zum weiteren Ge-
brauch verstärkt werden muß. Dazu
dienen die HF-Verstärker. Danach
folgt die

- Gleichrichtung

Nur die positive »Seite« der schon
modulierten Scheitelwerte der Trägerfrequenz (die obere Hälfte N bis O der
HF) werden weitergeleitet. Denn die
HF, die Trägerfrequenz, gilt hier nicht
mehr, sie ist uninteressant geworden,
hat ihre Auf-gabe erfüllt und ist nach
der Gleichrichtung, nach Erde abgeleitet.

- Niederfrequenz-Verstärker

Ihm wird die alleinige Niederfrequenz
für Lautsprecher und Kopfhörer zugeführt. Der Ausgang des Verstärkers
geht eventuell über einen Transformator an den Anschluß für den Lautsprecher, der dann die Frequenzen im hörbaren Bereich wiedergibt.

- Tonlose Telegrafie

Dieses Problem haben wir noch nicht geklärt: das Hörbarmachen der tonlosen Telegrafiesendungen. Das Eingangssignal ist die tonlose HF im Morsezeichen- Rhythmus. Sie wird hörbar gemacht durch Modulierung mit einer NF, die im Empfänger erzeugt wird, ca. 800 bis 2000 Hertz. Danach erfolgt wieder die übliche Gleichrichtung. So entsteht ein Ton, der auch noch etwas geändert, also tiefer oder höher werden kann (800-2000 Hz). Der Schwingungserzeuger für die Modulierung wird BFO (beat frequency oscillator) genannt.

- Die »Nachfolger«

Und heute sind schon wieder Entwicklungen im Fluß, die vieles von Grund auf ändern wollen. Im Jahre 2000 wird es wohl soweit sein, daß alles digital mit Impulsen übermittelt, verarbeitet und wiedergegeben wird: und zwar nur mit Achter- und Sechzehner-Zahlengruppen, die sich lediglich aus den zwei Ziffern Eins und Null zusammensetzen. Obgleich damit sämtliche Zahlen (weit über 100.000) angegeben werden sollen, geht es nicht einfacher (heute noch nicht), man kann es nur mit 1 und 0 bewerkstelligen: 0000 0001 ist gleich 1, also

0000 0001 = 1
0000 0010 = 2
0000 0011 = 3
0000 1010 = 10
1111 1111 1111 1111 1111 1111 = 16.777.215.

Aber den Empfängern soll es noch besser gehen, wir brauchen sie dann nur anzusprechen, ihnen nur zu »sagen«, zu befehlen, welche Station wir hören wollen. Hoffentlich ist dann die Wende wirklich am Ende. Natürlich wird auch den Computern das Sprechen beigebracht: wir fragen, und sie antworten.

Unsere Unterhaltung über Funk- und Rundfunk-Sender bzw. -Empfänger ist damit beendet. Wir wollen, bevor wir unser Kapitel »Fernsehen« aufschlagen, noch einmal eine kurze Zusammenfassung aufstellen.

Konzertveranstaltung vor großem Publikum. Das Mikrophon wandelt die Stimmakustik mittels aktiver Membran und Übertrager in tonfrequente Spannungen und Ströme um. Zur Beschallung großer Räume werden diese Niederfrequenzschwingungen verstärkt und großen Lautsprecherboxen zugeführt. Sie verarbeiten die Signale nach dem umgekehrten Arbeitsprinzip des Mikrophons. Der hörbare Schallpegel wird über Lautstärke- und Klangregelnetzwerke auf die erforderlichen Akustikverhältnisse abgestimmt.

Die Übertragung von Fernsehbildern beruht auf der Zerlegung der Bilder in elektrische Impulse. Im Empfangsgerät wird das endgültige Ton- und Bildsignal durch Demodulation erzeugt. Energiereiche, hochfrequente Wellen folgen der Erdkrümmung nicht. Deshalb ist der Aktionsradius der Übertragung beschränkt.

13.4.3 Zusammenfassung

Im Sender wird die gewählte Frequenz erzeugt, moduliert mit dem Programm, verstärkt und von der Antenne abgestrahlt.

Der Antenneneingang des Empfängers wird über Spulen und Kondensatoren an den HF-Verstärker gekoppelt.

Es folgen Gleichrichtung, Niederfrequenzverstärkung und Ausgang zum Lautsprecher oder zu den Buchsen der Kopfhörer. Die tonlosen Morsezeichen der Telegrafie werden durch Modulierung mit im Empfänger erzeugter NF hörbar gemacht.

13.5 Fernsehanlagen

13.5.1 Übersicht

Dieses ist der letzte Teil unserer »Unterhaltung«. Und auch hier geht alles »mit rechten Dingen« zu, keine kleinen grünen Männchen, sondern Männer und Frauen sind angespannt an den Karren der Ferseh-Live-Übertragungsanlage. Sie stehen hinter den Aufnahmekameras, tragen je einen Kopfhörer und bekommen teilweise Anordnungen vom Aufnahmeleiter, dieses oder jenes ins Bild zu nehmen. Sie sehen das »Ins-Bild-Genommene«

auf einem eigenen kleinen »Bildschirm«, aber nur bei elektronischen Kameras. Der Bildschirm ist die Anzeigefläche einer sogenannten Braunschen Röhre (bzw. eines Oszilloskopen). Der Bildschirm im Aufnahmegerät, der für den Kameramann, dient nur der Kontrolle der jeweils aufgenommenen Bildfolge.

13.5.2 Bildschirme

Was ist nun in diesem Zusammenhang unter einem »Bildschirm« zu verstehen? Auch Leuchtröhren, Leuchtstofflampen, Gasentladungsröhren für unsere 230 Volt 50 Hertz sind mit einem Bildschirm in Verbindung zu bringen. Es gibt sie in 40 und 60 Watt. Sie liefern aber mehr Helligkeit als

Bei modernen Kameras mit Blendenautomatik wird die Belichtungszeit vorgewählt, während sich die Blende automatisch einstellt. Diese Automatik dient auch als Belichtungssystem einer Schmalspurkamera. Die Belichtung kann hier nur mit der Blende beeinflußt werden. Bei Kinoprojektoren sorgt die Blende für die Unterbrechung der Bildfolge. Hier werden 50 Bilder pro Sekunde gezeigt. Die Verknüpfung von Transportgeschwindigkeit des Films und Öffnungstakt der Blende läßt den Eindruck einer kontinuierlichen Bewegung entstehen.

Innerer Aufbau der Bildröhre eines Elektronenstrahloszilloskops. Der Elektronenstrahl wird von der Katode (1) ausgesendet und tritt, in seiner Helligkeit vom sogenannten Wehneltzylinder (2) verändert, durch die Anode (3) hindurch, die ihn auf hohe Geschwindigkeiten beschleunigt. Dann durchläuft er zwei rechtwinklig zueinander stehende Plattenkondensatoren (4), wird abgelenkt und trifft auf den ebenen, fluoreszierenden Bildschirm (5).

eine Glühlampe bei gleicher Leistung. Die Röhren sind innen z.B. mit Zinksulfid besprüht und enthalten zusätzlich Quecksilberdampf. Heizdrähte der Netzanschlüsse lassen Elektronen austreten, die wiederum Atome des Quecksilberdampfes anstoßen. Dadurch freiwerdende UV-Strahlung fällt gegen die besprühte Innenwand und emittiert sichtbares Licht. Die Innenschicht der Röhre ist mit einem Bildschirm zu vergleichen, wie er auch im Fernseher verwendet wird.

13.5.3 Die Kamera

Das aufzunehmende Bild fällt auf eine besondere Fläche der Aufnahme-

Im Sender werden diese Spannungen zur Modulation der Trägerfrequenz (auch hier der Sendefrequenz des Fernsehsenders) benutzt, abgestrahlt und damit dem Fernsehempfänger zugeführt. Diese Modulation ist auch eine Amplitudenmodulation, eine Linie sehr unterschiedlicher Form, die entsteht, wenn alle gemeldeten Spannungswerte (die Helligkeit der einzelnen Bildpunkte) miteinander verbunden werden. Da es sich aber um sehr viele Spannungswerte pro Weg handelt, bräuchte eine Linie nicht gezeichnet zu werden, denn die Punkte liegen derart dicht nebeneinander, daß sich eine Modulationslinie automatisch ergibt. Die Bildpunktfrequenz beim Fernsehapparat beträgt ca. 510 Hertz, was im Hochfrequenzbereich liegt

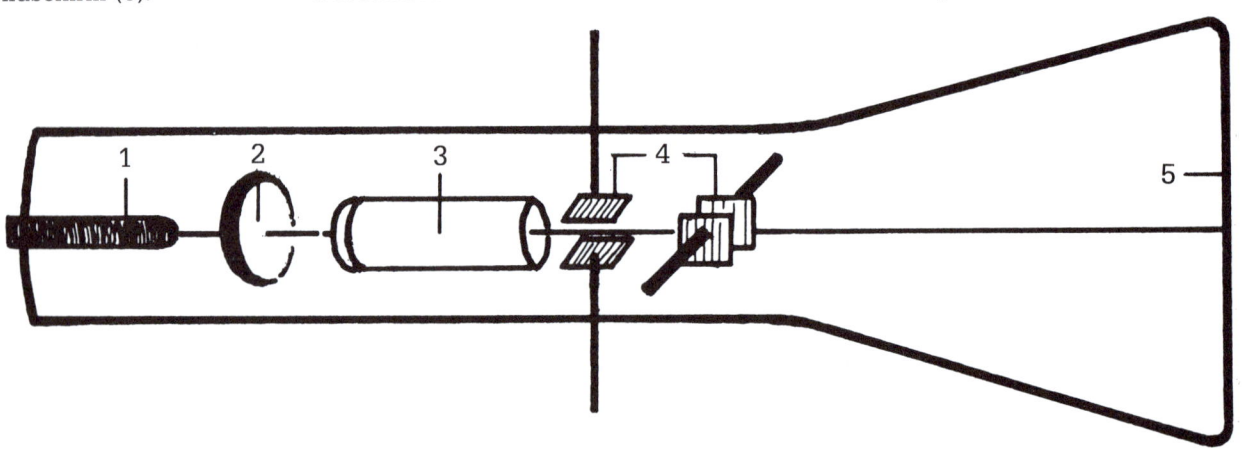

oder Kameraröhre (z.B. eines Ikonoskops, der ältesten Fernseh-Kamera-Röhrenart) und wird dort von einem Elektronenstrahl »abgetastet«. Der Strahl stellt fest, wie hell der Punkt ist, auf den momentan gelenkt ist, und gibt die Helligkeit als Spannungswert, wobei die Werte kontinuierlich sind, an den Sender weiter.

13.5.4 Bildzeilen

Ganz so einfach ist es nun aber nicht mit der Abtastung. Wenn ein Punkt abgetastet ist, dann muß der nächste Punkt angesteuert werden zum Abtasten. Dazu gehört eine Vorrichtung

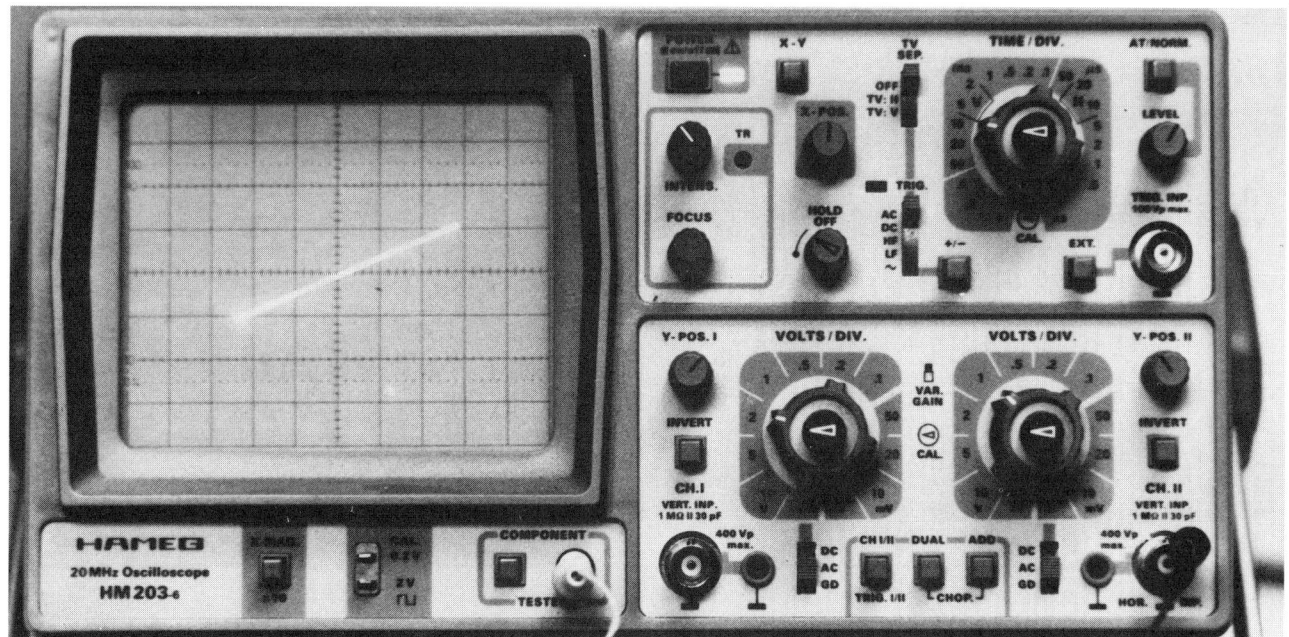

zum Steuern. Das gesamte Bild, das von der Kamera aufgenommen wurde, das auf der Abtastfläche »liegt«, ist in eine gerasterte Punktfolge in Zeilen aufgeteilt. Die einzelnen Punkte, als Photozellen zu betrachten, haben die Helligkeit des Bildpunktes als Spannung gespeichert.

Der Vorgang der Abtastung läuft wie folgt ab: der Strahl tastet von links nach rechts auf der ersten Zeile Punkt für Punkt die Spannung ab. Er muß also auf jedem Punkt verweilen und die Helligkeit des Punktes feststellen und an den Sender melden. Dann wird er zum nächsten Punkt geführt. Die gesamte Abtast- und Bildaufnahme-Einrichtung meldet aber auch an den Sender:

- den Punktwechsel
- den Zeilenwechsel
- den Bildwechsel

Die abzutastende aktive Fläche besteht aus 625 Zeilen, hat also vertikal 625 Punkte.Breite und Höhe eines Fernsehbildes stehen in einem Verhältnis von 6 zu 5. Die Länge einer Zeile besteht demnach aus 750 Punkten:

$$\frac{\text{Punkte/Zeile}}{6} = \frac{625}{5}$$

$$\text{Punkte} = \frac{625 \times 6}{5} = 750/\text{Zeile},$$

und 750 mal 625 Zeilen ergeben rund 500. 000 Punkte pro Bild.

Vom Sender werden die Spannungen abgestrahlt an den Empfänger. Dort beginnt das neue Bild am Anfang in der linken oberen Ecke seines Bild-

In der Elektronenstrahlröhre des Oszilloskops wird ein Katodenstrahl durch eine Spannung von mehreren Kilovolt beschleunigt. Die Ablenkung in horizontaler und vertikaler Richtung erfolgt durch Kondensatoren. Der Bildschirm ist mit einem Leuchtstoff belegt, der durch den auftreffenden Elektronenstrahl aktiviert wird. Im vorliegenden Fall wurde ein 150-Kiloohm-Widerstand grafisch dargestellt.

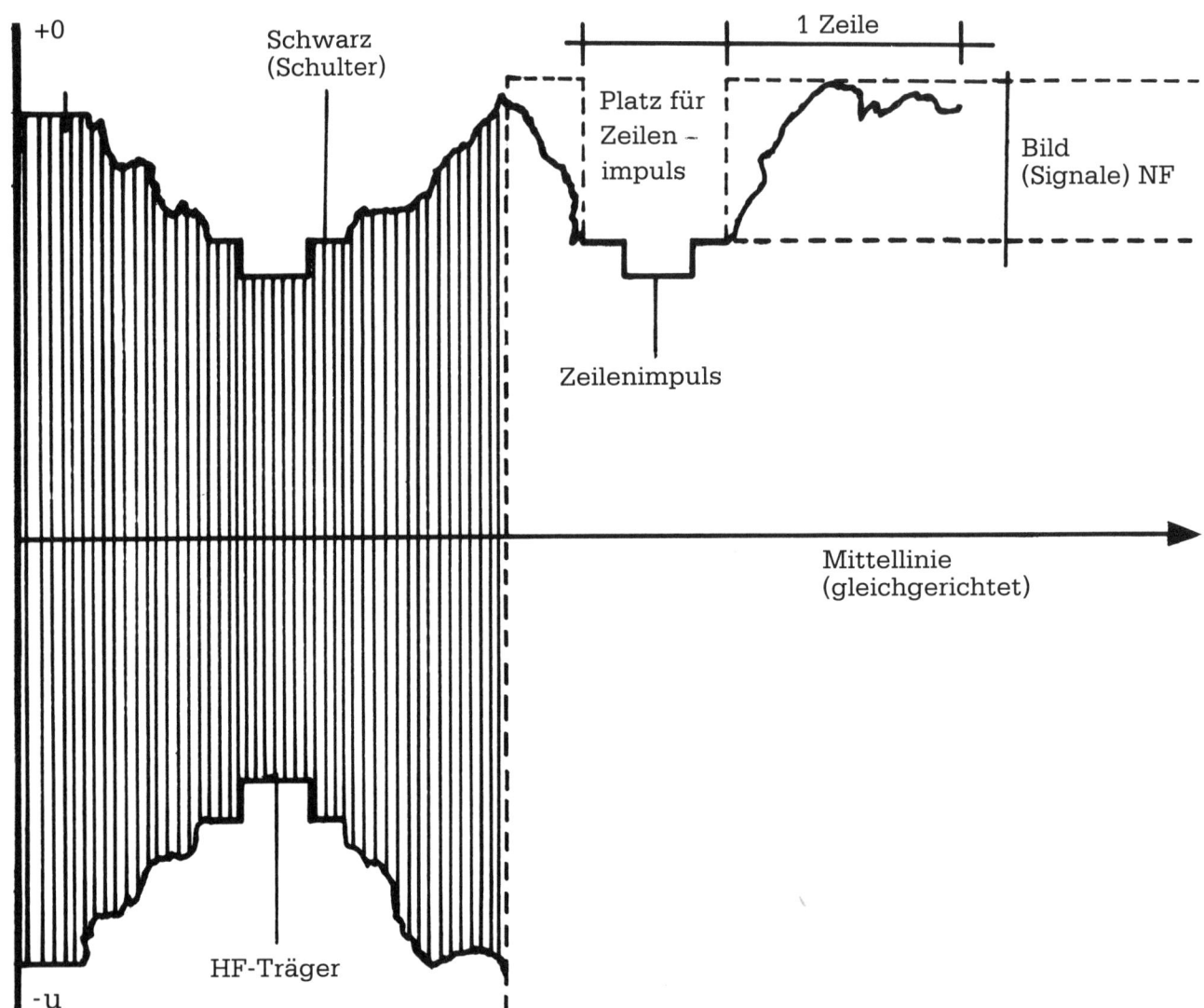

Die Differenzierung der Helligkeitswerte (von schwarz bis weiß) erfolgt durch Zuordnung von bestimmten Spannungswerten, mit denen anschließend die HF-Welle moduliert wird. Die Amplitudenspitze mit dem maximalen Spannungswert soll hier für weiß stehen. Der kleinsten Amplitude ist die Farbe schwarz zugeordnet.

schirmes (des Leuchtschirmes der Braunschen Röhre). Bild und Zeilen wechseln zur selben Zeit wie der Strahl in der Aufnahmekamera beim Abtasten.

Dieser Vorgang scheint sehr zeitaufwendig zu sein: abtasten, Wert feststellen, Wert an den Sender geben, zum nächsten Punkt wandern und abtasten. Aber in der Elektronik ist Schnelligkeit keine Hexerei, die Pro-

zesse vollziehen sich nicht nacheinander Schritt für Schritt, sondern laufen verzögerungsfrei fast alle zu gleicher Zeit ab. Zu vergleichen ist dieser Vorgang am besten mit dem, was beim Lesen eines Buches vor sich geht. Führen wir uns dies doch einmal genauer vor Augen.

Das Lesen beginnt links oben bei der ersten Zeile von links nach rechts. Am Zeilenende springen die Pupillen wieder nach links an den Anfang der Zeilen, aber auch eine Zeile tiefer zur zweiten Zeile. Am Ende einer Seite wandert der Blick diagonal nach links oben zur ersten Zeile der nächsten Seite.

Stellen sie sich vor, alle Buchstaben müßten Sie einzeln nacheinander laut vorlesen, dann würden Sie das gleiche durchführen, was der Elektronenstrahl beim Abtasten pausenlos signalisiert: er meldet das »Gesehene« an den aufnahmebereiten Modulator des Senders; nur muß er jedesmal, wenn eine Zeile beendet ist, »PIP« melden, und am Ende einer Bildseite fünfmal »PIP«. Diese Zusatzinformationen werden vom Sender auch übermittelt, damit auf der Empfangsseite jeder Wert an der richtigen Stelle auf dem Bildschirm eintrifft, so z.B. exakt am »ersten« Punkt der Zeile 7, nicht

erst am zweiten Punkt, auch nicht am letzten Punkt der Zeile 6.

Erlauben Sie sich mit einem Partner einen Spaß und machen Sie das folgende Experiment:

Experiment

Kreis zeichnen zu zweit. Nehmen Sie zwei gleich große Seiten karierten Papiers und füllen Sie auf einem Blatt alle Kästchen wahllos mit den Ziffern 1 bis 9. Dann zeichnen Sie einen großen Kreis auf die mit Ziffern gefüllte Seite, und alle Ziffern, die vom Kreis getroffen werden, tauschen Sie gegen eine Null aus. Jetzt bitten Sie Ihren Partner, das zweite Blatt Papier mit denen von Ihnen vorgelesenen Ziffern - oben

Kleines Zahlenspiel zur Veranschaulichung der Entstehung eines Bildpunktrasters auf dem Kamerabildschirm. Dabei entsprechen die mit einer Null bezeichneten Ziffernkästchen einer abzubildenden Punktfolge mit bestimmtem Helligkeits- bzw. Spannungswert.

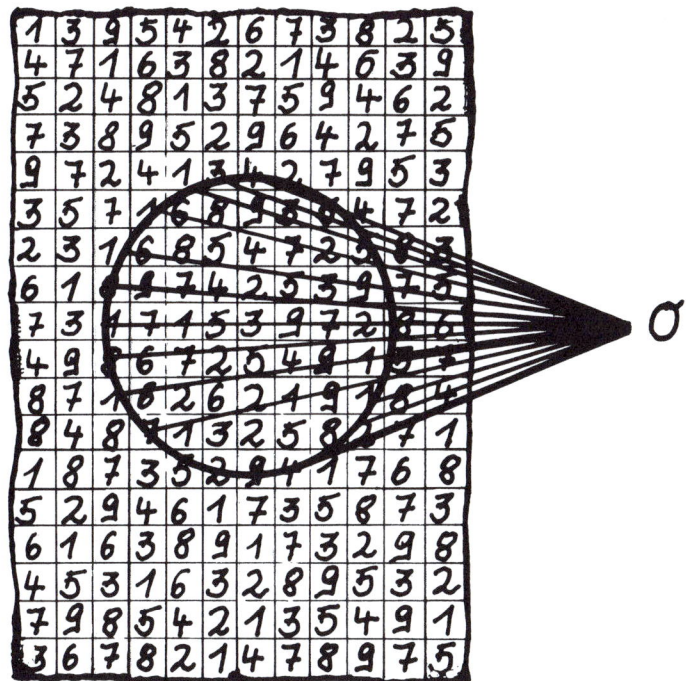
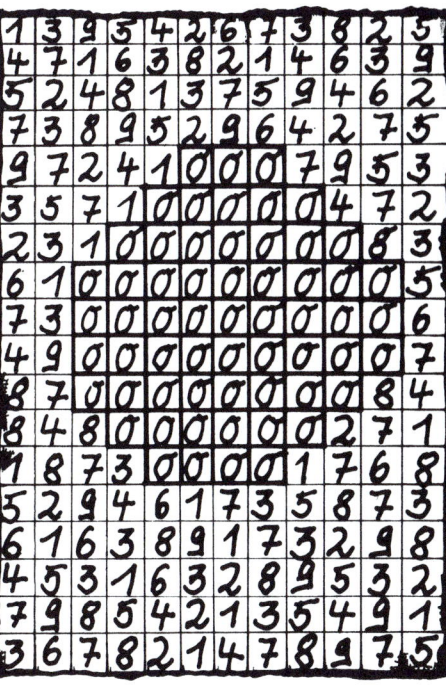

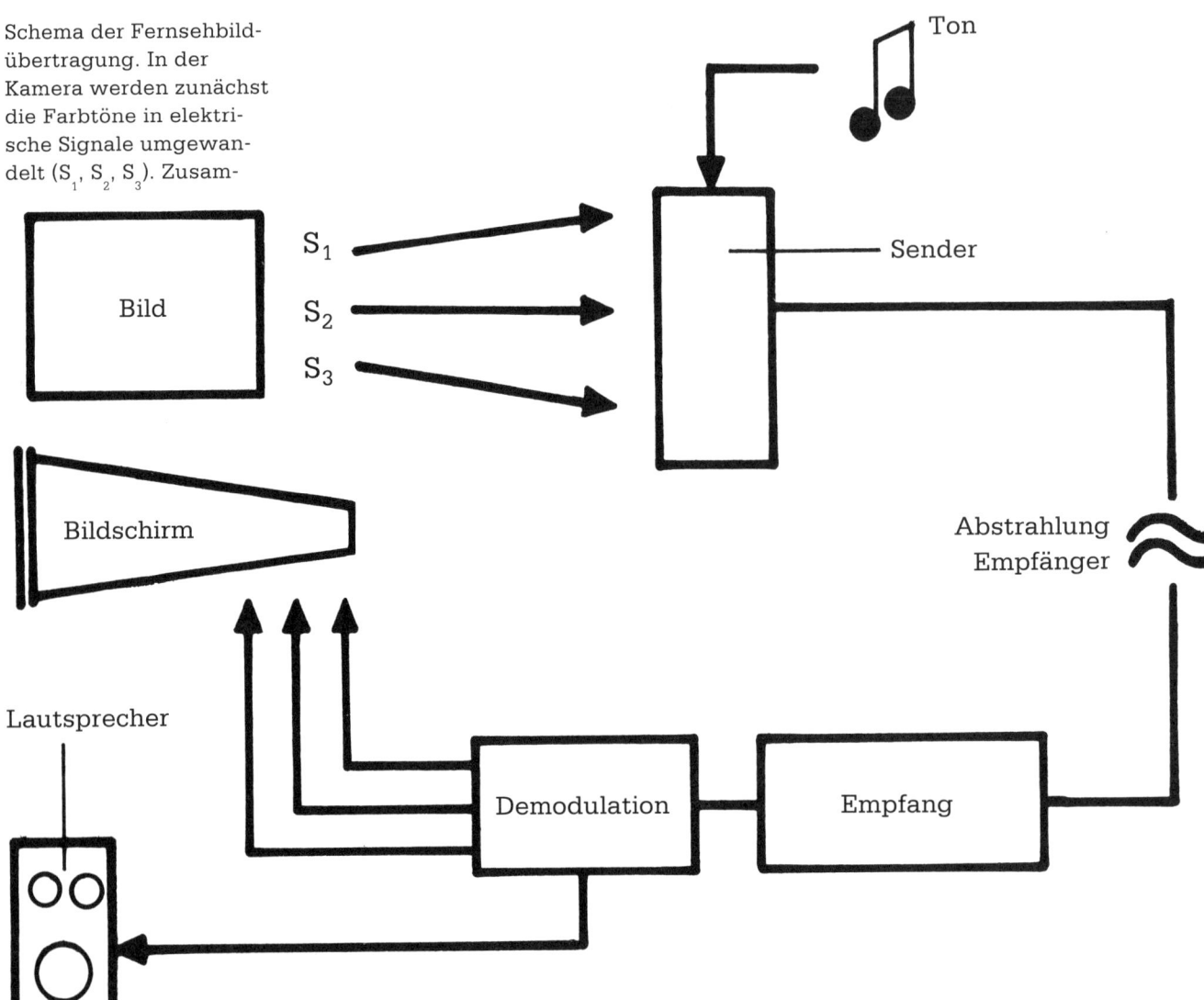

Schema der Fernsehbild-
übertragung. In der
Kamera werden zunächst
die Farbtöne in elektri-
sche Signale umgewan-
delt (S_1, S_2, S_3). Zusam-

Ton

Bild

S_1

S_2

S_3

Sender

Abstrahlung
Empfänger

Bildschirm

Lautsprecher

Demodulation

Empfang

men mit den Tonsignalen
wird in einem Verstärker
die Trägerfrequenz
mittels der Eingangssi-
gnale moduliert und über
einen Sender als elektro-
magnetische Welle
abgestrahlt. Im Emp-
fangsgerät erfolgt dann
die Decodierung, um die
Bilderzeugung in der
Elektronenstrahlröhre
durch elektrische Signale
zu ermöglichen.

links angefangen - auszufüllen. Sie lesen alles genau ab, auch die Nullen
nennen Sie. Und jedesmal, wenn Sie
eine Zeile beendet haben, sagen Sie
»PIP«, damit auch ihr Partner eine
neue Zeile beginnt. Wenn alles richtig
vorgelesen und richtig in die einzelnen Kästchen eingetragen wurde,
dann muß auch ein Kreis, durch Nullen markiert, auf dem Blatt Ihres Part-
ners erscheinen.

13.5.5 Impulse

Bei der Fernsehübertragung ist es
ähnlich: während der Strahl beim Abtasten einer Zeile nach jedem Bildsignal zum nächsten Punkt nach rechts
gerückt wird, sorgt am Ende der Zeile
der Zeilenimpuls »PIP« des Senders
dafür, daß der Strahl im Empfänger

nach links springt, um die neue Zeile zu beginnen. Und wenn das Bild unten in der rechten Ecke zu Ende ist, meldet der Sender zweimal PIP, den Bildimpuls, und läßt den Strahl nach oben links in die Ecke springen. Wie sieht es nun auf der Empfangsseite aus?

13.5.6 TV-Empfänger

Ähnlich wie beim Rundfunkempfänger wird das von der Antenne kommende Eingangssignal verstärkt. Danach wird es in Bildsignalwerte und in Impulse getrennt. Diese werden dann aber auf unterschiedlichen Wegen weitergeleitet, um sie zur Synchronisation einsetzen zu können.

Wie werden die Helligkeitswerte der Bildsignale auf dem Schirm der Bildröhre an den richtigen Ort geführt? Dafür haben wir im Empfänger zwei Schaltungsabschnitte, Steuergeräte, die auch »Kippgeräte« (Oszillatoren) genannt werden. Diese warten auf die empfangenen Zeilen- und Bildimpulse des Senders, um den Strahl zu dirigieren.

Die Ablenkung geschieht elektromagnetisch mit Spulen, wie beim Bildabtaster in der Kameraröhre, in dem auch ein Strahl hin und her gelenkt wird. Natürlich beginnt der Strahl im Empfänger irgendwo, dort wo er im Moment des Einschaltens magnetisch hingelenkt wird. Das alles geht derart schnell vor sich, daß wir nicht feststellen, ob der Strahl am falschen Ort landete; denn wenn die Röhre

Bild eines Antennenmastes auf dem Dach eines Privathauses. Die verschiedenen Antennentypen sind für den Empfang unterschiedlicher Fernsehprogramme ausgelegt. Die Eingangssignale werden verstärkt und in Bildsignalwerte und Bildimpulse getrennt. Bei der Decodierung sorgen Oszillatoren dafür, daß der Elektronenstrahl in der Bildröhre des Fernsehapparates entsprechend der gesendeten Bildinformation abgelenkt wird.

Schematisch dargestellter Ablauf einer Filmentwicklung im Labor. Einzelne, von der Objektivlinse abgelenkte Lichtstrahlen aktivieren eine lichtempfindliche Papierschicht und bilden nach dem Durchlauf von Entwickler- und Fixierbad auf ihr eine Bildkörnung aus. Nach einem Trocknungsvorgang liegt ein Negativ vor. Durch Belichtung auf sogenanntes fotografisches Papier entsteht dann das Positivbild mit den realen Helligkeitswerten.

(der Schirm) »endlich« leuchtet, sind schon viele Impulse zu den Kippgeräten gelangt, und das Bild »liegt« absolut richtig, d.h. es ist synchronisiert.

Wenn Sie bei einem Schwarz-Weiß-Bild bei der Betrachtung keinen genügenden Abstand zum Schirm einhalten, dann sehen Sie die waagerechten

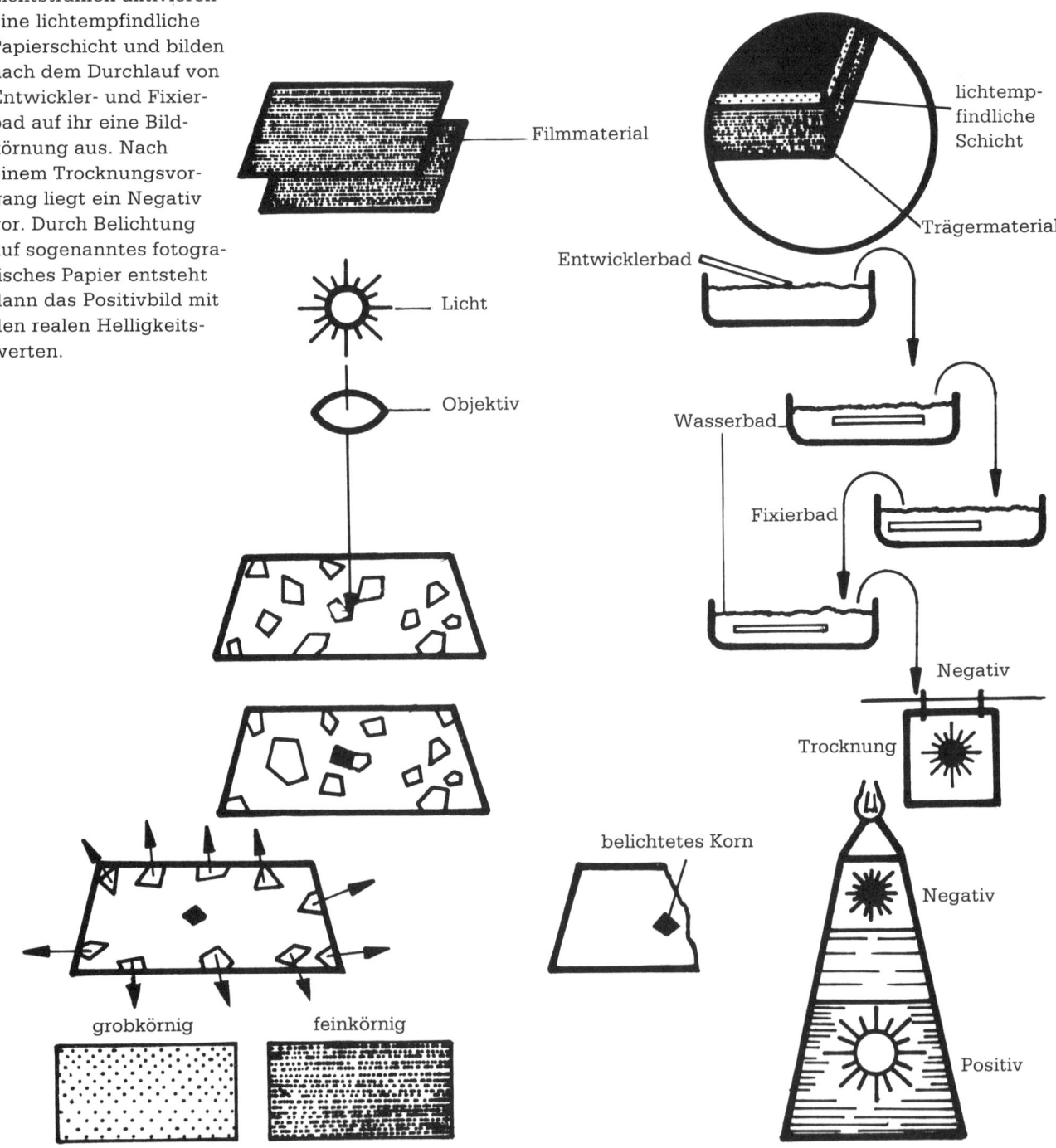

Filmmaterial

lichtempfindliche Schicht

Trägermaterial

Entwicklerbad

Wasserbad

Fixierbad

Negativ

Trocknung

Licht

Objektiv

belichtetes Korn

Negativ

Positiv

grobkörnig

feinkörnig

Zeilen. Die »Auflösung«, die Wiedergabe eines Bildes, ist aber begrenzt. Durch näheres Herantreten an das Gerät oder durch Benutzung eines Vergrößerungsglases wird das Bild nicht schärfer, Sie zerlegen es nur. Bei einem fotografierten Bild ist eine Lupe angebracht, eine Vergrößerung bis zur »Körnung-Grenze« des Films ist möglich, aber ein Bild in der Tageszeitung z.B. können Sie nicht vergrößern, es wird wohl größer aber nicht schärfer, es wird in einzelne Punkte zerlegt, in die Körnung.

13.5.7 Zusammenfassung

Ein Bild wird von einer Kamera aufgenommen. Es erscheint auf einer Fläche und wird elektronisch Punkt für Punkt abgetastet. Dabei handelt es

sich um 625 Zeilen und 750 Punkte pro Zeile. Die bei der Abtastung festgestellten Helligkeitswerte der einzelnen Punkte werden als Spannungswerte dem Sender zugeführt. Zusätzlich nach jeder Zeile und nach jedem Bild wird ein Zeilen- bzw. Bildimpuls dem Sender übermittelt. Der Sender gibt alle Werte, die Spannungs- und die Impulswerte nach der Modulation zur Antenne. Die Impulse synchronisieren den Elektronenstrahl in der Bildröhre des Empfängers. Dort wird nach der Verstärkung die Bildmodulation von den Synchronimpulsen und diese wieder nach Bild und Zeile getrennt. Das Bild wird auf den Schirm gestrahlt, die Impulse steuern zwei Steuergeräte (Oszillatoren) für Bild und Zeile zur Synchronisation. Der Ton wird am Ende des übertragenen Frequenzbandes mitgeliefert und wie in einem Rundfunkempfänger aufbereitet.

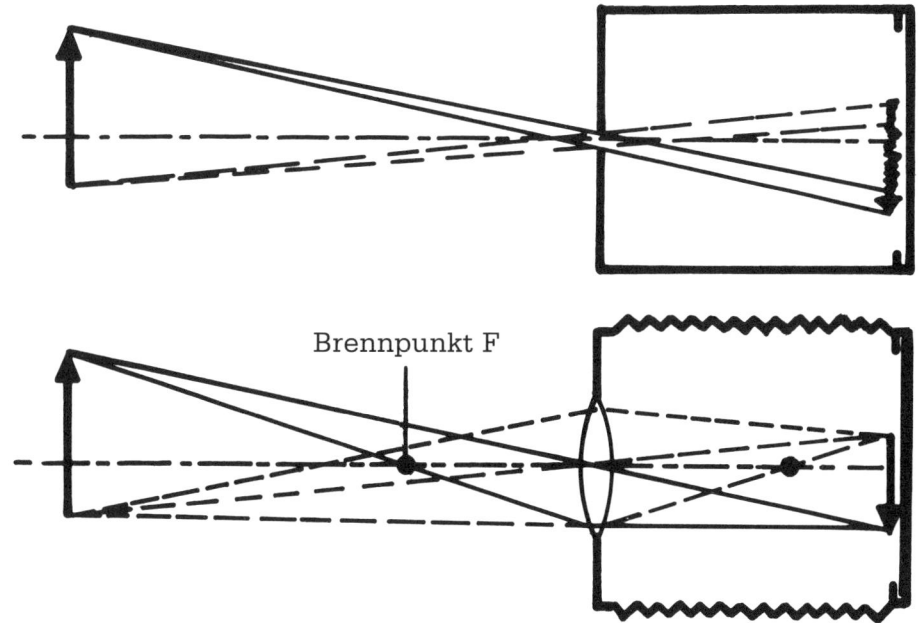

Brennpunkt F

Die obere Skizze zeigt eine Lochkamera ohne Linsenoptik, die eine nur lichtschwache, scheibenförmige Abbildung jedes einzelnen Gegenstandbildpunktes auf der Filmplatte erlaubt. Im unteren Bild dagegen ist das Abbildungssystem über eine geeignete Konvexlinse dargestellt. Diese hat die optische Eigenschaft, entsprechend ihrer Brennweite Strahlen eines größeren Bündels in einem Punkt zu vereinigen. Eine scharfe, lichtstarke Abbildung des Gegenstandes ist somit gewährleistet.

Strahlengang durch eine sogenannte Nachtglasoptik. In Skizze a ist die optimale Anpassung des Strahlenbündels an die Pupillengröße des menschlichen Auges bei Dämmerlicht erkennbar. Durch die verkleinerte Pupille bei Tageslicht kann dagegen nur ein Bruchteil des durch das Objektiv fallenden Strahlenbündels genutzt werden (siehe Skizze b).

13.5.8 Bildfolge

Machen wir einen kleinen Ausflug ins Kino. Dort ist das Bild flimmerfrei, weil genügend Bilder pro Sekunde dem Auge zugemutet werden. Man hat sich (international) über das Mindestmaß von 25 auf 50 Bilder pro Sekunde geeinigt, nachdem man festgestellt hatte, daß die ursprünglichen 17 Bilder nicht genügten. 50 »Bilder« also sind in der Sekunde zu zeigen, einzeln, nacheinander. Aber es wurde nie

davon gesprochen, daß es auch »unterschiedliche« Bilder zu sein hätten. Und da das menschliche Auge die Unterschiede auf einem Filmstreifen von Bild zu Bild bei normaler Bildänderungsgeschwindigkeit praktisch nicht zu unterscheiden vermag, wurden und werden den Kinobesuchern nur 25 »unterschiedliche« Bilder pro Sekunde vorgeführt. Die Anzahl der Filmrollen ist damit auf die Hälfte verringert worden. 25 Bilder können wir aufgrund der Wahrnehmungsträgheit unserer Augen als kontinuierlichen Bildablauf empfinden.

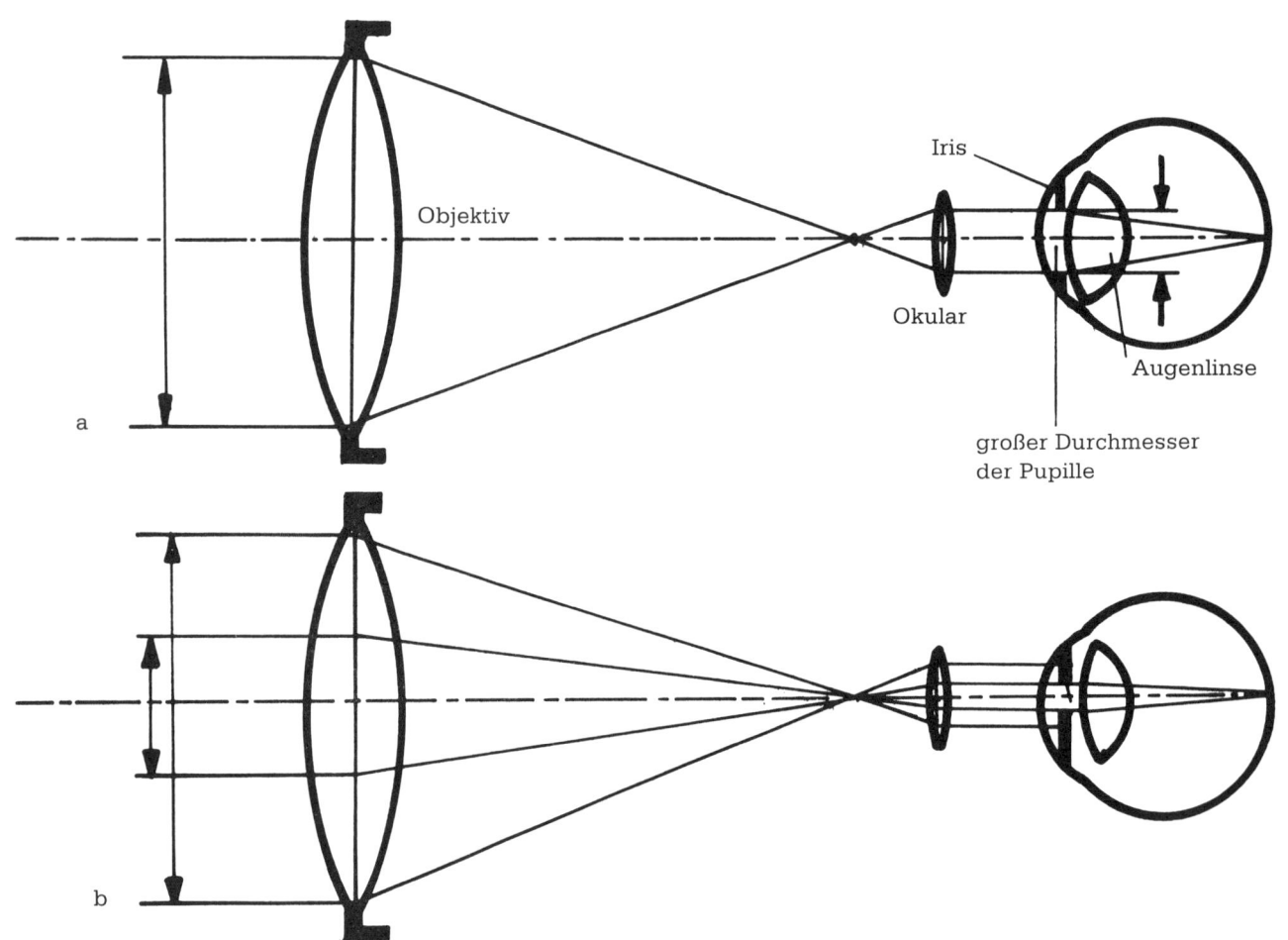

13.5.9 Die Blende

Eine Blende vor dem Ausgang des Projektors zur Leinwand sorgt für die Unterbrechung der Bildfolge. Es werden wohl »nur« 25 unterschiedliche Bilder in der Sekunde gezeigt, doch jedes Bild zweimal und dadurch kann von Flimmern nicht gesprochen werden. Und auch nicht direkt von »Betrug«. So stellt sich der Vorgang dar:

Blende öffnet sich, Bild 1 wird gezeigt, Blende schließt sich, kein Bild.

Blende öffnet sich, Bild 1 wird wieder gezeigt, es steht noch immer, Blende schließt sich, kein Bild.

Blende öffnet sich, Bild 2 wird gezeigt, Blende schließt sich, kein Bild.

Blende öffnet sich, Bild 2 wird gezeigt, es steht noch, Blende schließt sich, kein Bild.

Blende öffnet sich, Bild 3 wird gezeigt, Blende schließt sich, kein Bild usw., usw.

Funktionsschema einer Belichtungsautomatik in einer Fotokamera. Die durch die Optik einfallende Lichtstärke wird vor dem Auslösevorgang gemessen, der Blendenwert entsprechend über einen integrierten Motor eingestellt.

Das Fernsehbild auf dem Schirm in der Kamera wird nicht Zeile für Zeile abgetastet, sondern zuerst die Zeilen 1, 3, 5, 7 usw, dann - am Ende des »halben« Bildes erst - kommen die Zeilen 2, 4, 6 usw. an die Reihe. Und im Empfänger, dafür ist es ja auch nur gedacht, werden zuerst die ungeraden Zeilen und danach die geraden Zeilen angezeigt - wieder gesteuert natürlich durch Impulse des Senders. Und flimmert es? Dann liegt es an der Helligkeit. Ist das Bild zu hell, machen unsere Augen nicht mit. Sie werden übersteuert. Am Ende dieses Themas wird gezeigt, wie das Bild im Hinblick auf Helligkeit und die Farbe am günstigsten einzustellen ist.

Die Grundfarbenauszüge, aus denen sich alle für das menschliche Auge sichtbaren Mischfarben zusammensetzen, werden in heutigen Farbfernsehkameras durch Strahlenteilerprismen gewonnen. Aus eingestrahltem weißem Licht werden dabei die Blau- und Grünanteile über Reflexion an speziell geschichteten Flächen und anschließende Brechung herausgefiltert. Der Restanteil hat demnach die charakteristische Wellenlänge der Farbe Rot.

13.6 Farbfernsehen

13.6.1 Grundfarben des Fernsehens

Die drei Farben Rot, Blau und Grün (ansonsten sehr häufig: Rot, Blau und Gelb) genügen hier unserem Empfinden. Deren Mischungen ergeben alle gewünschten und von der Natur gelieferten Farbtöne. Wir haben in einer Farbaufnahme-Kamera drei abzutastende Flächen, die wieder Punkt für Punkt zeilenmäßig gleichzeitig (simultan) je von einem Strahl, also insgesamt von drei Strahlen, abgetastet werden. Jede Fläche reagiert ausschließlich auf ihre spezielle »unfehlbar reine« Farbe Blau, Rot oder Grün, weil ihnen über Farbspiegel-Prismen aus dem angebotenen Farbgemisch der Natur nur »ihre« Farbe dargeboten wird. Beim Abtasten meldet jeder der drei Strahlen die Helligkeit, die »Sättigung« seiner Farbe. Die Helligkeitswerte der »speziellen« Farben werden wie üblich getrennt und in Spannungswerten an den Sender übertragen. Im Sender wird nun die Hochfrequenz gleichzeitig mit den Werten der Farben moduliert und dem Empfänger zugeführt. Dort aber wird die HF, der Träger, gleichgerichtet und die sich ergebenden drei Farben, nach-

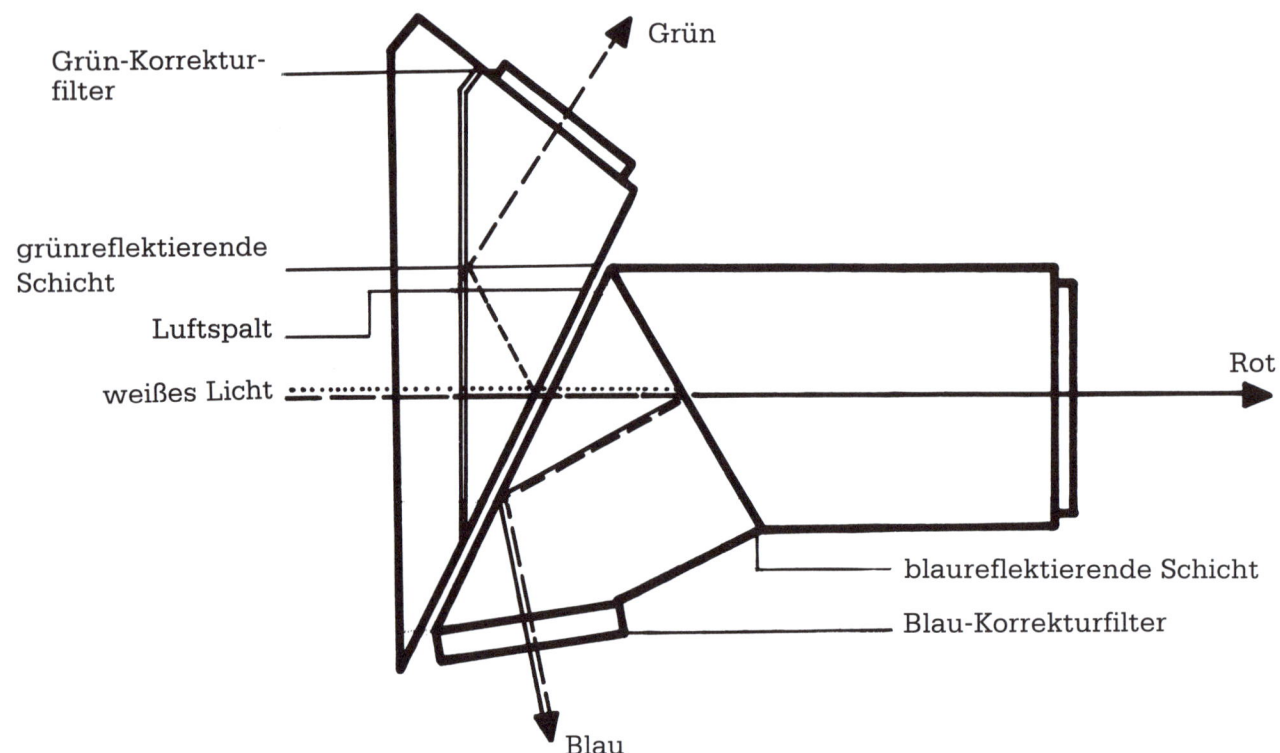

Grün-Korrektur-filter

grünreflektierende Schicht

Luftspalt

weißes Licht

Grün

Rot

Blau

blaureflektierende Schicht

Blau-Korrekturfilter

dem die Synchronisierimpulse abgezweigt wurden, werden je auf einen der drei farbmäßig zugehörigen Strahlen gegeben, die drei Farbstrahlen Blau und Rot und Grün: alle Farbtöne bzw. deren Helligkeitswerte zu gleicher Zeit, bis alle drei Strahlen gleichzeitig weiterspringen zum folgenden Punkt. Sie springen allerdings nicht, sie gleiten sehr schnell. Haben Sie schon festgestellt, daß der Bildschirm Farbpunkte besitzt?

Leuchtstoffpunkte auf dem sphärischen Bildschirm

13.6.3 Farbpunkte

Nehmen Sie ein starkes Vergrößerungsglas, und halten es direkt an eine helle Stelle des Schirmes. Dann kippen Sie das Glas und sehen bei einem bestimmten Winkel am Rand der Lupe drei scheinbar senkrechte Farbstreifen Blau, Rot und Grün nebeneinander. Die drei Punkte können auch

Aufbau einer Farbbildröhre mit sogenannter Schattenmaske. Die Ausrichtung der elektrischen Farbauszugssignale erfolgt so, daß die drei Farbstrahlen gemeinsam durch eines der etwa 357.000 Löcher in der Schattenmaske hindurchtreten und dann auf den phosphoreszierenden Bildschirm treffen. Eine einzelne auf diese Weise abgebildete Fläche ist jedoch so klein, daß sie allein nicht wahrgenommen werden kann. Erst die additive Mischung aller Punkte bewirkt beim Zuschauer ein subjektives Farbempfinden auf dem Bildschirm.

Blaustrahl

Rotstrahl

Grünstrahl

Schattenmaske

13.6.2 Bildpunkte

Jeder Bildpunkt besteht aus nur drei unterschiedlichen Farbtönen für »einen Gesamtbildpunkt«: den Helligkeiten der drei Grundfarben. Das Mischungsverhältnis ergibt sich automatisch bzw. nehmen die Augen des Betrachters selber vor.

im Dreieck angeordnet sein (Delta-Röhre). Auch reines Weiß zerlegen Sie in die drei Farbstreifen, die eventuell mit einem schwarzen Strich waagerecht in Zeilen unterteilt sind. Der Strich ist der farblose schwarze Hintergrund.

Die Streifen erhalten je den Helligkeitswert ihrer Farbe, leuchten entsprechend, und wir mischen sie, um

Das sogenannte Vidikon in einer Fernsehkamera dient der Umwandlung optischer Bilder in elektrische Signale. Entsprechend der Helligkeit der auf eine Halbleiterschicht (1) treffenden Lichtstrahlen wird die Leitfähigkeit einer Speicherplatte (2) verändert. Diese wird von einem gelenkten Katodenstrahl (3) zeilenweise aufgeladen. Aufgrund der unterschiedlichen Ladungsdichte bei verschiedenen Helligkeitswerten ergibt sich so ein dem betreffenden Bildpunkt proportionaler Stromstoß, der über einen Kontaktring als elektrisches Signal abgenommen wird. Das in einem Glaskolben evakuierte System ist zur Verarbeitung schnell bewegter Bildpartien durch seine relative Trägheit schlecht geeignet.

alles in Ruhe zu betrachten, mit den unterschiedlichen natürlichen Farbtönen, wenn wir aus einer gewissen nötigen Entfernung das Bild ansehen.

13.6.4 Digitales Abtasten

Wenden wir uns also zum Schluß, um die Sache abzurunden, noch kurz der digitalen Bildübertragungstechnik zu. Es geht mit diesem System wirklich einfacher. Weshalb soll die Kamera z.B. am Fußballfeld eigentlich laufend die Werte der Farbpunkte des grünen Rasens am Tor, die sich überhaupt nicht ändern, als Spannung melden? Und das Tor, das am glei-

chen Platz steht, das kennen wir. Die Kamera braucht eigentlich nur noch Änderungen zu melden. Alles andere ist im Empfänger längst gespeichert.

Bevor wir zum Ende kommen, noch die versprochenen Hinweise zum Einstellen der Bilder.

Beginnen wir mit der Grundeinstellung: die Farbe »auf Null«, so daß ein Schwarz-Weiß-Bild erscheint. Am besten bei der Tagesschau. Dann die Helligkeit so hell stellen, daß das Bild zu hell erscheint. Das aber wollen wir nicht, also nehmen wir weniger Helligkeit. Nur soviel oder so wenig, daß die Falten im Anzug, im Ärmel des Sprechers deutlich zu unterscheiden sind, wie in Wirklichkeit, die soge-

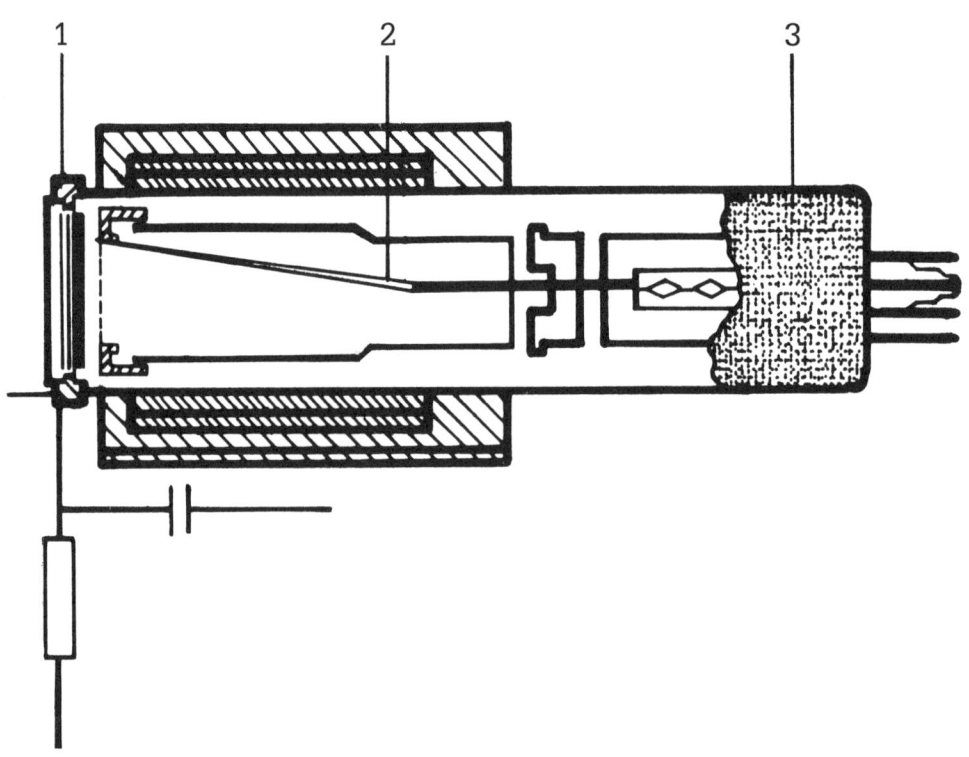

nannten »Grauwerte«. Dann erst stellen Sie Farbe ein, und zwar so weit, daß der Sprecher nicht blaß aussieht. Jetzt sehen Sie: er hat gar keinen »schwarzen Anzug« an, denn plötzlich ist es nicht einmal ein dunkelblauer. Diese Grundeinstellung vergessen Sie nicht zu speichern oder sich zu merken. Während des Programmes müssen Sie allerdings ab und zu die Farbe und Helligkeit wieder korrigieren.

Sie können diese Grundeinstellung auch anhand des Testbildes festlegen, daß bei fast allen Sendern vor Beginn der Sendezeit oder nach Sendeschluß gezeigt wird: Die Farbe wird auf »Null« gestellt. Dann dreht man den Helligkeitsregler, entgegen seiner Bezeichnung, solange Zeit, bis eine schwarze Farbe wirklich schwarz ist. Anschließend stellt man mit dem Kontrastregler die Helligkeit einer weißen Fläche so ein, daß sie nicht zu grell wirkt. Denken Sie daran, daß ein Dauerbetrieb mit zu hoch eingestelltem Kontrastregler die Lebensdauer der Bildröhre herabsetzen kann. Die Farbe stellt man dann im Laufe der Sendung ein, daß die Gesichter eine natürliche und angenehme Farbe erhalten.

Bei einem Film und bei der Wiedergabe eines Bühnenstücks wäre eine Korrektur eventuell schon angebracht. Doch Berichte von der Tagesschau oder auch Porträts neben dem Sprecher, die manches Mal nicht »wirklichkeitsgetreu« in ihrer Farbe sind, lassen Sie ruhig so, denn die Tages-

schauberichte aus aller Welt müssen Sie in der Farbwiedergabe entschuldigen. Nach einer Grundhelligkeit sind die Farbaufnahmen nun einmal eingestellt, auch bei den Archivbildern. Und es ist zeitlich kaum möglich, die verschiedensten Meldungen und Reportagen farblich anzupassen, da Meldungen oder Bildmaterial oft erst fünf Minuten vor Beginn der Übertragung im Studio eintreffen.

Ein anderer Röhrentyp, das Plumbikon, gleicht den Trägheitsnachteil des Vidikons durch einen andersartigen Aufbau der Halbleiterschicht aus. Die Spektralempfindlichkeit wird durch gezieltes Hinzufügen bestimmter Stoffe (Schwefel, Bleisulfid) aufgewertet. Moderne Farbfernsehkameras

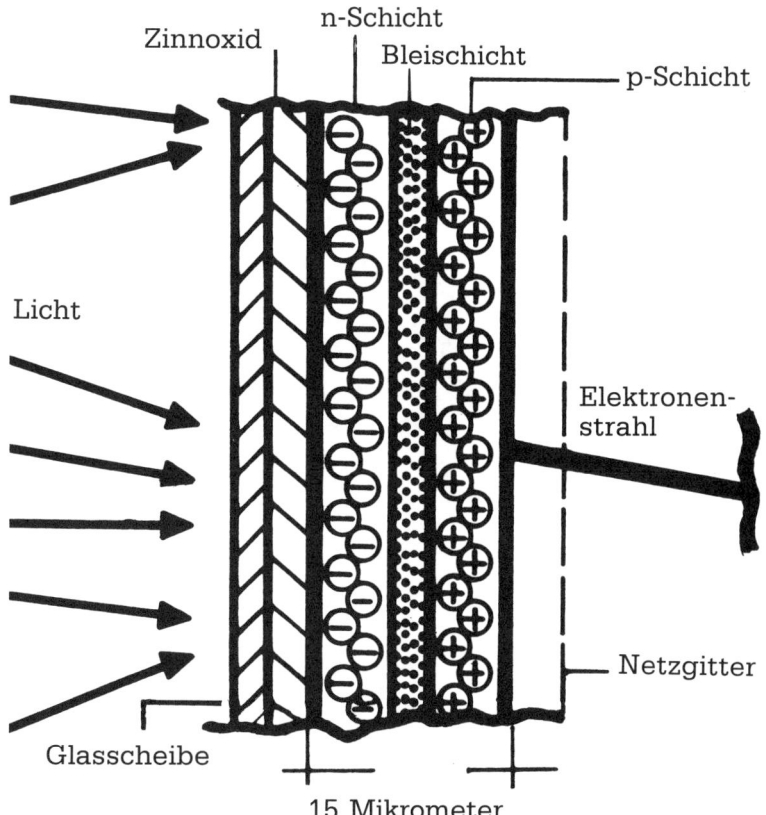

Nun hoffe ich, daß Sie schon einen kleinen Einblick in die Welt der Elektrotechnik gewonnen haben. Vielleicht fühlen Sie sich auch angeregt, sich mit dem einen oder anderen der in dem folgenden Kapitel behandelten Phänomene näher zu befassen.

beinhalten drei Plumbikons zur Erzeugung der elektrischen Farbauszugssignale.

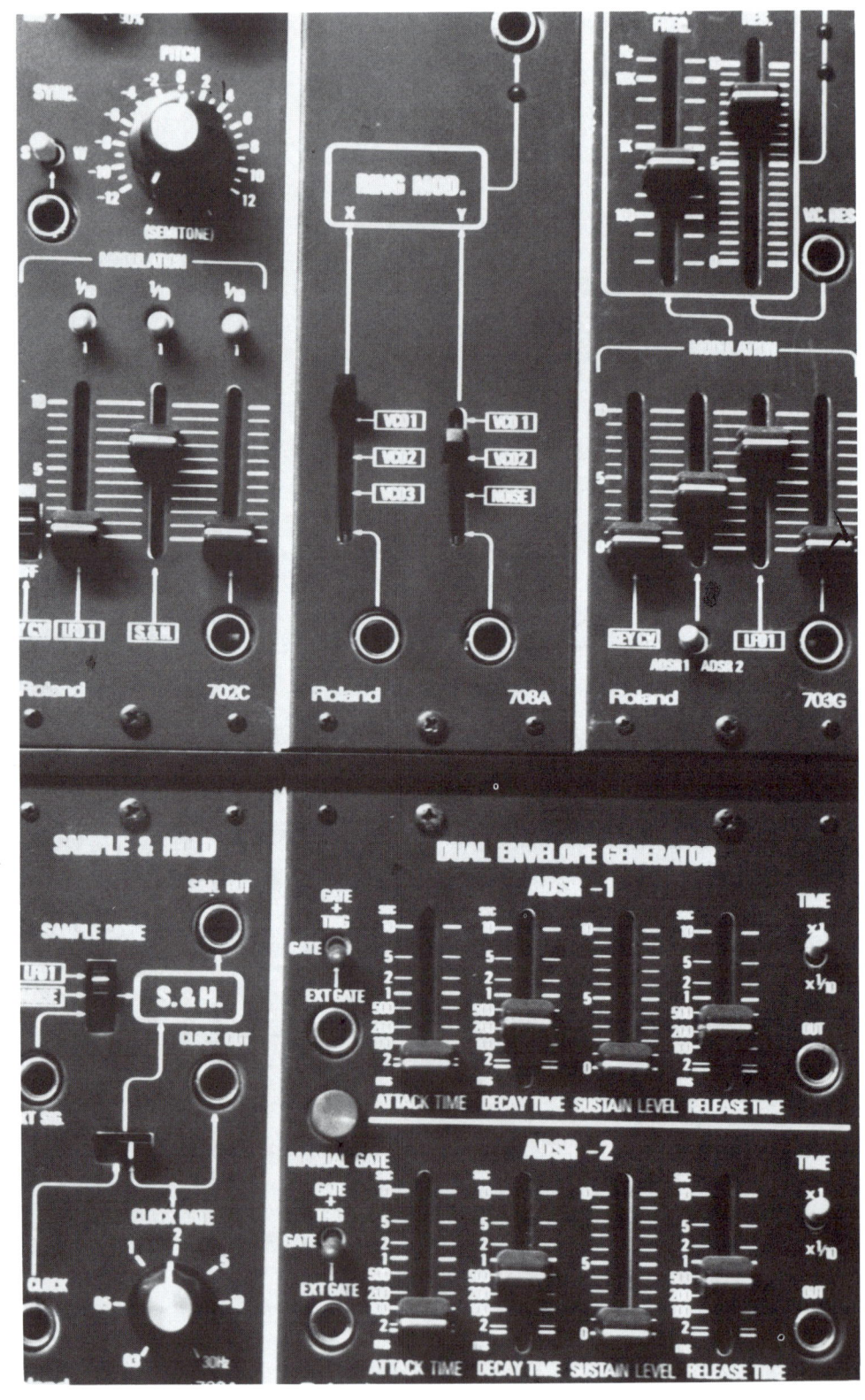

14. Elektronische Bauteile

In den bisher behandelten Kapiteln wurden in leicht verständlicher Form die Grundzüge der Elektrotechnik erläutert bzw. anhand einfacher Experimente beschrieben. Für den weitergehend Interessierten soll im nun folgenden Abschnitt auf weitere Phänomene und vor allem Bauteile eingegangen werden. Kondensatoren, Dioden bzw. Leuchtdioden (LEDs) und Transistoren sind wichtige und in der Praxis häufig verwendete elektronische Bauelemente. Die zum Verständnis wichtigsten Anwendungsfälle und Bau- bzw. Ausführungsformen sind zusammenhängend illustriert und wiederum durch einfache Experimente veranschaulicht.

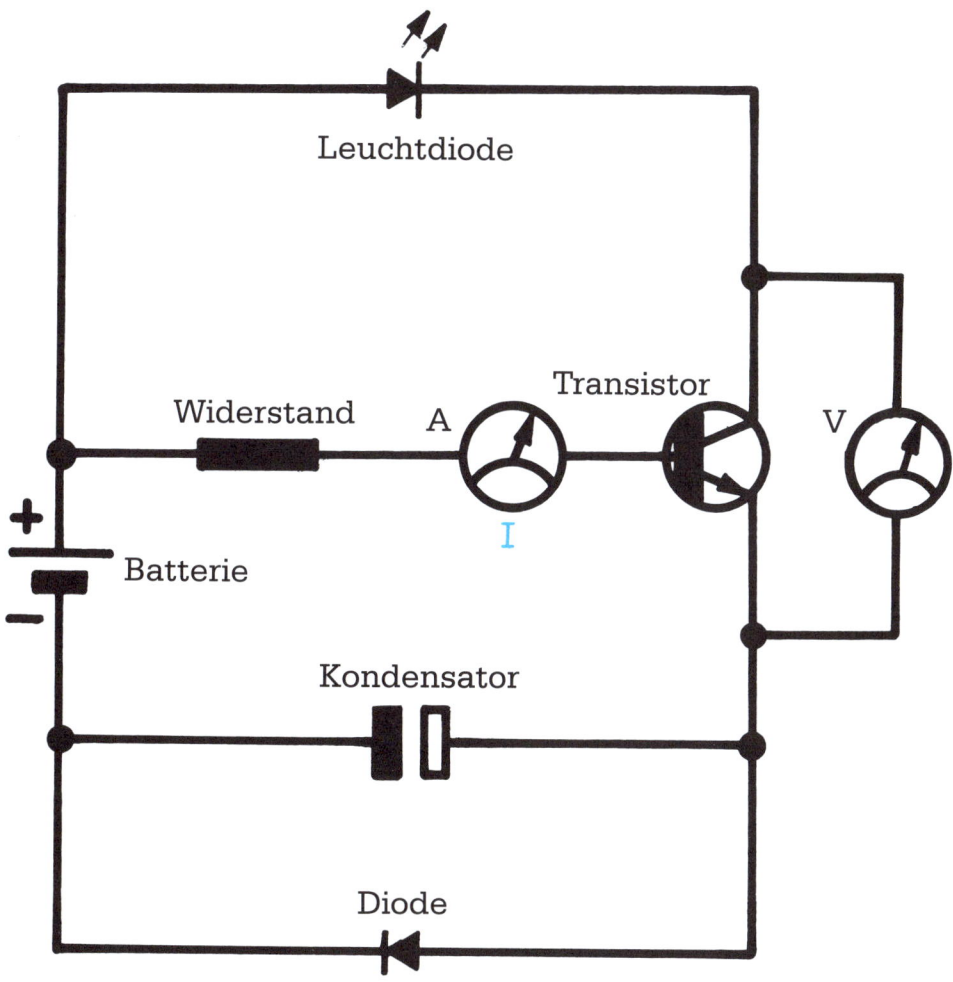

Die Skizze illustriert die vorstellbare Anordnung verschiedener elektronischer Bauelemente in einem Schaltkreis mit Gleichspannungsquelle. Entsprechend angeordnete Meßinstrumente dienen der Bestimmung von Stromstärke (I) und Spannung (V).

Ladevorgang eines Plattenkondensators. Die Verschiebung von freien Ladungsträgern bildet auf den Platten einen Potentialunterschied aus. Wichtig ist, daß der Raum zwischen den Platten Isolatoreigenschaften aufweist. Der Ladungsfluß kommt in dem Moment zum Stillstand, wenn die Kapazität des Kondensators voll ausgeschöpft ist.

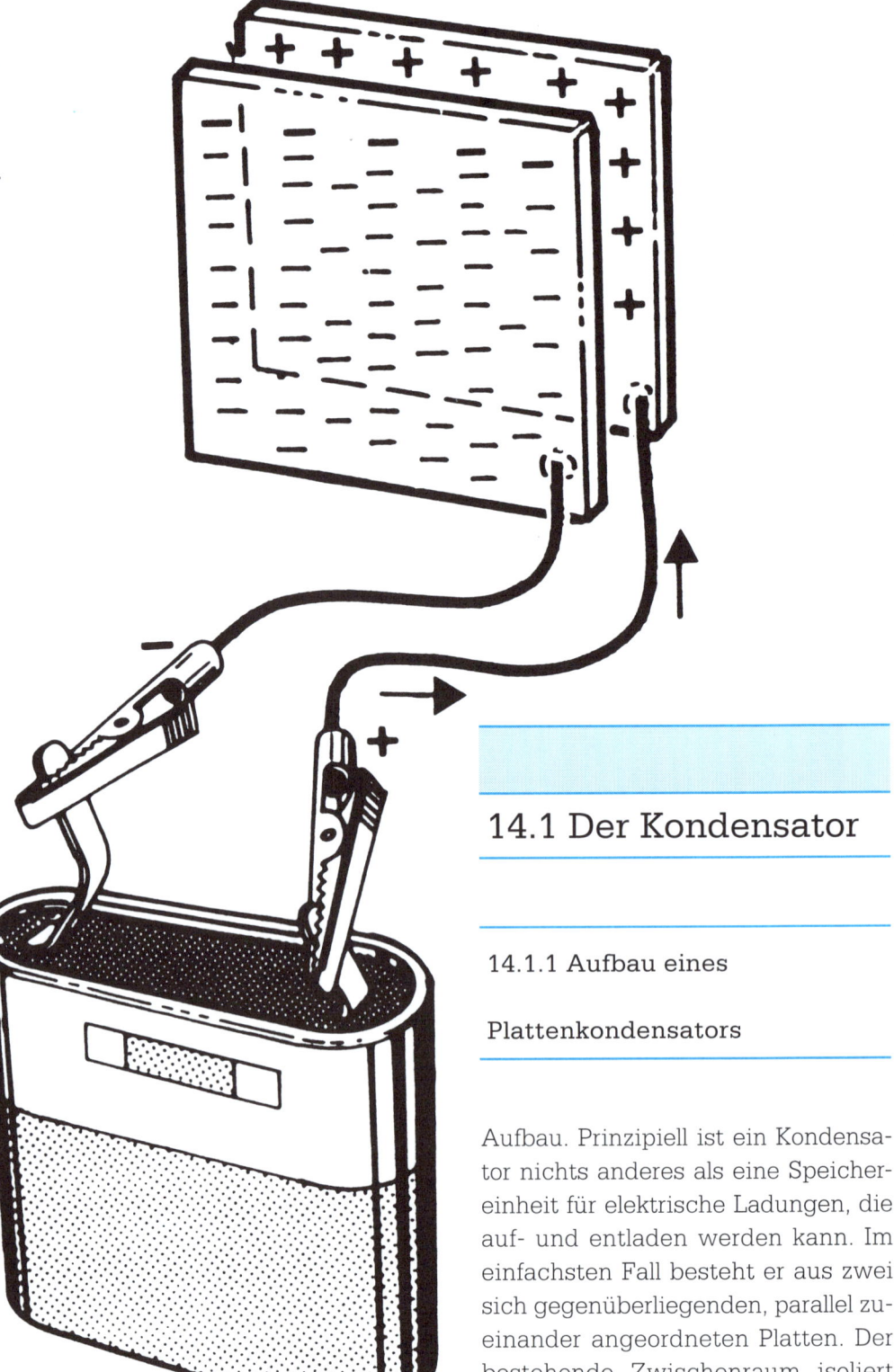

14.1 Der Kondensator

14.1.1 Aufbau eines

Plattenkondensators

Aufbau. Prinzipiell ist ein Kondensator nichts anderes als eine Speichereinheit für elektrische Ladungen, die auf- und entladen werden kann. Im einfachsten Fall besteht er aus zwei sich gegenüberliegenden, parallel zueinander angeordneten Platten. Der bestehende Zwischenraum isoliert sie gegeneinander ab. Die Größe dieser Platten ist charakteristisch für die Speicherkapazität. Diese Kapazität definiert sich physikalisch aus dem Quotienten von gespeicherter Ladung und anliegender Spannung. Sie wird mit dem Großbuchstaben C (Coulomb) abgekürzt und hat die Einheit 1 Farad.

14.1.2 Auf- und Entladevorgang im Kondensator

Experiment

Auf- und Entladen. Der Vorgang des Auf- und Entladens eines solchen Plattenkondensators läßt sich experimentell, wie in der Abbildung dargestellt, einfach nachvollziehen. Zwei Platten aus leitendem Material sind über Leiterschleifen mit einer handelsüblichen Flachbatterie verbunden. Der so geschlossene Stromkreis bewirkt für kurze Zeit einen Ladungstransport vom Pluspol durch den Plattenkondensator zum Minuspol der Batterie. Dadurch baut sich auf den Platten ein Potentialunterschied auf, der als sogenannte Kondensatorspannung abgreifbar bzw. meßbar ist. Der Plattenkondensator kann nur so viele Ladungen speichern, wie es seiner Kapazität entspricht. Ist diese voll ausgeschöpft, kommt der Stromfluß zum Erliegen, der Potentialunterschied erreicht ein Maximum. Durch Umpolung an der Batterie werden die Platten wieder entladen, der Strom fließt so lange in umgekehrter Rich-

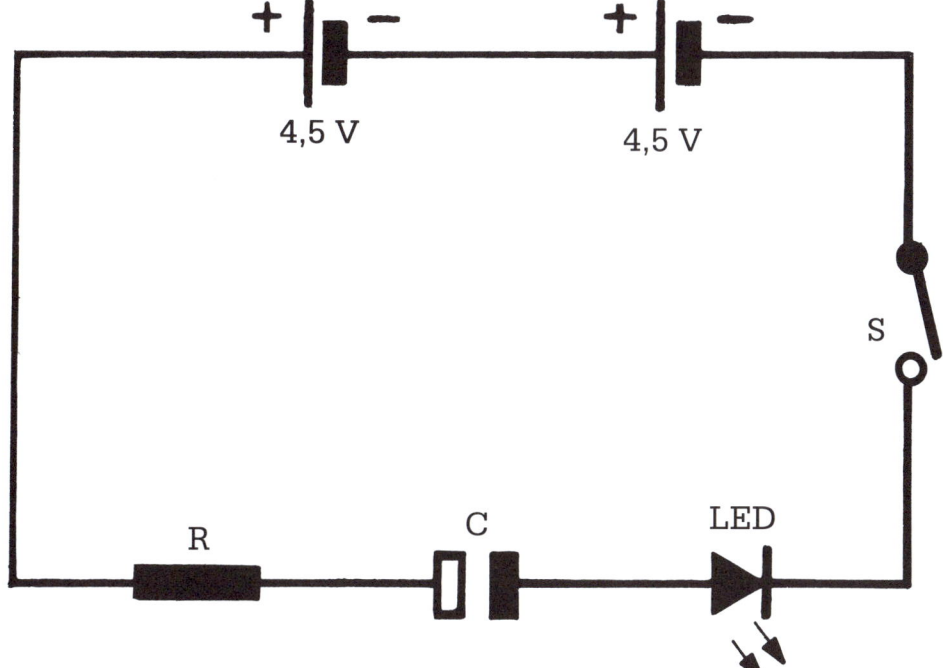

Entwurf eines Schaltkreises zur Veranschaulichung des Aufladevorgangs in einem Elektrolytkondensator C. Das Schaltsymbol dieses Kondensatortyps weist auf die korrekte Einbaurichtung hin (schwarzer Balken am Minuspol, weißer Balken am Pluspol der Batterie). Die verwendete Leuchtdiode dient zur optischen Anzeige der Ladestromstärke.

tung, bis eine vollständige Entladung stattgefunden hat und die anliegende Kondensatorspannung gleich Null ist. Die Zeitabhängigkeit zwischen Ladungsfluß und Kondensatorspannung bei diesen Vorgängen soll nun experimentell näher untersucht werden.

Es werden entsprechend der Problemstellung zwei Schaltkreise entworfen, anhand deren man die Zeitspanne von Auf- und Entladevorgang bestimmen und optisch veranschaulichen kann. Dazu werden folgende Bauteile benötigt: Zwei handelsübliche Flachbatterien mit einer Quellenspannung von jeweils 4,5 Volt, ein Schalter, ein Widerstand mit dem Wert 1 Kilo-Ohm, eine Leuchtdiode zur optischen Anzeige des Stromflusses sowie ein Elektrolytkondensator mit der Kapazität 1000 Mikro-Farad. Es ist darauf zu achten, daß die LED

und der Kondensator mit der richtigen Polarität in den Stromkreis integriert sind. Darüber hinaus wird der Widerstand dem Kondensator vorgeschaltet, um einer Überbelastung vorzubeugen. Wird dieser Stromkreis über den Schalter geschlossen, kommt es wie beim Experiment mit dem Plattenkondensator zu einem Transport von freien Ladungen (Elektronen) innerhalb des Leiters. Diese Bewegung erfolgt in einer Richtung, der Stromfluß läßt die LED im ersten Moment hell aufleuchten. Die Leuchtintensität nimmt jedoch sehr schnell und kontinuierlich ab. Wird nun ein Spannungsmeßgerät (Voltmeter) parallel zum Kondensator angeschlossen, kann man am Zeigerausschlag einen sich aufbauenden Potentialunterschied nachweisen. Diese Kondensatorspannung erreicht ihren höchsten Wert zur gleichen Zeit, wie der Strom-

Ähnlicher Schaltungsaufbau wie auf der vorigen Seite. Die Funktion der Spannungsquelle wird hier für kurze Zeit vom Elektrolytkondensator übernommen, da dieser bestrebt ist, die in seinem Innern gespeicherte Ladung wieder abzugeben (Prinzip der Entladung). Ist dieser Vorgang abgeschlossen, ist an der LED kein Leuchtsignal mehr zu erkennen.

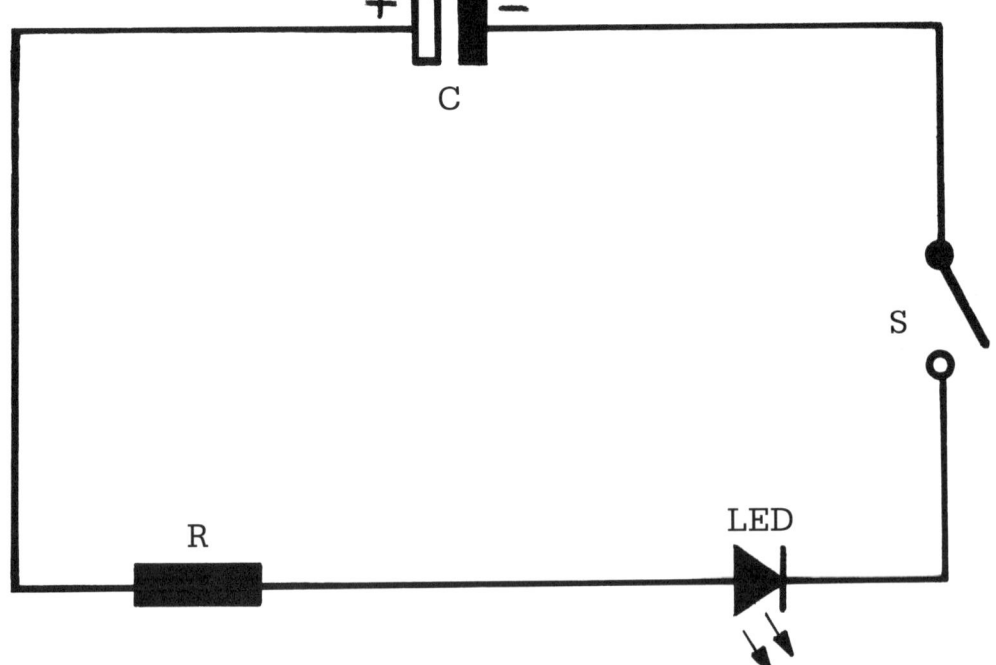

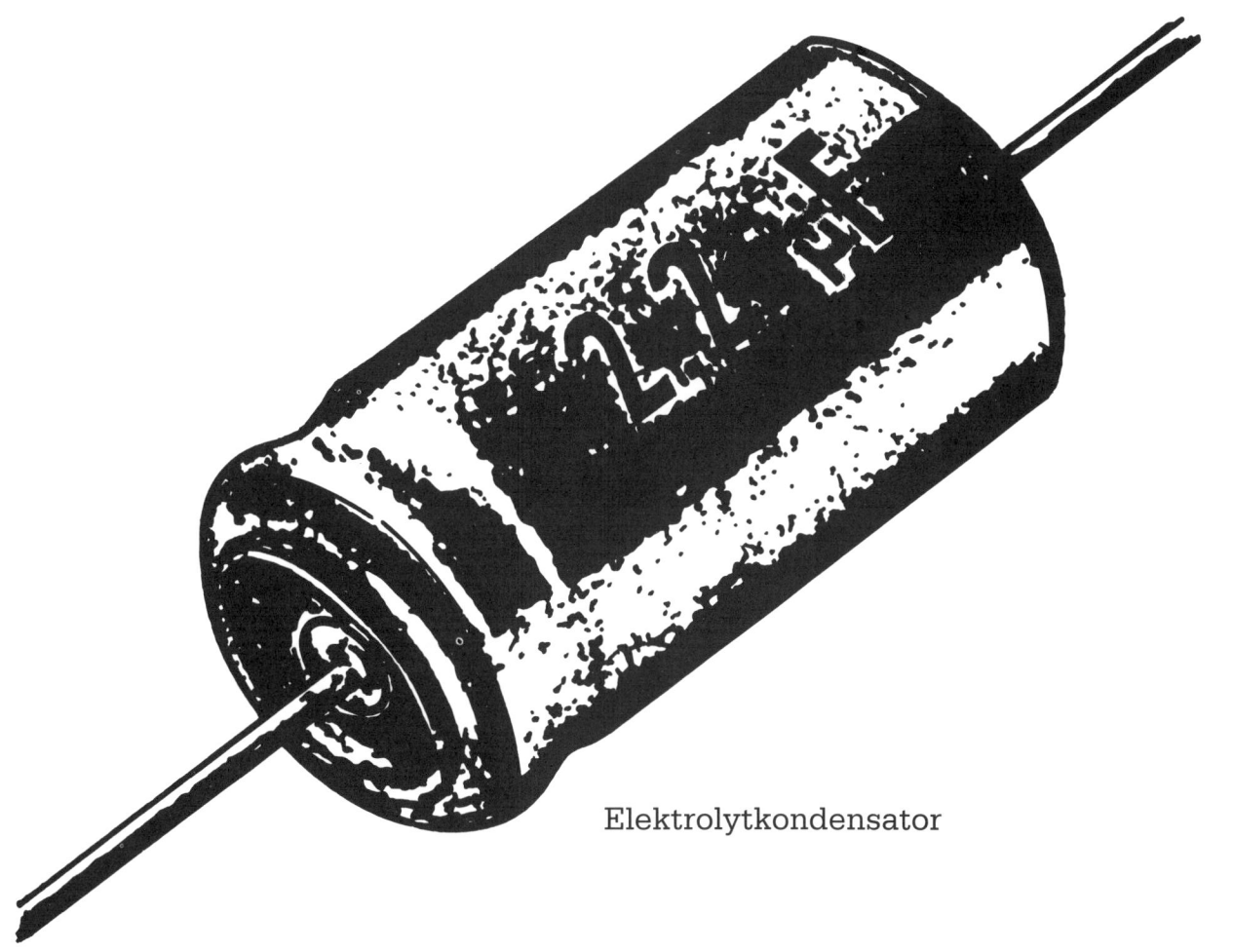

Elektrolytkondensator

fluß zum Erliegen kommt bzw. die Leuchtdiode vollständig erlischt. Der Aufladevorgang ist dann offensichtlich abgeschlossen, die Speicherkapazität voll ausgeschöpft. Bei genauerer Kontrolle dieser Abläufe fällt auf, daß zwischen ihnen eine funktionale Abhängigkeit gegeben ist, die den Gesetzmäßigkeiten des Aufladens von Kondensatoren entspricht. Der Kondensator verhält sich im Stromkreis nun wie ein Widerstand mit unendlich hohem Wert, der Spannungsabfall zwischen den Leitern bildet ein Maximum. Durch Entfernen

der Spannungsquelle und Umpolung des Elektrolytkondensators läßt sich der umgekehrte Vorgang, nämlich der des Entladens darstellen. Kurz nach Kontaktschluß des Stromkreises über den Schalter setzt erneut für kurze Zeit ein Stromfluß ein, der durch ein Aufleuchten der LED optisch nachweisbar ist. Der Kondensator ist nun bestrebt, den anliegenden Potentialunterschied zwischen seinen Leitern abzubauen. Der Ladungstransport ist in dem Moment abgeschlossen, wo die Kondensatorspannung gleich Null bzw. keine Stromstärke im

Ansicht eines handelsüblichen Elektrolytkondensators mit der Kapazität 2,2 Mikrofarad. Ein ähnlicher Kondensatortyp wurde in den bisherigen Versuchen verwendet. Er ist ausschließlich gleichspannungsverträglich, da bei sich ändernder Anschlußpolarität die Gefahr der inneren Zersetzung durch Gasbildung besteht.

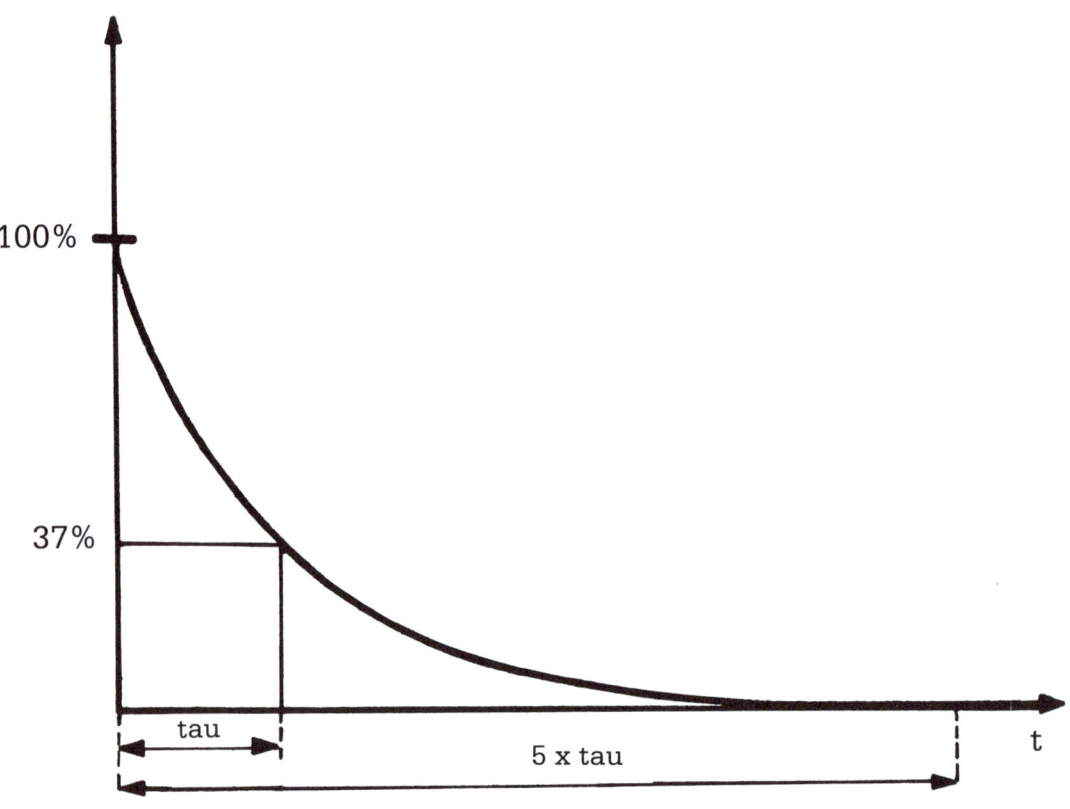

100%

37%

tau

5 x tau

t

Das Diagramm veran- schaulicht die prozen- tuale Kapazitätsaus- lastung in Abhängigkeit von der Zeit t beim Entladevorgang eines Kondensators. Dabei gilt die Gesetzmäßigkeit, daß dieser Kondensator nach einer Zeit von tau = R x C auf 37 % des Höchst- wertes entladen wird. Die Zeit der vollstän- digen Entladung beträgt 5 x tau.

Schaltkreis mehr meßbar ist (Erlö- schen der Leuchtdiode). Das Entladen erfolgt unter Vernachlässigung des in diesem Fall nicht mehr vorhandenen inneren Widerstandes der Batterie mit der gleichen zeitlichen Kontinuität wie der Aufladevorgang.

14.1.3 Berechnung der

Aufladezeit

Die Aufladezeit eines Kondensators läßt sich auch mathematisch nach- vollziehen. Durch die Verknüpfung der Parameter Widerstand R und Ka-

pazität C kann man die Zeitspanne vom Schließen des Stromkreises bis zum Erlöschen der Leuchtdiode er- rechnen. Für die Aufladezeit tau gilt:

$$tau = R \times C$$

Durch Einsetzen der geforderten Wer- te erhält man:

tau = 1 Kiloohm x 1000 Mikrofarad, tau = 1 s

Man erkennt die direkte Abhängig- keit zwischen charakteristischer Auf- ladezeit und Kapazität des verwende- ten Kondensators.

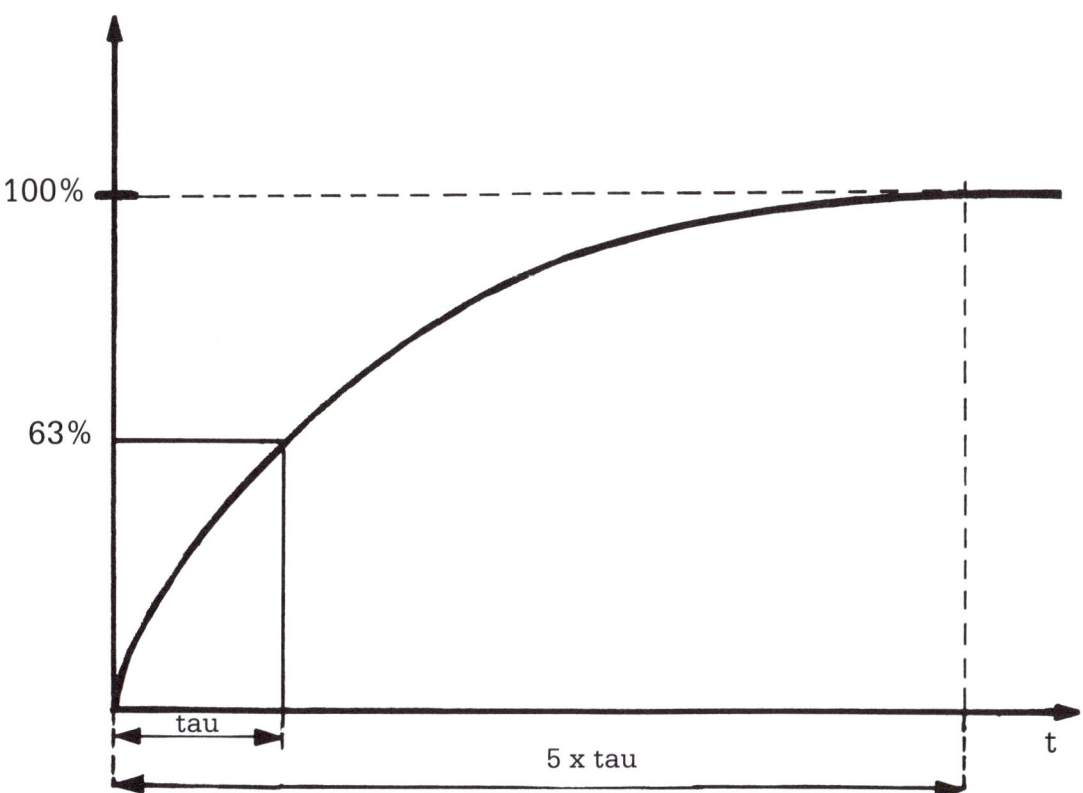

Es soll nun der Einfluß verschieden schnell aufeinander folgender Auf- und Entladevorgänge auf das Verhalten des Kondensators im Schaltkreis aufgezeigt werden.

14.1.4 Kapazitiver

Blindwiderstand

Wechselstromkreis. Erwähnt wurde bereits, daß durch Umpolung eine Richtungsänderung des Stroms in der Leiterschleife erfolgt. Geschieht dies noch vor Ablauf der Aufladezeit, kommt also der Ladestromfluß vorzei- tig zum Stillstand (schnelles Umpolen), so wird der Kondensator zum endlich großen Widerstand, seine Leitfähigkeit bleibt demnach teilweise erhalten. Werden diese ständigen Ladungswechsel in entsprechender Abfolge durchgeführt, läßt sich eine am Kondensator anliegende phasenverschobene Wechselspannung mit entsprechender Frequenz definieren. Der sich einstellende Widerstandswert wird als kapazitiver Blindwiderstand bezeichnet. Er stellt eine wichtige Kenngröße bei der Auswahl von Kondensatoren für bestimmte Schaltungskonzepte dar. Dabei gilt die Gesetzmäßigkeit, daß der kapazitive Widerstand umso größer ist, je höher die Frequenz der Wechselspannung und

Entsprechende Kurven- charakteristik beim Aufladevorgang. Es ist ersichtlich, daß der Kondensator nach Ablauf der Zeit tau auf 63 % des Höchstwertes aufgeladen ist. Die Zeit der 100pro- zentigen Kapazitätsaus- lastung beträgt wieder- um 5 x tau.

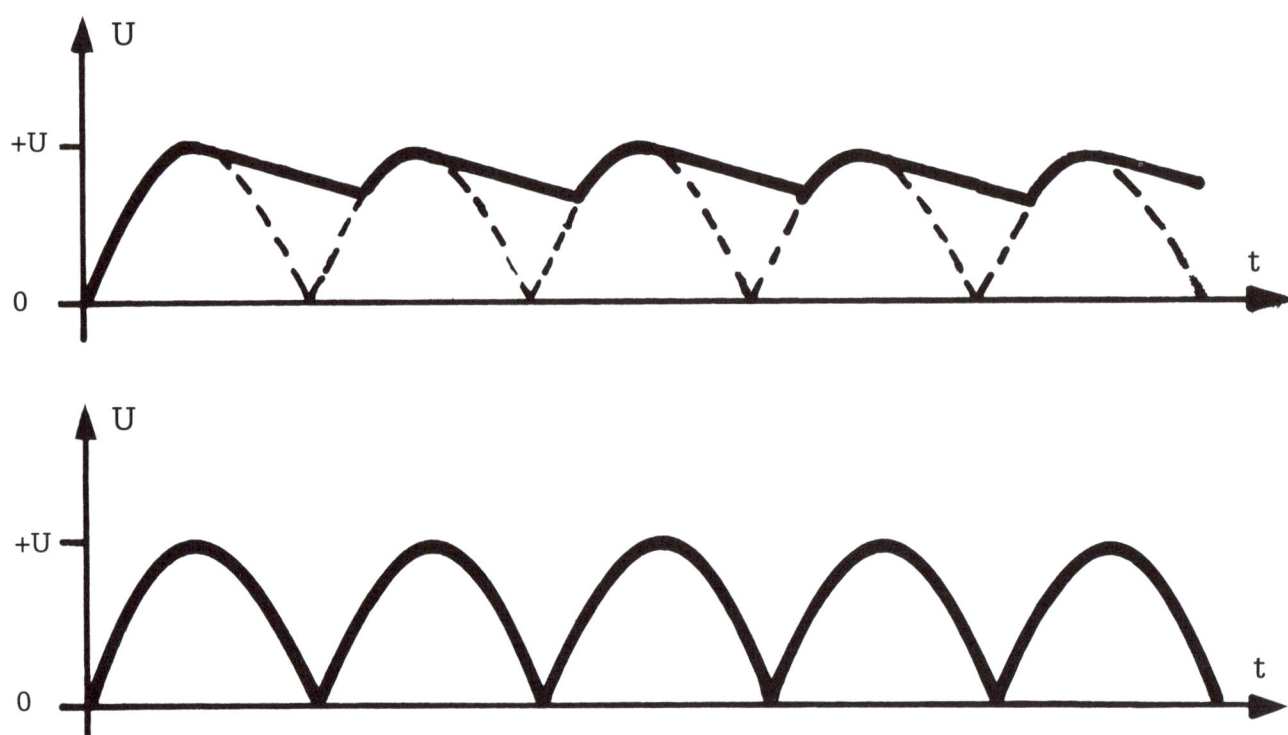

Im oberen Diagramm ist der typische Kurvenverlauf einer vom Elektrolytkondensator geglätteten Gleichspannung dargestellt. Die Ausbildung der Restwelligkeit, die auch Brummspannung genannt wird, hängt unter anderem vom Kapazitätswert ab. Der untere Kurvenverlauf beschreibt eine gleichgerichtete Wechselspannung ohne Glättung: Die durchweg positiven Amplituden sind hier voll ausgebildet.

je größer die Kapazität des verwendeten Kondensators ist.

14.1.5 Einsatz von Kondensatoren

Schaltungsanordnungen mit Kondensatoren. Natürlich kommen in Schaltkreisen bedarfsweise mehrere Kondensatoren unterschiedlichster Bauformen zum Einsatz. Die grundlegenden Schaltungsanordnungen wie Reihen- und Parallelschaltung sind in den Abbildungen dargestellt. Die charakteristischen Funktionsmerkmale dieser Schaltungen sollen näher untersucht werden.

14.1.5.1 Reihenschaltung

Experiment

Berechnungsformel für Reihenschaltung. Zunächst soll die Anordnung der Reihenschaltung beschrieben werden. Sind zwei Kondensatoren, in diesem Fall mit gleicher Kapazität, wie in der Skizze dargestellt hintereinander in den Schaltkreis integriert, wird die Quellenspannung in einzelne Teilspannungen U_1, U_2, und U_3 zerlegt, deren Summe gemäß der Maschenregel wieder gleich der Gesamtspannung sein muß. Da an den einzelnen Kondensatoren die gleiche

Ladung vorhanden ist, ergibt sich die Gesamtkapazität aus der Addition der reziproken Werte der Einzelkapazitäten.
Es gilt:

$$U = U1 + U2 + ...$$

Weiterhin:

$$U = Q/C$$ mit Q als dem Symbol für die gespeicherte Ladung.

Durch Verknüpfung erhält man:

$$Q/C = Q/C1 + Q/C2 + ...$$ mit Q = konstant.

Gekürzt:

$$1/C = 1/C1 + 1/C2 + ...$$

Es ergibt sich also eine im Verhältnis zu dem Verhalten in Reihe geschalteter Widerstände (Spannungsteiler) umgekehrte Gesetzmäßigkeit.

14.1.5.2 Parallelschaltung

Experiment

Berechnungsformel für Parallelschaltung. Bei der Parallel- oder Nebenschlußschaltung von Kondensatoren ist dies nicht anders. Die anliegenden Teilspannungen sind jeweils gleich groß, so daß die Einzelkapazitäten einfach addiert werden können:
$$C = C1 + C2 + ...$$

Schaltplan mit zwei in Reihe geschalteten Kondensatoren C1 und C2. Die Gesamtkapazität ergibt sich aus der Addition der reziproken Werte der Einzelkapazitäten.

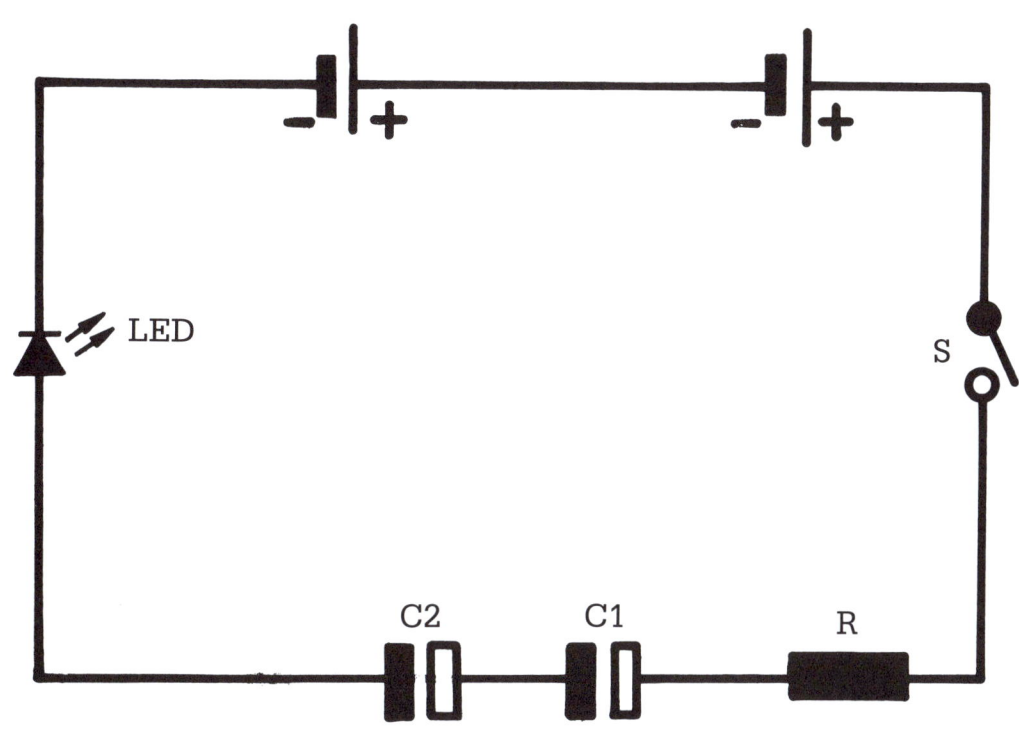

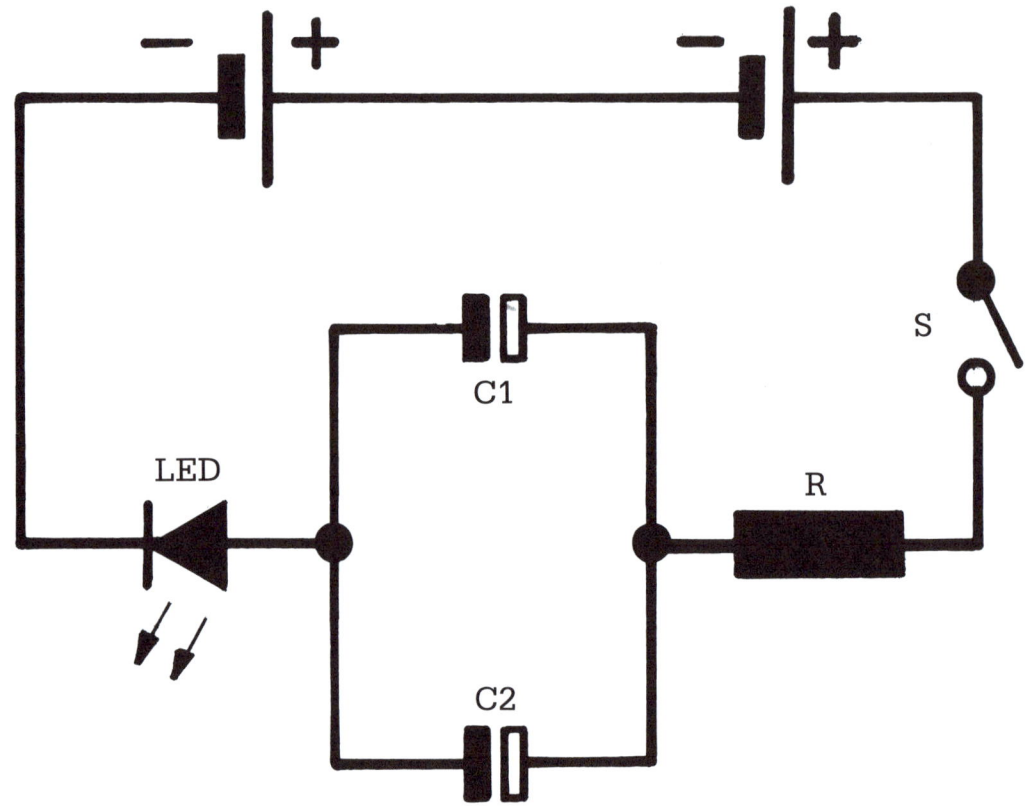

Die beiden Kondensatoren sind in diesem Fall parallel geschaltet. Entsprechend diesem Schaltungstyp wird die Gesamtkapazität bestimmt. Im Gegensatz zur Reihenschaltung werden hier die Einzelkapazitäten einfach addiert. Bei beiden Schaltungsvarianten ergibt sich also eine im Verhältnis zur Widerstandsbestimmung umgekehrte Gesetzmäßigkeit.

Diese Resultate lassen den Schluß zu, daß das Schaltungsprinzip direkte Auswirkungen auf die Aufladezeit eines Kondensators hat. Das Einsetzen in die Gleichung für die Aufladezeit bestätigt diese These. Bei Parallelschaltung addieren sich die Werte der beiden Kondensatoren, die Aufladezeit verdoppelt sich. Bei Reihenschaltung ergibt sich hingegen eine Verringerung der Aufladezeit um die Hälfte, da sich durch die Addition der reziproken Einzelkapazitäten die Gesamtkapazität halbiert. Die LED wird, wenn die beiden Kondensatoren parallel geschaltet sind, aufgrund dieser Gesetzmäßigkeit entsprechend mehr Zeit benötigen, um ihr Leuchtmaximum zu erreichen.

14.1.6 Überprüfung der Funktionstüchtigkeit

Um Kondensatoren vor dem Einbau auf ihre Funktionstüchtigkeit überprüfen zu können, bedient man sich bei kleinen Kapazitäten der sogenannten Durchgangsprüfung.

Experiment

Verschiedene Kapazitäten. Vom Meßinstrument wird ein geringer Gleichstrom durch den Kondensator geschickt, der kurzzeitig in ihm einen Ladestrom fließen läßt. Der Widerstand im Kondensator hat für die Dauer dies Aufladevorgangs einen bestimmten Wert, was auf der Skala des Meßinstruments einen entsprechenden Zeigerausschlag zur Folge hat. Ist die Speicherkapazität voll ausgeschöpft, wird der innere Widerstand unendlich groß, der Kondensator sperrt den Gleichstrom. Der Zeigerausschlag folgt dann gegen unendlich. Größere Kapazitäten lassen sich mit Hilfe der sogenannten Strom-Spannungsmessung überprüfen. Die zugehörige Schaltskizze ist in der Abbildung dargestellt. Das entsprechende Meßgerät errechnet die Kapazität über einen Widerstand, der durch den Quotienten aus Spannungs- und Stromstärkewert definiert ist, und über die bekannte Frequenz der Wechselspannung.

14.1.7 Bauformen von Kondensatoren

Beispiele

Hinsichtlich der verschiedensten Anwendungsfälle ergeben sich für den Kondensator natürlich unterschiedliche Bauformen mit entsprechenden Eigenschaften. Die wichtigsten Verwendungsdaten wie Kapazität, Ver-

Sinnvoller Schaltungsaufbau zur Überprüfung der Funktionstüchtigkeit von Kondensatoren. Man bedient sich zur Prüfung größerer Kapazitäten der sogenannten Strom-Spannungs-Messung. Die Netzwechselspannung wird vor der Prüfung im Gerät auf eine Betriebsspannung von etwa acht Volt heruntertransformiert.

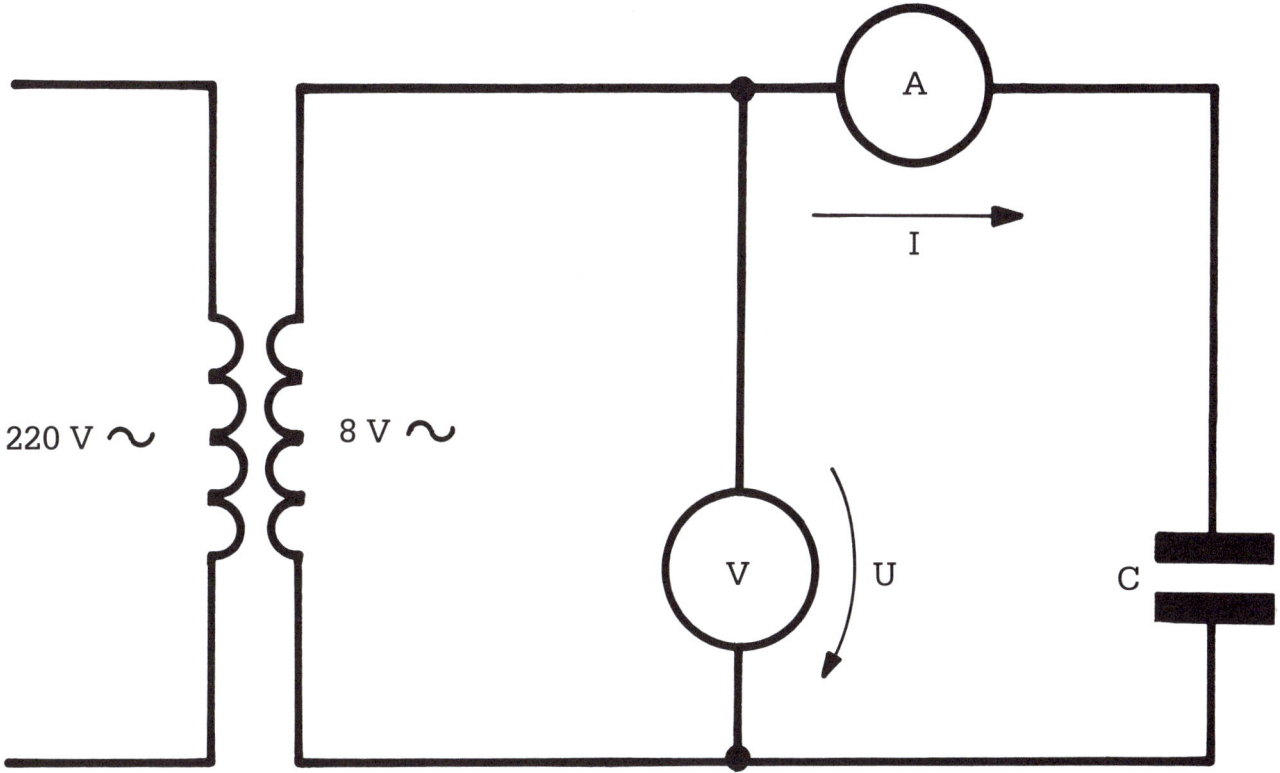

Verschiedene Bauformen von Kondensatoren. Der Einsatz erfolgt analog zu den spezifischen Eigenschaften der verschiedenen Typen. Wichtige Auswahlkriterien sind dabei das verwendete Dielektrikum, die Kapazität sowie der Verlustfaktor und die verträgliche Nennspannung. Die entsprechenden Angaben sind dabei dem Aufdruck auf dem Kondensatorgehäuse zu entnehmen.

lustfaktor und Spannungsfestigkeit sowie die verwendeten Isolationsmaterialien (Dielektrikum) sind in Form eines Aufdrucks auf dem Kondensa-

Elektrolyt-kondensator

+ 10
+ 35 V

KC

0,2
100 -

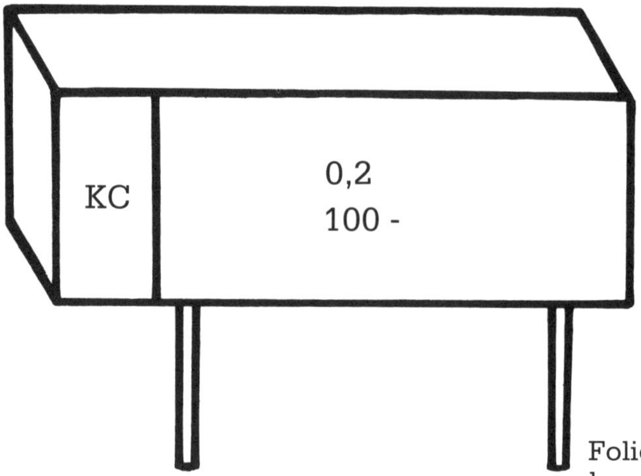

Folien-kondensator

Styroflexkondensator

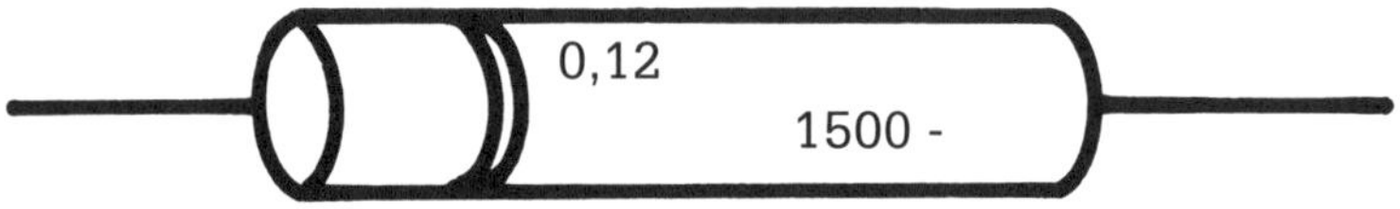

0,12
1500 -

4700 H

Papierkondensator

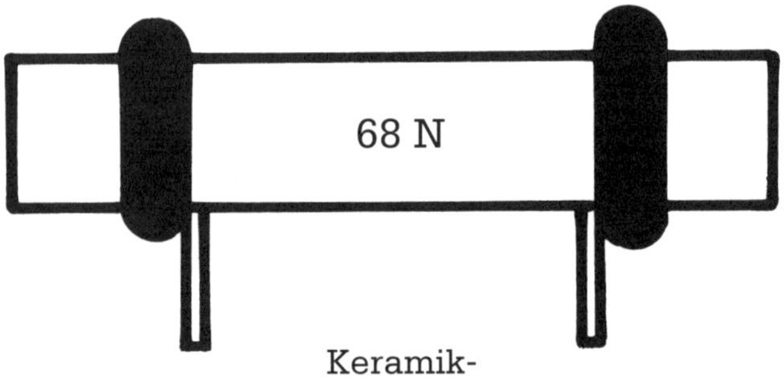

torkörper für den Anwender bezeichnet. Einer der bekanntesten Typen ist der Elektrolytkondensator, gebräuchlicherweise auch ELKO genannt. Er eignet sich zur Glättung von gleichgerichteten Wechselspannungen (siehe Skizze), kommt daher bevorzugt in entsprechenden Gleichrichterschal-

68 N

Keramik-kondensator

Elektrolytkondensator

+ 220 /
+
+ 100

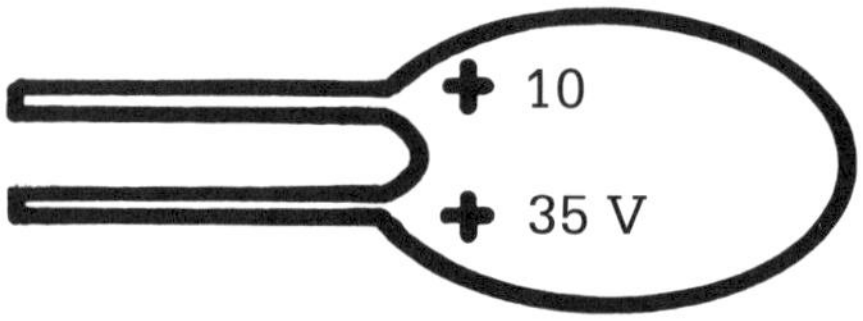

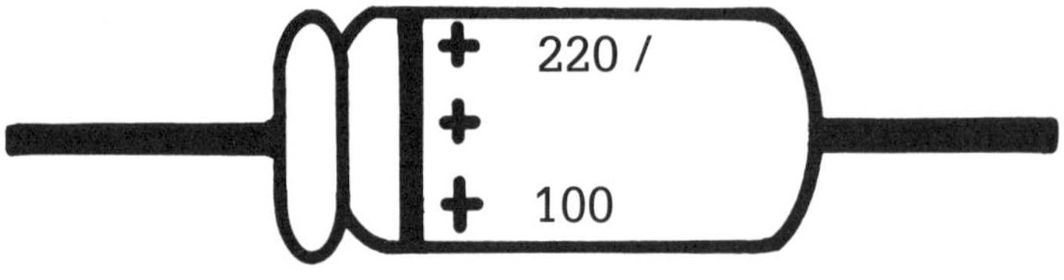

tungen zum Einsatz. Sein Dielektrikum besteht häufig aus einem Metalloxid. Beim Einbau ist unbedingt auf die richtige Polarität zu achten, da sonst die Gefahr einer chemischen Zersetzung besteht. Kondensatoren mit materialbedingt kleinem dielektrischem Verlustfaktor werden oft in der Nachrichtentechnik eingesetzt, als Werkstoff werden Kunststoffe oder Keramik verwendet. Hohe Wechselspannungsfestigkeit zeichnet den sogenannten Papierkondensator aus. Um Einstreuungen von nicht sinusförmigen Spannungsverläufen in ein elektrisches Energienetz vorzubeugen, kommen sie als sogenannte Ent-störkondensatoren in entsprechenden Störschutzschaltungen (z.B. im Bereich der Kfz-Elektrik) zum Einsatz. Eine weitere große Typengruppe bilden die Folienkondensatoren. Kleine Abmessungen bei großem Kapazitätsbereich machen sie nahezu universell einsetzbar. Metallisierte Kunststoffmaterialien bilden das Dielektrikum. Zeitweilige Spannungsdurchschläge, beispielsweise bei der Kontaktzündung in Verbrennungsmaschinen, werden von solchen Kondensatoren abgefangen.

Kondensator mit Papierdielektrikum. Aus der Schemaskizze ist ersichtlich, daß eine Folie aus Metall und die Halbleiterschicht jeweils abwechselnd aufgewickelt sind. Diese Kondensatorbauform zeichnet sich durch eine hohe Wechselspannungsfestigkeit aus und wird daher bevorzugt in Entstörschaltungen eingesetzt.

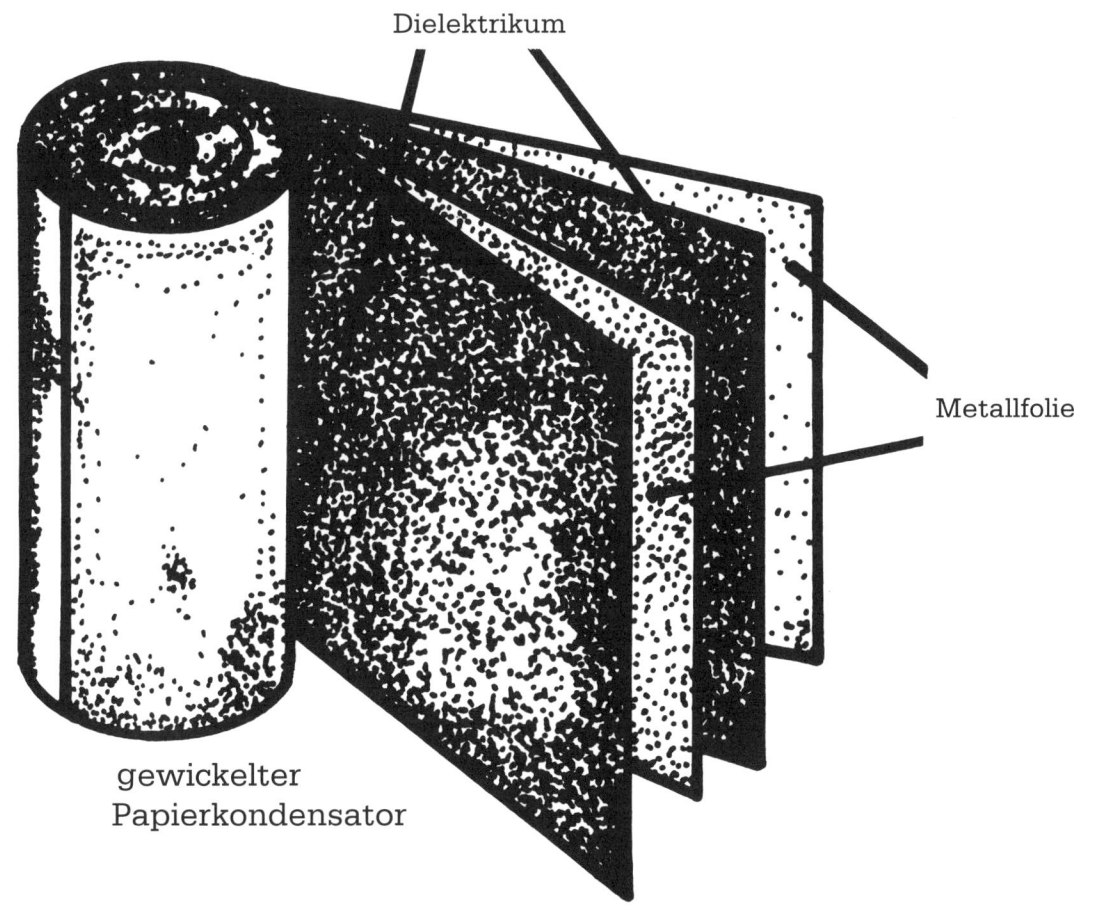

Dielektrikum

Metallfolie

gewickelter
Papierkondensator

14.2

Die Halbleiterdiode

14.2.1 Innerer Aufbau

Kristallstruktur. Halbleiterbauelemente bestehen, wie der Name schon
sagt, aus bestimmten Halbleiterwerk-
stoffen mit Kristallstruktur. Das charakteristische Verhalten von Halblei-
terelementen beruht auf der Tatsache,
daß ihre elektrische Leitfähigkeit nur
unter bestimmten äußeren Bedingun-
gen gegeben ist. Dabei spielt die Temperatur eine wichtige Rolle. Sie übt
einen direkten Einfluß auf das Bin-
dungsverhalten der Atome untereinander in einem Kristallgitterverband
aus. So können bei niedrigen Temperaturen die freien Ladungsträger
(Elektronen) nur sehr beschränkt eine
Bewegung ausführen, also einen
Stromfluß bewirken. Der Halbleiter
hat in diesem Falle Isolatoreigenschaften. Eine Temperaturerhöhung
hat dementsprechend zur Folge, daß
die Bindungszustände mehr oder weniger gelöst werden und eine Elektro-
nenbewegung innerhalb des Kristall-

Modellhafte Vorstellung
der Atomverteilung in
einem Halbleiterkristall.
Durch Temperaturerhö-
hung und Strahlungsein-
flüsse werden die Bin-
dungszustände mehr
oder weniger gelockert,
eine Bewegung von
Elektronen innerhalb des
Gitters wird möglich. Die
Substanz wird so in
einen leitenden Zustand
versetzt.

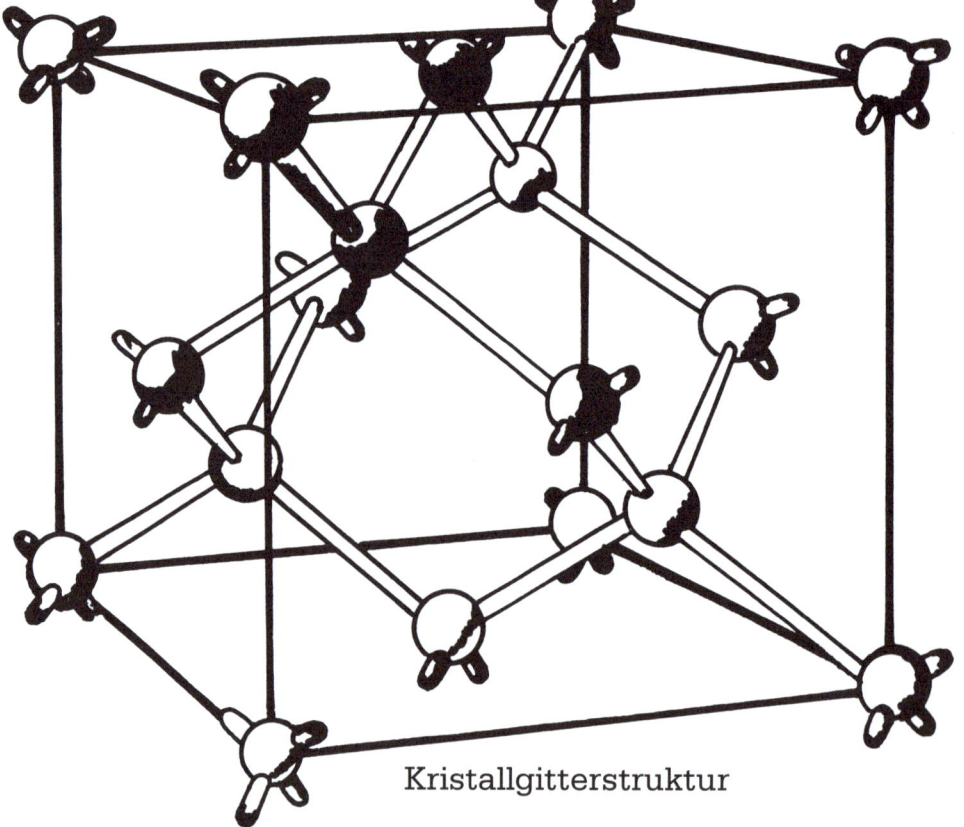

Kristallgitterstruktur

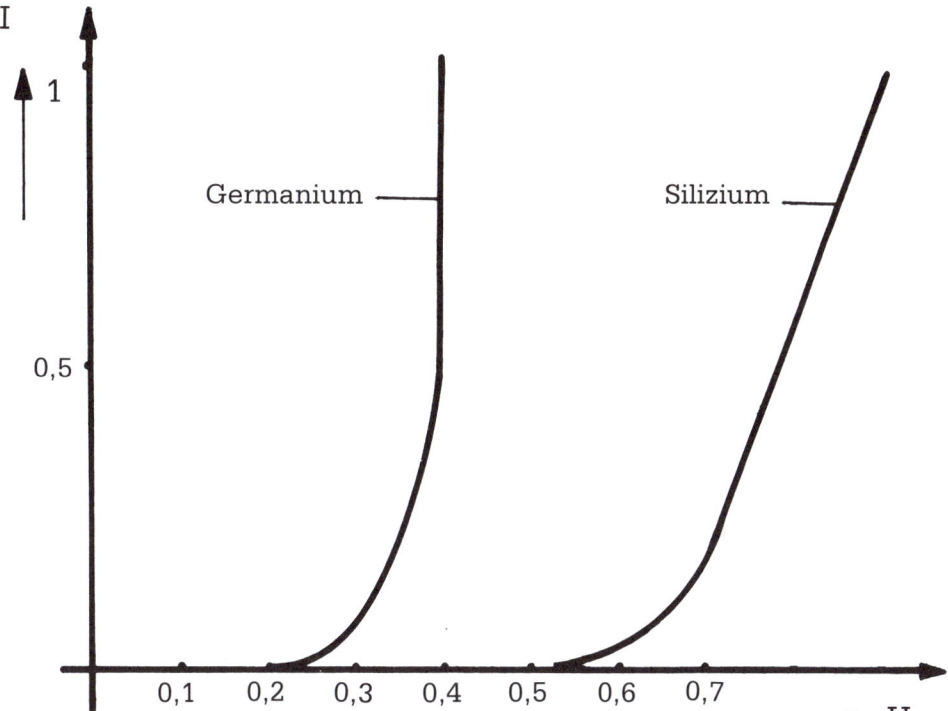

gitters möglich wird. Durch diese Ladungsverschiebungen bilden sich im Innern des Halbleiters bestimmte Eigenschaften aus, die man sich bei seiner Verwendung zunutze macht.

14.2.2 Das Verhalten im Stromkreis

Ventilfunktion. Die Diode ist ein Halbleiterbauelement, das aufgrund seiner inneren Struktur einen elektrischen Ladungstransport nur in eine bestimmte Richtung zuläßt. Dabei ist es notwendig, eine bestimmte äußere Spannung anzulegen, die zur Emittierung von Wärmestrahlung führt und diese »Ventilfunktion« erst zuläßt.

Halbleiterwerkstoffe. Die Größe dieser Spannung ist vom verwendeten Halbleiterwerkstoff abhängig sie wird Schwellenspannung genannt. Die Abhängigkeit zwischen Leitbereitschaft und anliegender Schwellenspannung ist für die Metalle Germanium und Silicium in Diagrammform dargestellt. Es ist abzulesen, daß bei Germaniumdioden ein Wert von etwa 0,3 Volt, bei Siliciumdioden von etwa 0,7 Volt charakteristisch ist. Entsprechend dem vorhandenen Potentialunterschied werden die Anschlüsse einer Diode auch Katode bzw. Anode genannt. Dabei liegt der Katodenanschluß am Schaltungspunkt mit positivem Potential, der Anodenanschluß am Schaltungspunkt mit negativem Potential an. Der sich einstellende Stromfluß wird auch als Durchlaß-

Ausschnittzeichnung einer Modelldiode mit Glasgehäuse. Entscheidend für die Funktionsweise ist der pn-Übergang im Halbleiterkristall. Dieses sehr klein ausgeführte Herzstück der Diode sitzt in der Mitte von zwei sogenannten Steckern, die mit Anschlußdrähten verbunden sind.

strom bezeichnet, dessen Stärke durch die bekannte Schwellenspannung definiert ist. Es ist darauf zu achten, daß der vom Hersteller für eine bestimmte Diodenart angegebene Höchstwert nicht überschritten wird, um einer Zerstörungsgefahr vorzubeugen.

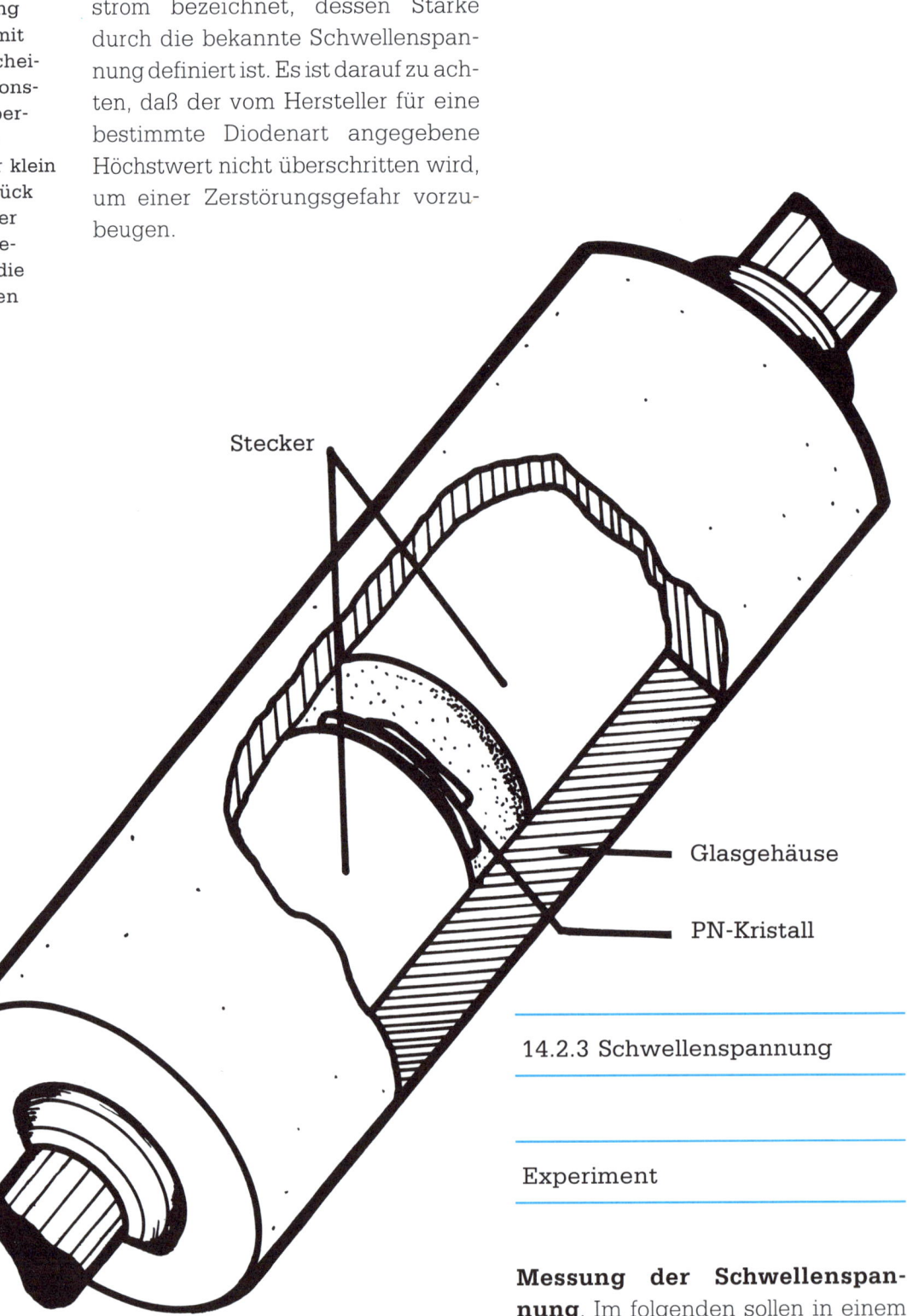

Stecker

Glasgehäuse

PN-Kristall

14.2.3 Schwellenspannung

Experiment

Messung der Schwellenspannung. Im folgenden sollen in einem einfachen Experiment einerseits die beschriebene Gesetzmäßigkeit, andererseits die Messung der Schwellenspannung gezeigt werden.

Zur Durchführung benötigt man eine Gleichspannungsbatterie mit einer Ausgangsspannung von 4,5 Volt, eine Silizium-Diode, einen Schalter sowie eine Glühbirne und Leitungsmaterial. Die einzelnen Bauelemente werden, wie in der Skizze beschrieben, in Reihenschaltung miteinander verbunden. Die Diode ist dabei in Durchlaßrichtung geschaltet, wenn die Katodenmarkierung auf dem Gehäuse entsprechend ausgerichtet ist. Die Glühbirne soll so ausgewählt sein, daß sie die Batterie mit einem Verbraucherstrom von 0,2 Ampere (der Wert ist auf der Lampenfassung ablesbar) belastet. Dementsprechend sollte die Diode einen Durchlaßstrom von mindestens der gleichen Stärke aushalten. Wird nun der Stromkreis über den Schalter geschlossen, leuchtet die Glühlampe, wenn der Potentialunterschied zwischen Katode und Anode den Schwellenwert von 0,7 Volt (für Siliziumdioden) erreicht. Schaltet man parallel und polaritätsrichtig zur Diode ein Spannungsmeßgerät, so läßt sich dieses Phänomen auch optisch anzeigen. Da Durchlaßspannung und -strom gemäß dem Ohmschen Gesetz über die Beziehung

$$R = U / I$$

miteinander verknüpft sind, hat die verwendete Diode einen inneren Widerstand R, der sich durch den Quoti-

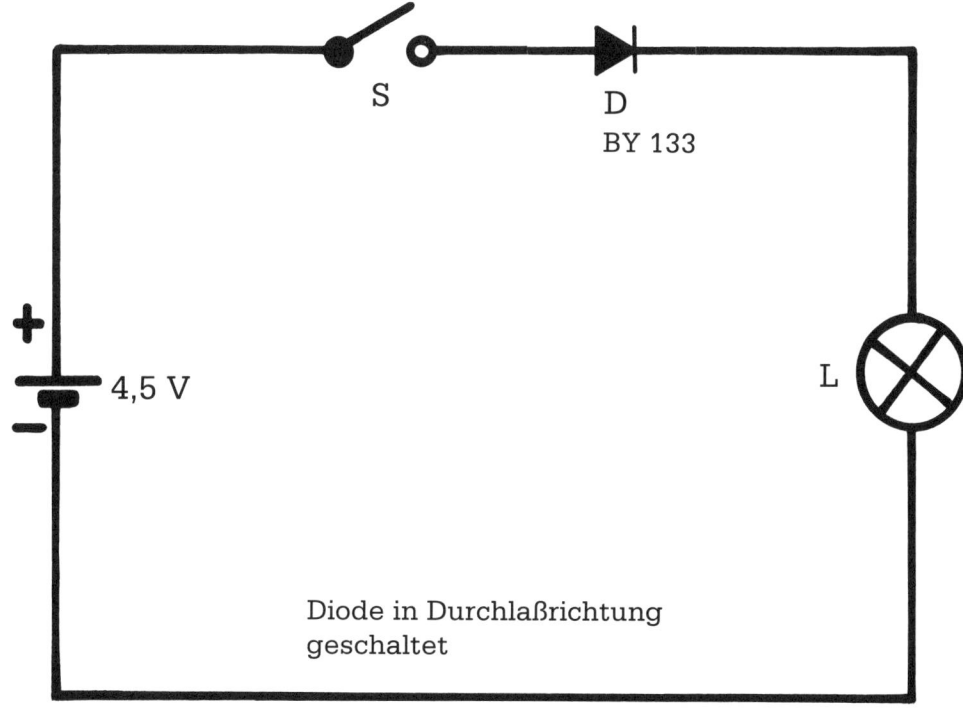

Diode in Durchlaßrichtung
geschaltet

Einfacher Schaltkreis mit einer 4,5-Volt-Gleichspannungsquelle, einem Schalter, einer Glühlampe sowie einer in Durchlaßrichtung geschalteten Diode (abgekürzt mit dem Buchstaben D). Wird der Stromkreis über den Schalter geschlossen, können die freien Ladungsträger durch die Diode fließen, so daß die in Reihe geschaltete Glühlampe brennt.

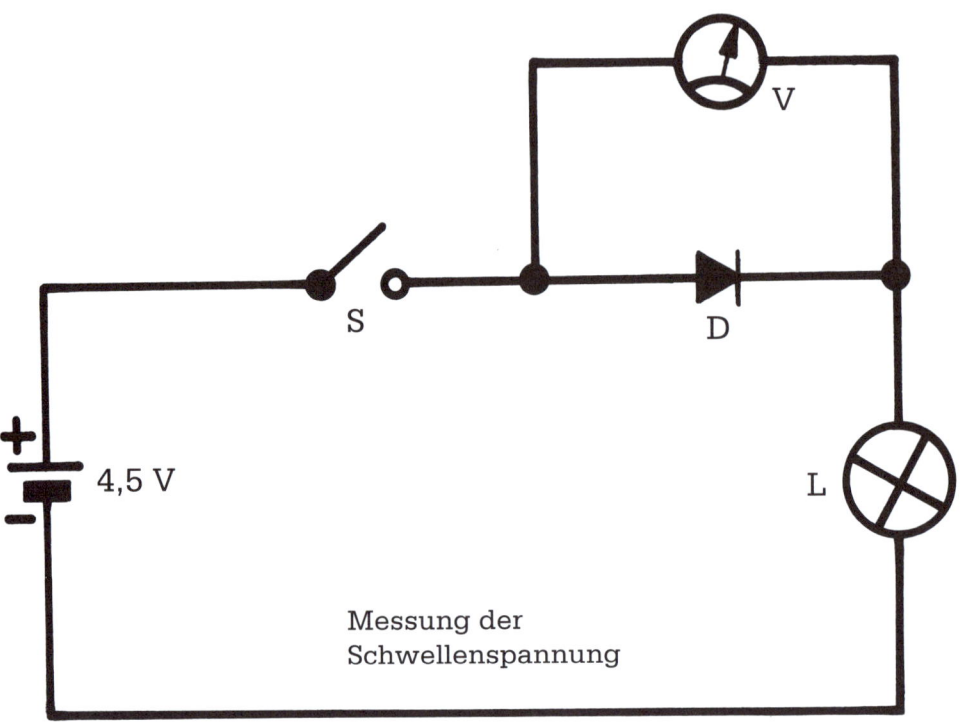

Messung der
Schwellenspannung

Die Schaltung ist modifiziert worden. Ein parallel zur Diode geschaltetes Voltmeter ermöglicht die Messung der Schwellenspannung. Der entsprechende, auf der Skala des Anzeigeinstrumentes ablesbare Grenzwert ist dann erreicht, wenn die Glühlampe zu leuchten beginnt.

enten aus Spannung und Stromstärke ergibt.

Je größer dieser Widerstand ist, um so höher ist die Betriebserwärmung der Diode.

14.2.4 Berechnung der Verlustleistung

Diese Wärmestrahlung wird auch als Verlustleistung bezeichnet und als Rechenparameter mit dem Großbuchstaben P abgekürzt. Es gilt:

$$P = U \times I$$

Bei der Auswahl einer Diode ist dabei die entsprechende Herstellerangabe zu kontrollieren. Gegebenenfalls sind, um die Verlustleistung gering zu halten, Kühlmaßnahmen erforderlich.

14.2.5 Schaltung der Diode in Sperrichtung

Wird der aufgebaute Stromkreis so umgestaltet, daß die Diode in Sperrichtung geschaltet ist, so kann im Idealfall lediglich ein kleiner Reststrom fließen, der jedoch nicht ausreicht, um die Glühlampe leuchten zu lassen. Die umgepolte Schaltungsanordnung bewirkt, daß zwischen Katode und Anode nun eine Sperrspannung anliegt.

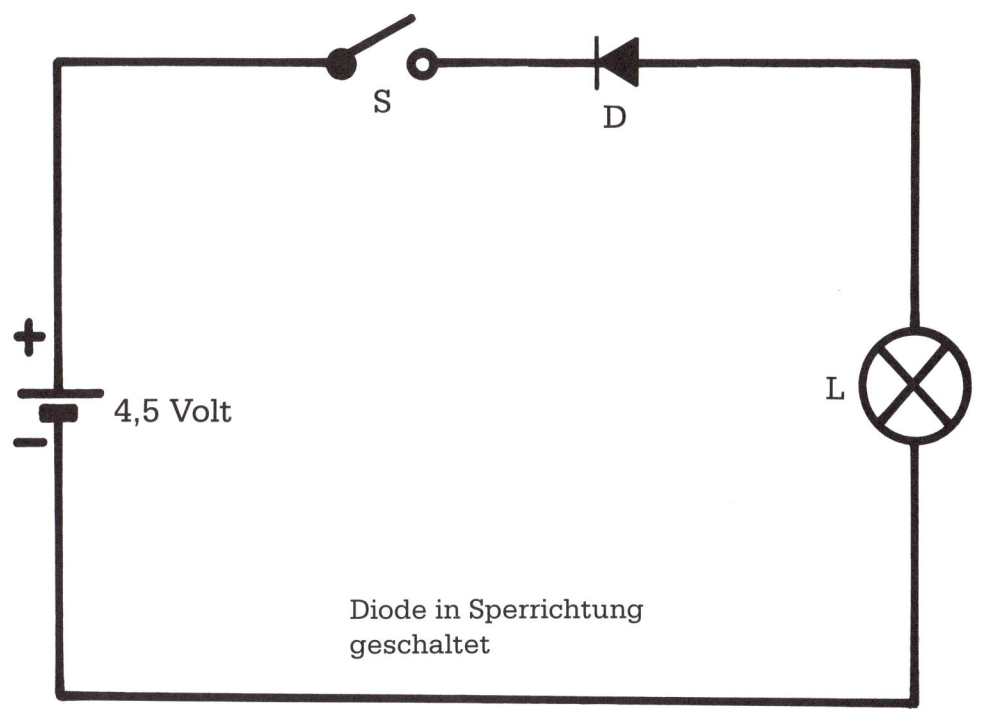

Die erwähnte auftretende Reststromstärke wird erst bei einer bestimmten Größe, die von der anliegenden Sperrspannung abhängig ist, für den Halbleiter schädlich. Somit sind mit Durchlaßstrom, Verlustleistung und Sperrspannung die in der Regel wichtigsten Diodenkenngrößen definiert.

14.2.6 Bauformen von Dioden

Bauform und Größe von Dioden werden maßgeblich vom höchstzulässigen Durchgangsstrom bestimmt. Der geläufigste Verwendungstyp ist dabei die Gleichrichterdiode, die wahlweise mit Kunststoff-, Glas- oder Metallgehäuse hergestellt wird. Sie bildet beispielsweise das Herzstück von Gleichrichterschaltungen.

Typ 1N4005

Typ BY 550

Typ 1N5405

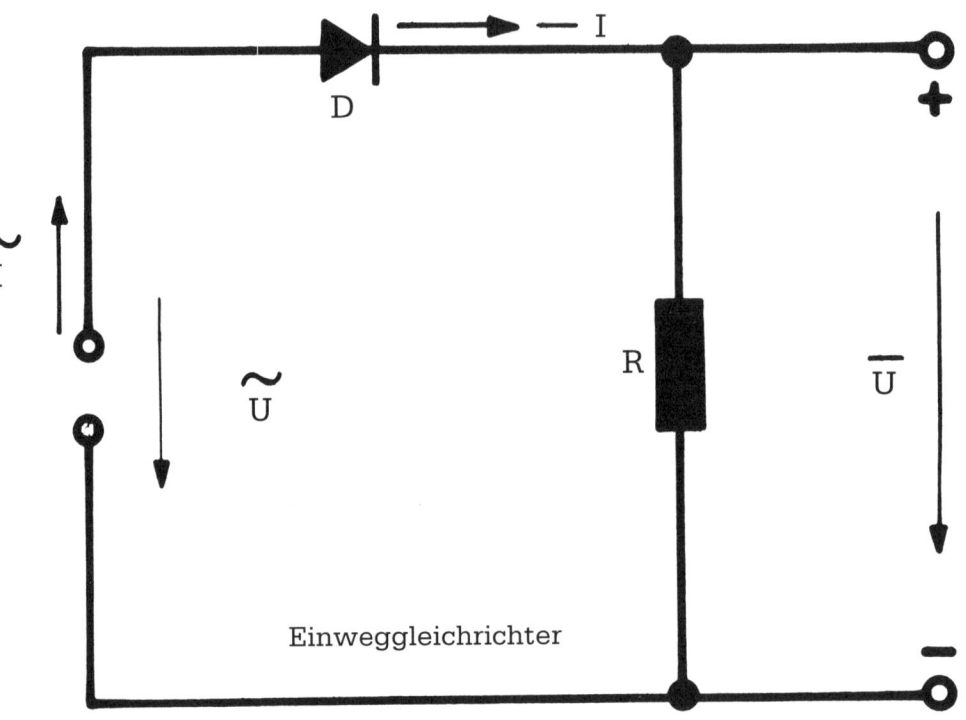

Bild oben: Sinnvoller Schaltungsaufbau eines Einweggleichrichters.

Bild unten: Die gestrichelte Gerade im Diagramm stellt den entsprechenden Verlauf der gleichgerichteten Wechselspannung dar.

Rechte Seite: Zwei Gleichrichter unterschiedlicher Ausführung. Die Anschlüsse für die Gleichstromabnahme sind jeweils gekennzeichnet.

Einweggleichrichter

Experiment

Der einfachste Schaltungstyp ist der sogenannte Einweggleichrichter. Eine transformierte Wechselspannung wird gleichgerichtet, indem eine auf Durchlaß geschaltete Diode den Ladungstransport nur in eine Richtung zuläßt. Die abfallende Gleichspannung am Widerstand R kann über zwei entsprechende Anschlüsse abgegriffen werden. Ein bevorzugter Anwendungsbereich für Einweggleichrichter sind einfache Ladegeräte. Die Anordnung der Schaltungsbauelemente sowie der gleichgerichtete Spannungsverlauf sind in der Abbildung dargestellt.

Dioden zur Gleichrichtung höherer Ströme werden auch Leistungsdioden genannt. Sie sind oft mit einem Schraubengewinde versehen und benötigen wegen hoher Verlustleistungen und der damit verbundenen Wärmeabstrahlung kleine Kühlblechkonstruktionen, die mittels Verschraubung angebracht werden.

Die Typenbezeichnung von Dioden erfolgt entweder über eine Buchstaben-Zahlenkennung oder einen entsprechenden Farbcode. Die Funktion und das Halbleitermaterial können so der Anwendung entsprechend dem Diodengehäuse entnommen werden.

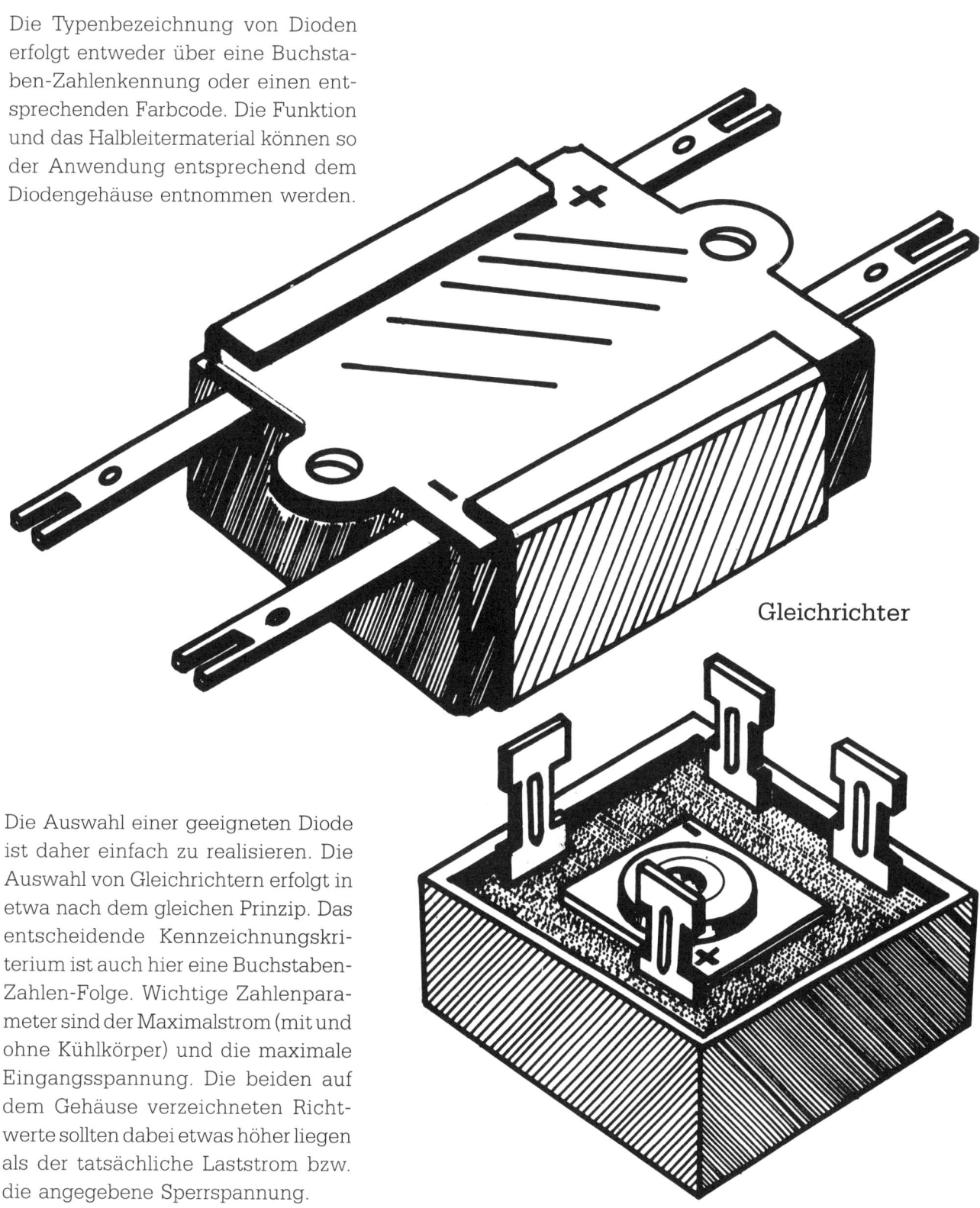

Gleichrichter

Die Auswahl einer geeigneten Diode ist daher einfach zu realisieren. Die Auswahl von Gleichrichtern erfolgt in etwa nach dem gleichen Prinzip. Das entscheidende Kennzeichnungskriterium ist auch hier eine Buchstaben-Zahlen-Folge. Wichtige Zahlenparameter sind der Maximalstrom (mit und ohne Kühlkörper) und die maximale Eingangsspannung. Die beiden auf dem Gehäuse verzeichneten Richtwerte sollten dabei etwas höher liegen als der tatsächliche Laststrom bzw. die angegebene Sperrspannung.

Schnitt durch eine Lumineszenzdiode mit Glasgehäuse. Man erkennt die für den Stromdurchfluß wichtigen Bestandteile (Katode und Anode) sowie das zur Lichterzeugung eingebaute LED-System mit Glühdraht und Reflektorwanne. Der funktionelle Aufbau einer Leuchtdiode ist prinzipiell immer gleich, das äußere Erscheinungsbild wird dagegen maßgeblich von der Gehäuseform und dem emittierten Farbspektrum geprägt.

14.3 Lichtemittierende Dioden

14.3.1 Funktionsweise und Betrieb

Lichtemittierende oder Lumineszenzdioden, abgekürzt auch als LED bezeichnet, dienen durch ihre einfache Handhabung und Bauform in idealer Weise verschiedensten Anzeigezwecken. Dabei bieten sie den im-

mensen Vorteil einer wesentlich höheren Lebensdauer als bei Glühbirnen und werden durch ihre geringen Abmessungen kleinsten Platzansprüchen gerecht.

Der Leuchteffekt entsteht aufgrund einer sogenannten Lumineszenzerscheinung. Ein Golddraht wird durch Stromfluß zur Abstrahlung von sichtbarem Licht angeregt. Diese emittierte Strahlung wird zur optischen Verstärkung von einer Reflektorwanne gebündelt und ausgesendet.

Die Betriebsvoraussetzungen sind denen normaler Dioden sehr ähnlich. Ein Stromfluß kann wiederum durch die charakteristische Anordnung von Katode und Anode nur in einer Rich-

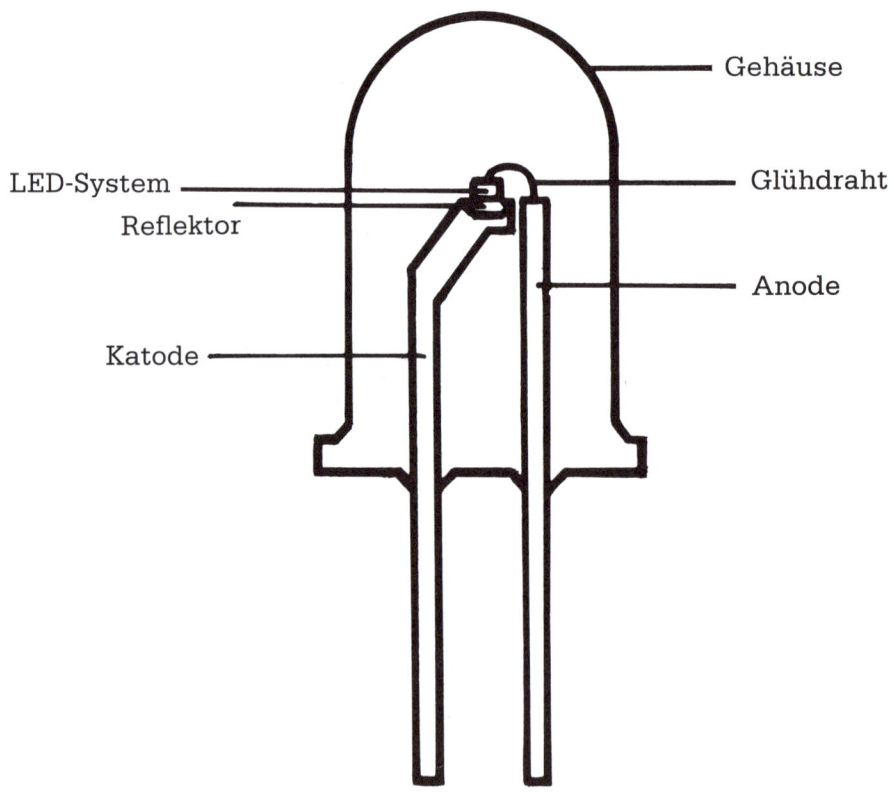

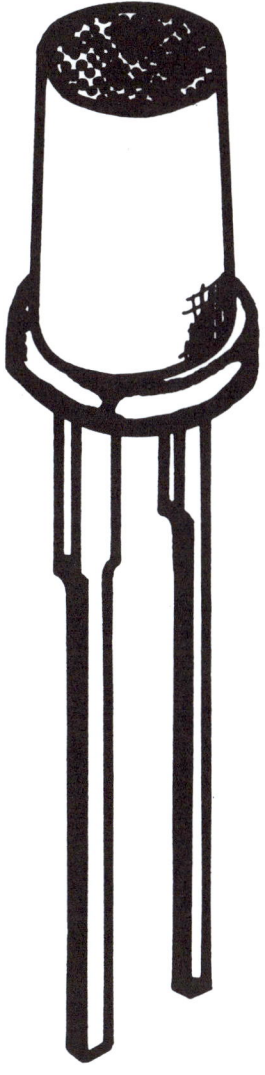

Häufig verwendete Leuchtdioden. Je nach Einsatzgebiet werden die Gehäuseoberteile halb-kreisförmig oder abge-flacht ausgeführt. Die rechte LED ist zudem mit zwei Glühdrähten unter-schiedlicher Leuchtfarbe ausgestattet. Diese Version erlaubt bedarfs-weise das Umschalten zwischen zwei Farben.

tung erfolgen. Die Durchlaß- oder Schwellenspannung ist abhängig vom lichtemittierenden Werkstoff, der auch die Farbe bestimmt. Ihr Wert liegt zwischen 1,6 Volt bei roten LEDs bis maximal 3,2 Volt bei gelber Aus-führung. Wichtig ist in diesem Zu-sammenhang, daß einer LED immer ein Widerstand vorgeschaltet sein muß, der den Durchlaßstrom entspre-chend dem höchstzulässigen Wert (ideal 0,02 Ampere) begrenzt.

14.3.2 Berechnung des Vorwiderstandes

Über eine sinnvolle Schaltungsanord-nung und die entsprechende mathe-matische Formel kann der Wert des jeweils benötigten Vorwiderstands auf ganz einfache Weise bestimmt werden. Denn es gilt:

Bild unten: Einer Leucht-
diode ist, wie in der
Schaltskizze dargestellt,
unbedingt ein Wider-
stand mit bestimmtem
Wert vorzuschalten.

Bild rechts: Die An-
schlußkennzeichnung
erfolgt bei einer neuen
Leuchtdiode über die
unterschiedlich lang
ausgeführten Elektroden.
Zusätzlich ist der kürzere
Katodenanschluß in den
meisten Fällen abge-
flacht.

$$R = \frac{U_1 - U_2}{I}$$

Dabei ist:

R = der gesuchte Vorwiderstand
U_1 = die Quellenspannung
U_2 = die Durchlaßspannung
I = der Durchlaßstrom

Bei Verwendung einer rotleuchten-
den LED und einer Gleichspannungsquelle mit einer Ausgangsspannung
von 12 Volt ergibt sich:

$$R = \frac{12-1,6}{0,02} = 520 \text{ Ohm}$$

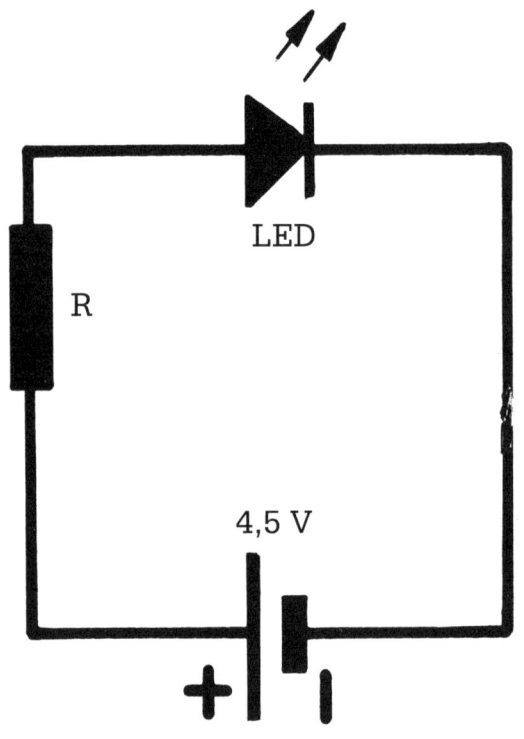

LED

R

4,5 V

+ —

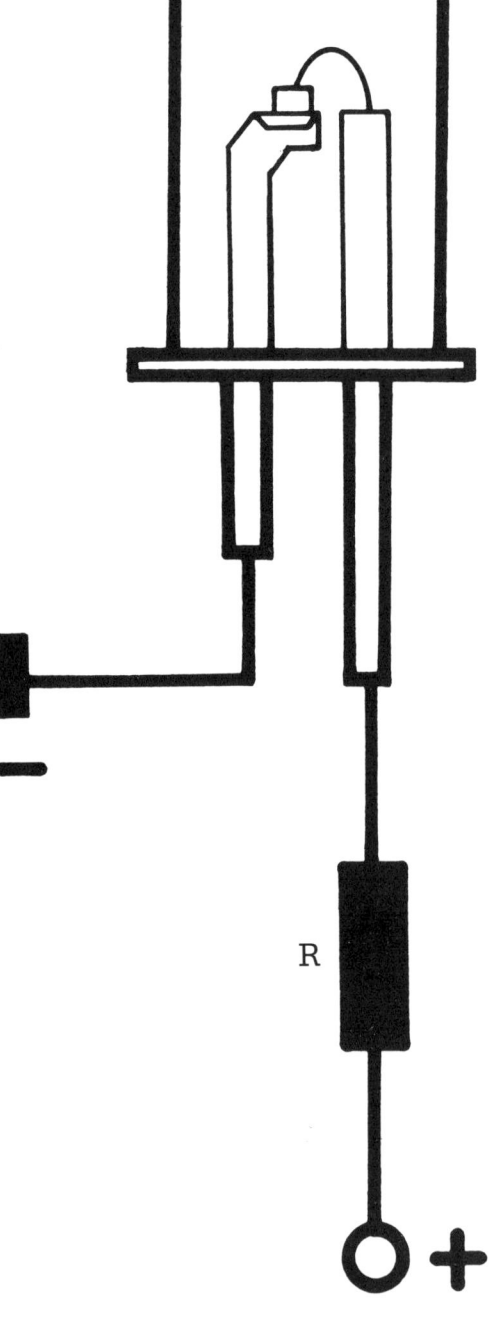

R

—

+

14.3.3 Anschlußkennzeichnung

Um im Gleichstromkreis einen Anschluß in Sperrichtung zu vermeiden, sind Katode und Anode im Innern der Leuchtdiode in verschiedenen Größen ausgeführt. Die größere Katode dient in diesem Falle der Polungskennzeichnung.

Weiterhin ist die abgeflachte Seite ein eindeutiges Merkmal zur Unterscheidung. Beim Betrieb einer LED in einem Wechselstromkreis, wo sich die Stromrichtung entsprechend der Frequenz ständig ändert, wird zum Schutz vor Überlastung in Sperrichtung eine normale Gleichrichterdiode parallel geschaltet.

14.3.4 Anwendung in

Schaltungen

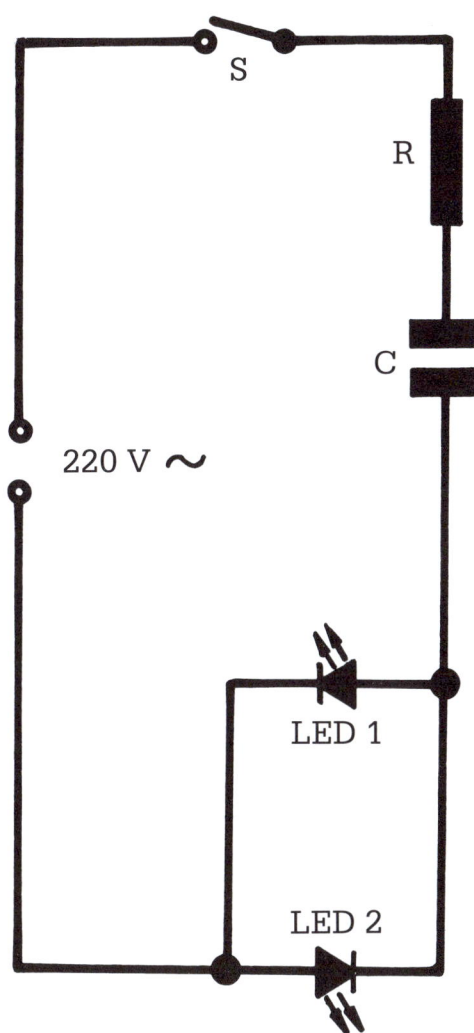

Schaltplan zur Realisierung einer Leuchtsignalanzeige für anliegende Netzspannungen von 230 Volt. Die Schaltung ist so konzipiert, daß beide LEDs, die an verschiedenen Stellen eines Gerätes untergebracht sein können, gleichzeitig aufleuchten. Der jeweilige Betriebszustand wird auf diese Weise dem Benutzer jederzeit optisch mitgeteilt.

Experiment

Die einfachste Variante ist dabei eine Leuchtsignalanzeige für anliegende Netzspannungen von 220 Volt, die häufig bei elektrischen Geräten aller Art realisiert wird. Der aus vier Elementen aufgebaute Schaltkreis ist in der Abbildung illustriert. Aus Platz- und Preisgründen bietet sich hier die Verwendung von Leuchtdioden an. Der Durchgangsstrom wird mit Hilfe eines Kondensators durch dessen kapazitiven Widerstand im Wechselstromkreis auf einen Wert von etwa 30 mA begrenzt. Die Kapazität ist entsprechend mit 470 nF (Nano-Farad) zu wählen. Der 220-Ohm-Vorwiderstand

Linke Seite: Die abgebildete Schaltungsanordnung dient der Anzeige des momentanen Ladezustandes einer Autobatterie mit einer üblichen Quellenspannung von 12 Volt. Der Autofahrer wird mittels einer roten Leuchtdiode über einen eventuell auftretenden Spannungsabfall an der Batterie optisch informiert.

Rechte Seite: Leuchtdioden mit teilweise recht ausgefallener Gehäuseform. Einige dieser Bauformen können mittels Aneinanderreihung zu Leuchtzeilen oder Leuchtpunktflächen ausgebaut werden.

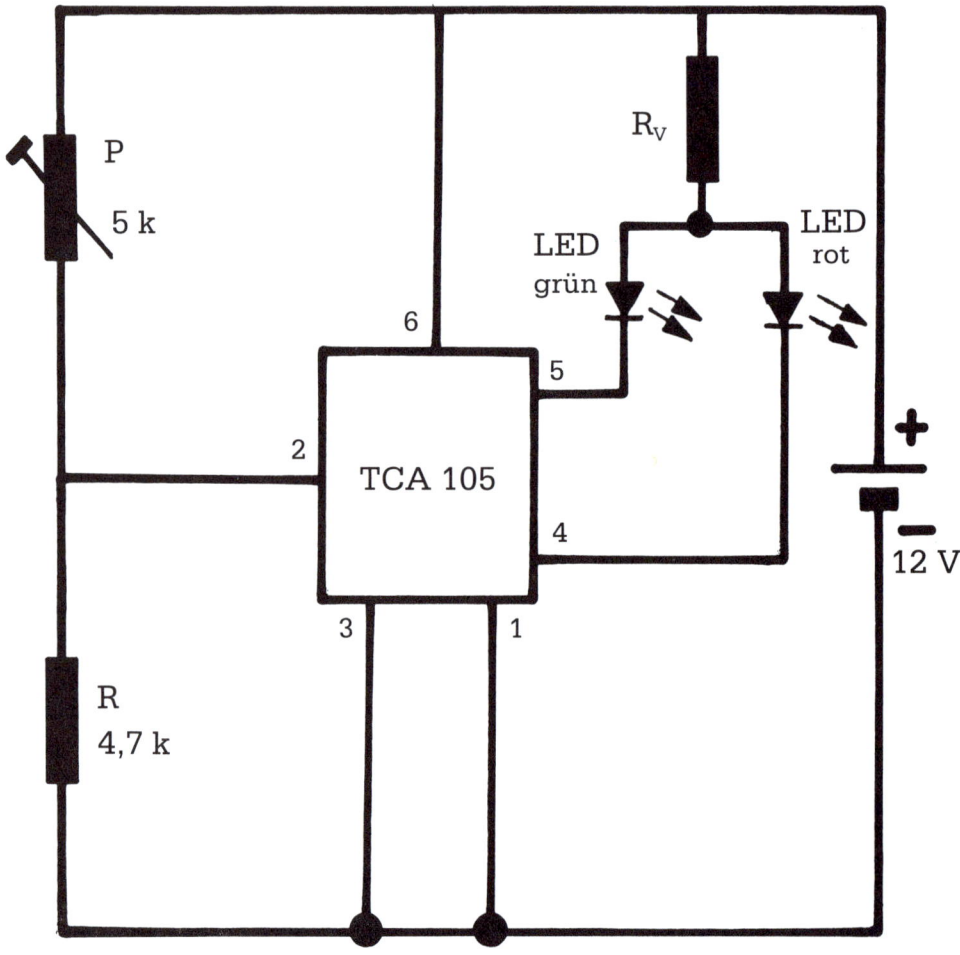

beugt einer Zerstörung der LED beim Einschaltstromstoß vor. Sein vergleichsweise niedriger Wert bedingt eine geringe Verlustleistung, so daß der Betrieb recht effizient ausfällt. Legt man den Schaltkreis nun an die Speisespannung des Netzes an, zeigen beide Leuchtdioden den Betriebszustand an. Wahlweise kann die Schaltung auch mit nur einer Leuchtdiode betrieben werden. In diesem Fall ist dann allerdings eine Ersatzdiode mit Siliciumhalbleiter einzusetzen, um die LED gegen zu hohe Sperrspannung abzusichern.

Experiment

Weiterhin ist eine Schaltung aufgeführt, mit deren Hilfe sich eine Batterie-Spannungsanzeige aufbauen läßt. Mit dem Experiment soll ein Bereich zwischen 9 und 15 Volt erfaßt, als zu prüfende Spannungsquelle zum Beispiel eine 12-Volt-Autobatterie herangezogen werden. Eine grüne und eine rote LED sollen die jeweils tatsächlich herrschenden Spannungsverhältnisse optisch veranschaulichen. Beide

Dioden sind parallel zueinander angeordnet. Die Definierung des exakten Umschaltpunktes übernimmt ein veränderlicher Widerstand (Potentiometer), der einen integrierten Schaltkreis vom Typ TCA 105 ansteuert. Der einzusetzende Diodenvorwiderstand sollte einen Wert von 560 Ohm nicht unterschreiten. Führt man das Experiment durch, so leuchtet bei anliegender Batterie-Nennspannung die grüne LED auf. Wird der über das Potentiometer eingestellte Grenzwert unterschritten, signalisiert die rote LED die abgesunkene Batteriespannung.

Einfache Ladekontrollanzeigen in Kraftfahrzeugen bedienen sich des gleichen Funktionsprinzips, wobei hier oft analoge und Leuchtdiodenanzeigen kombiniert zur Anwendung kommen.

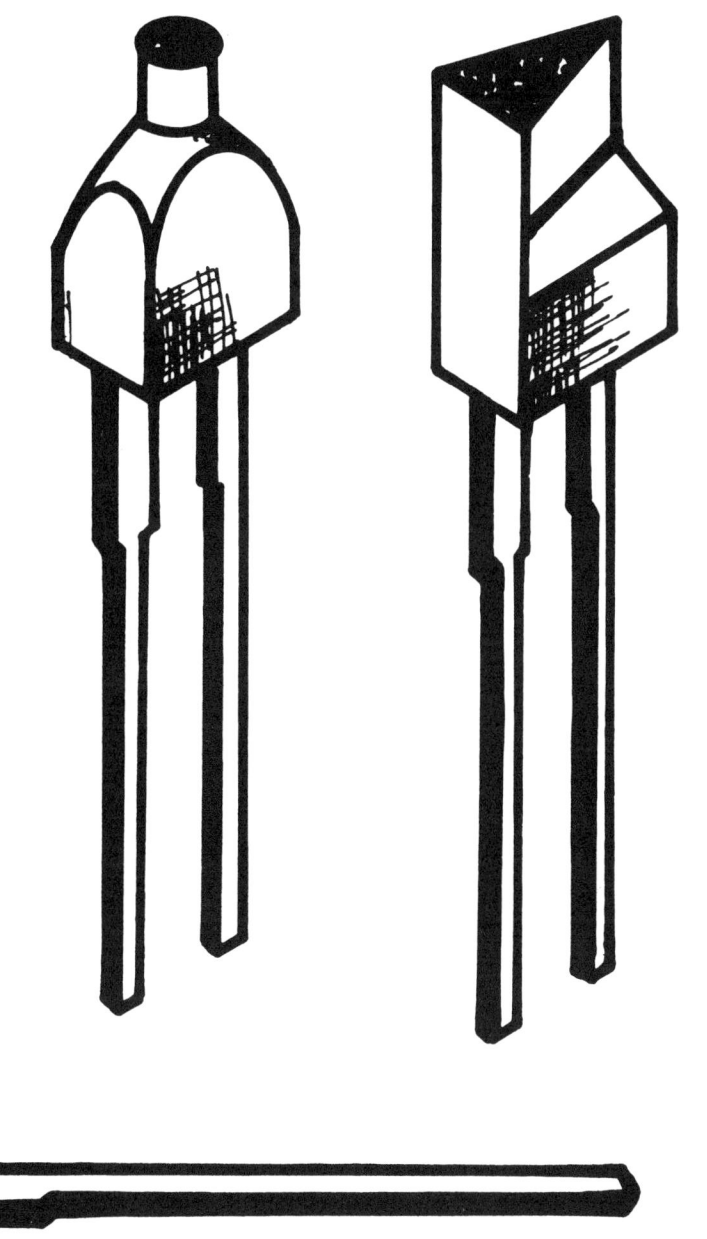

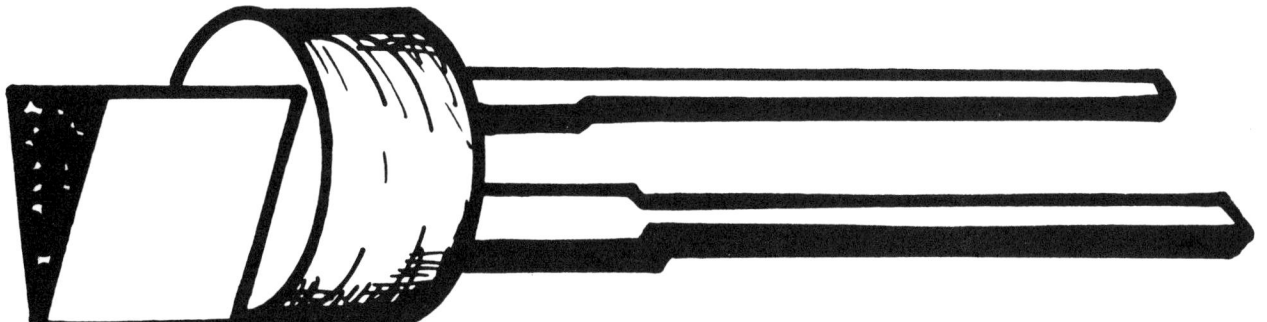

LED-Gehäuseformen

14.4 Der Transistor

14.4.1 Innerer Aufbau

Halbleiterschichten. Transistoren gehören ebenfalls zur Familie der Halbleiterbauelemente. Sie kommen mit ihren verschiedenen Funktionsmöglichkeiten in fast allen elektronischen Schaltungen zum Einsatz. Entscheidend für das Funktionsprinzip eines Transistors ist wie bei der Diode die Ausbildung von Sperrschichten, die einen Stromfluß in nur einer Richtung zulassen. Der Unterschied besteht jedoch darin, daß im Innern des Transistors drei leitend geschichtete Zonen zu berücksichtigen sind. Diese Halbleitergrenzschichten sind, wie in der Skizze dargestellt, entweder in pnp- oder npn-Folge ausgeführt (vgl. Wirkung Kathode-Anode bei einer Diode). Die mittlere Schicht heißt Basis, die beiden äußeren Emitter und Kollektor. Da in den meisten Fällen Schaltungen mit npn-Transistoren realisiert werden, soll dieser Typ Gegenstand der folgenden Überlegun-

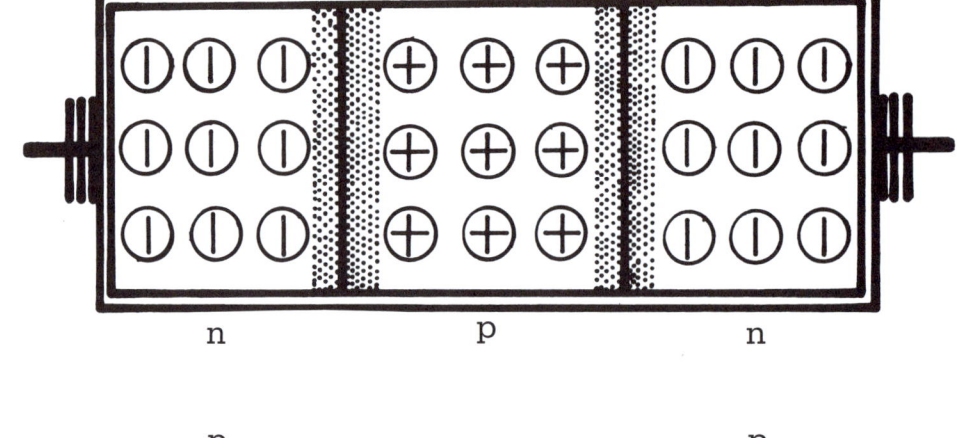

Schematische Darstellung der Ausbildung von Halbleiterschichten in einem Transistor. Entsprechend diesem Aufbau werden die drei Anschlüsse Basis, Kollektor und Emitter zugeordnet. Die für das Verhalten des Transistors im Stromkreis charakteristischen Halbleiterschichten sind bei den meisten Transistortypen in npn-Folge ausgeführt.

gen und Experimente sein. Er wird so geschaltet, daß Basis und Kollektor mit positivem Spannungspotential gegenüber dem Emitter angesteuert werden, wobei die Kollektorspannung wiederum positiver gegenüber der Basisspannung ausfallen muß. Die charakteristischen Ladungsübergänge sind dabei verantwortlich für das Verhalten des Transistors und ermöglichen die entsprechenden Sperr- und Durchlaßeigenschaften.

14.4.2 Der Transistor als

Verstärker

Experiment

Das folgende Experiment soll zeigen, daß ein Transistor in einer dafür vorgesehenen Schaltungsanordnung als Stromverstärker auftritt. Die Schaltung ist wie folgt bestückt:

2 Flachbatterien mit je 4,5 Volt
   Quellenspannung
1 Widerstand mit dem Wert 1 kOhm
1 Widerstand mit dem Wert
   330 Ohm
1 Potentiometer mit dem Wert
   25 kOhm
1 Leuchtdiode
1 Transistor BC 107 o. ä. Typ.

Die Bauelemente werden laut Schaltplan miteinander verknüpft. Das Po-

tentiometer wird zunächst der Basis des Transistors und dem vorgeschalteten Widerstand gegenüber auf Massenschluß eingestellt. Die LED wird in diesem Fall nicht leuchten, da kein Basisstrom fließen kann und somit

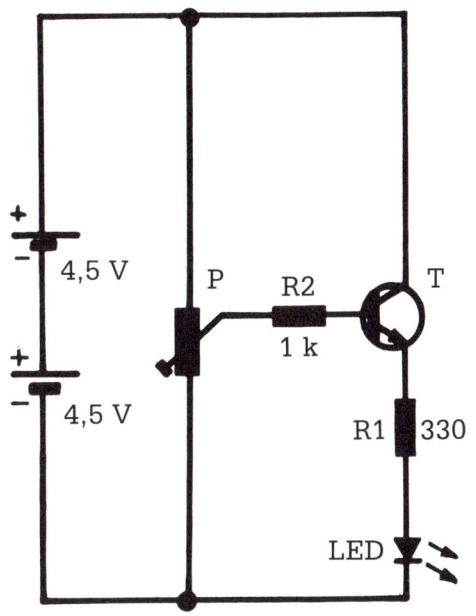

Schaltkreis mit einem Transistor als Stromverstärkerglied. Da der Kollektorkreis direkt mit dem positiven Pol der Spannungsquelle verbunden ist, nennt man diese Anordnung auch Kollektorschaltung.

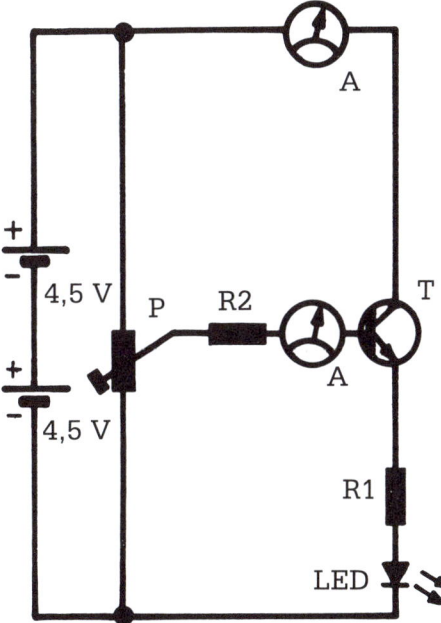

Zur Veranschaulichung der stromverstärkenden Wirkung ist vor die Basis sowie in den Kollektorkreis ein Amperemeter in Reihe zwischengeschaltet.

auch der Basis-Emitter-Durchgang gesperrt ist.

Zwei entsprechend zugeschaltete Amperemeter sollen bei der weiteren Durchführung des Versuches Aufschluß über die Stromstärkeverhältnisse an den Halbleiteranschlüssen geben.

Über den Schleifkontakt des Potentiometers wird der Transistor nun langsam an die Quellenspannung von neun Volt angelegt. Die Basis wird so mit einem positiven Spannungspotential angesteuert, die LED beginnt zu leuchten. Gleichzeitig läßt sich ein Basisstrom messen, der in seiner Stärke vom Vorwiderstand R2 begrenzt wird. Dies ist wiederum Voraussetzung dafür, daß zwischen Kollektor und Emitter ein Stromfluß zustande kommen kann. Der Basisstrom darf

dabei einen vom Hersteller vorgeschriebenen Höchstwert nicht überschreiten, damit der Transistor vor Überlastung geschützt ist. Beim Erreichen des Maximalwertes von 0,1 Milliampere signalisiert die LED durch konstante Leuchtintensität, daß der Basis-Emitterübergang vollständig auf Durchgang geschaltet ist. Gleichzeitig läßt sich zwischen Basis und Emitter ein Spannungspotential von etwa 750 Millivolt feststellen. Diesen Zustand kann man zusätzlich dadurch bestätigen, daß das in den Kollektorkreis geschaltete Amperemeter einen dem Basisstrom gegenüber stark erhöhten Wert anzeigt. Es läßt sich also feststellen, daß der Transistor im Schaltkreis als Stromverstärker mit charakteristischen Eigenschaftenfunktioniert.

Über die Messung der Basis-Emitterspannung U_{BE} läßt sich der Betriebszustand des Transistors ableiten. Auf der Anzeigeskala eines parallel zu Basis und Emitter geschalteten Voltmeters lassen sich die jeweiligen Spannungswerte ablesen.

14.4.2.1 Berechnung des Verstärkungsfaktors

Setzt man nun beide gemessenen Ströme in ein Verhältnis, so läßt sich der sogenannte Verstärkungsfaktor des Transistors, der mit dem Buchstaben B abgekürzt werden soll, berechnen. Es gilt:

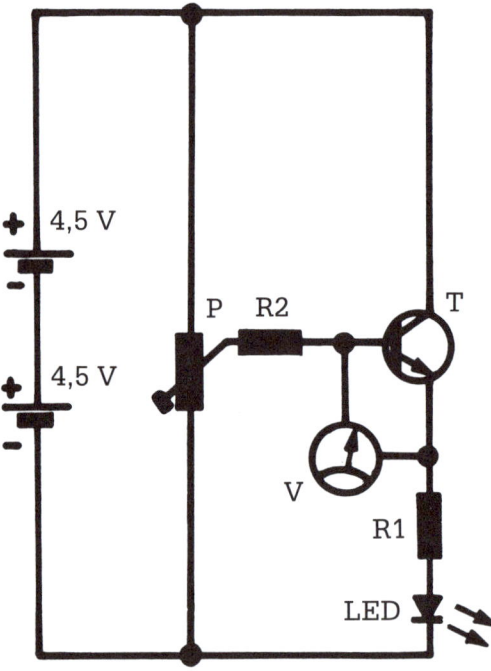

$$B = \frac{I_B}{I_K}$$

B = Verstärkungsfaktor
I_B = Basisstrom
I_K = Kollektorstrom

Der Kollektorstrom hat laut Anzeigeinstrument eine Stärke von 18 Milliampere, so daß sich eingesetzt ergibt:

$$B = \frac{18\ mA}{0,1\ mA} = 180.$$

Der fließende Basisstrom ist also vom verwendeten Transistor um den Faktor 180 verstärkt worden. Da dieser entscheidenden Einfluß auf die herstellungsbedingte Festlegung des Transistortyps hat, wird er oft als feste Bezugskenngröße angegeben.

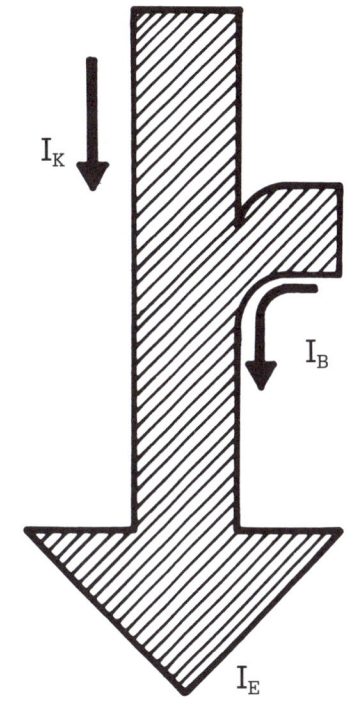

14.4.2.2 Berechnung der Basisstromstärke

Der für die Auswahl des Vorwiderstandes wichtige Basisstromwert kann so durch Umstellung der besprochenen mathematischen Verknüpfung bestimmt werden. Für zum Beispiel einen Verstärkungsfaktor von 200 und einen Kollektorstrom von vier Ampere ergibt sich also:

$$I_B = \frac{I_K}{B} = \frac{4A}{200} = 20\ mA$$

14.4.2.3 Die Sättigungsspannung

Experiment

Die Spannungsverhältnisse zwischen Kollektor und Emitter stellen ebenfalls eine wichtige Kenngröße hinsichtlich der Berechnung der Verlustleistung des Transistors dar. Zum Zweck der Spannungsmessung wird entsprechend dem Schaltplan ein Voltmeter integriert. Dabei ist darauf zu achten, daß der Pluspol mit dem Kollektor, der Minuspol mit dem Emitter verbunden ist. Wird nun die Transistorbasis über das Potentiometer wieder auf Masse

Mit Hilfe eines parallel zu Kollektor und Emitter eingesetzten Voltmeters läßt sich bei einem voll auf Durchgang geschalteten Transistor die Sättigungsspannung messen. Es ist wichtig, diese zu kennen, um die Verlustleistung und somit die Betriebserwärmung des Transistors bestimmen zu können.

gelegt, läßt sich auf der Skala des Meßinstrumentes annähernd der Wert der Quellenspannung ablesen. Wie bereits geschildert, beginnt die LED bei stufenweise erhöhter Basisstromansteuerung heller zu leuchten, die Kollektorstromstärke erhöht sich bis zum Maximum. Gleichzeitig fällt die Kollektor-Emitter-Spannung bis auf einen Wert von etwa 850 Millivolt ab. Diese sogenannte Sättigungsspannung bleibt also auch dann erhalten, wenn der Transistor gänzlich auf Durchgang geschaltet ist.

14.4.2.4 Berechnung der Verlustleistung

Seine Verlustleistung kann über das Produkt von Kollektorstrom und Sättigungsspannung berechnet werden.

Für die im Experiment ermittelten Werte gilt:

$$P_V = U_{KE} \times I_K$$

eingesetzt:

$P_V = 0,85\ \text{V} \times 18\ \text{mA} = 15,3\ \text{mW}$ (Milliwatt).

14.4.2.5 Arbeitspunkteinstellung

Wichtig ist in diesem Zusammenhang auch die Größe der im Durchlaßzustand anliegenden Basis-Emitter-Spannung U_{BE}. Sie wird auch als Ansteuerspannung bezeichnet, deren Wert über ein weiteres Voltmeter (Schaltskizze) kontrolliert werden soll.

Wie bereits erwähnt wurde, ist der Basisstrom I_B zu begrenzen. Ähnliches gilt auch für die Spannung U_{BE}, die größer sein muß als die Schwellenspannung des Halbleitermaterials (vgl. die Ausführungen im Abschnitt »Halbleiterdioden«), und je nach Transistortyp bis zu 1 Volt betragen kann. Über die Begrenzung von Strom I_B und Spannung U_{BE} kann auf diese Weise die Arbeitspunkteinstellung vorgewählt werden. Die Einstellung erfolgt durch den entsprechend dimensionierten Basisvorwiderstand oder eine regelbare Spannungsquelle.

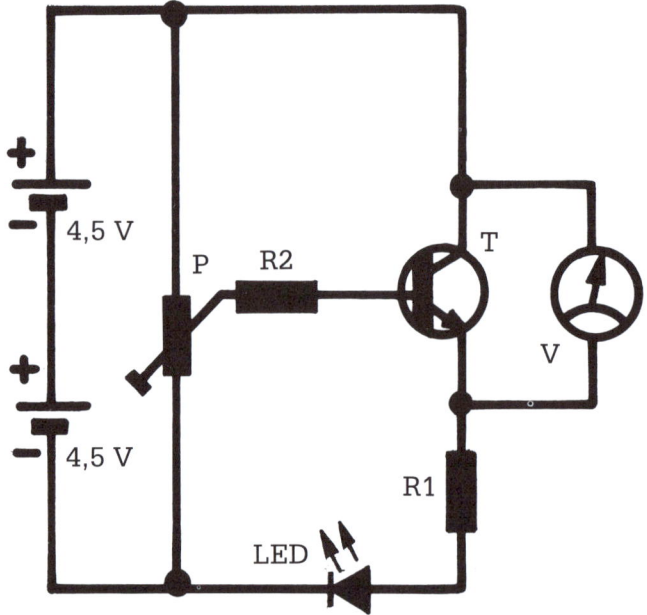

Die besprochene Schaltungsanordnung nennt man auch Kollektorschaltung. Sie bezieht ihren Namen aus der Tatsache, daß der Kollektoranschluß direkt mit dem positiven Pol der Spannungsquelle verbunden ist, in diesem Fall den beiden in Reihe geschalteten Flachbatterien. Der mit dem Faktor B verstärkte Strom I_K ist am Kollektor K wirksam.

14.4.2.6 Kollektorschaltung im Wechselstromkreis

Weiterhin soll an dieser Stelle in kurzer Form das Verhalten einer Kollektorschaltung in einem Wechselstromkreis erläutert werden. Der entsprechende Schaltplan ist in der Abbildung illustriert.

Experiment

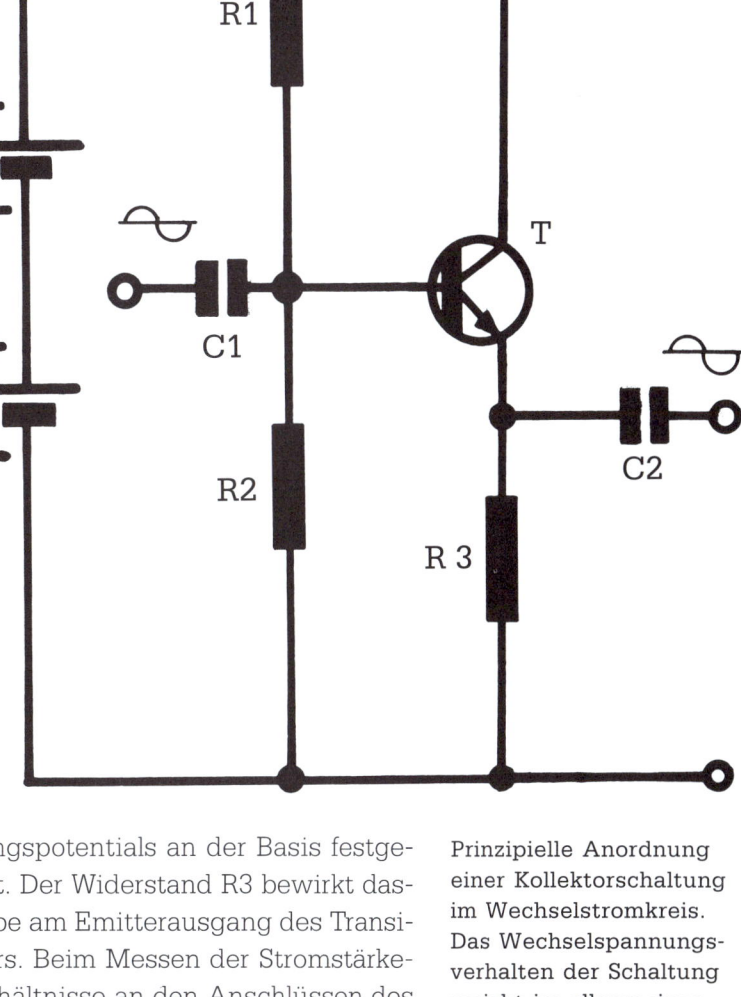

Der Eingangs- und Ausgangskreis, an denen jeweils eine Wechselspannung anliegt, sind hier von der Verstärkerstufe durch die Integration von zwei Kondensatoren C1 und C2 abgetrennt. Sie bewirken das Abblocken von eventuell auftretenden Gleichspannungsanteilen am Ein- und Ausgang. Mit den in Reihe geschalteten Widerstände R1 und R2, die die Funktion eines Spannungsteilers erfüllen, wird die Größe des Wechselspannungspotentials an der Basis festgelegt. Der Widerstand R3 bewirkt dasselbe am Emitterausgang des Transistors. Beim Messen der Stromstärkeverhältnisse an den Anschlüssen des Transistors wird sich ein prinzipiell ähnliches Verhalten wie beim Betrieb mit einer Gleichspannungsquelle einstellen: Ein geringer Basiswechselstrom erzeugt entsprechend dem Verstärkungsfaktor des Transistors in diesem Fall einen stark erhöhten Emitterwechselstrom.

Prinzipielle Anordnung einer Kollektorschaltung im Wechselstromkreis. Das Wechselspannungsverhalten der Schaltung weicht im allgemeinen nicht von ihrem Gleichspannungsverhalten ab.

14.4.2.7 Zusammenfassung Kollektorschaltung

Im Gegensatz zur Kollektorschaltung ist in diesem Fall der Emitter direkt mit dem Minuspol der Gleichspannungsquelle verbunden. Man nennt diese Konfiguration deshalb auch Emitterschaltung. Der Transistor wirkt hier als Strom- und Spannungsverstärker.

Für einen Transistor in Kollektorschaltung kann man also folgende Kriterien zusammenfassen:

- Kollektoranschluß direkt mit der Versorgungsspannung;
- hohe Stromverstärkung;
- kein verstärkender Einfluß auf die Spannungsverhältnisse;
- ähnliches Gleich- und Wechselspannungsverhalten.

14.4.3 Der Transistor als Verstärker in Emitterschaltung

Eine weiterer wichtiger Schaltungstyp ist die Emitterschaltung, wie sie in der Abbildung skizziert ist. Man erkennt sofort, daß die Anordnung der Bauelemente ähnlich ist wie bei der Kollektorschaltung im Gleichstromkreis. Auch die Wertigkeit der verwendeten Widerstände, die Leuchtdiode und der Transistor können übernommen werden.

Experiment

Wird nun zunächst der Schleifer des Potentiometers an den negativen Pol der Spannungsquelle (wiederum zwei in Reihe geschaltete Flachbatterien zu je 4,5 Volt) gelegt, leuchtet die LED nicht, da die Voraussetzung einer positiven Potentialansteuerung der Basis des Transistors nicht erfüllt ist. Ein zwischen Vorwiderstand R_2 und Basis geschaltetes Amperemeter zeigt in diesem Fall auch keinen Stromfluß an. Die Kollektor-Emitterspannung, wie im Schaltbild dargestellt parallel zu den beiden Anschlüssen integriert, zeigt wieder annähernd den Wert der Quellenspannung an.

Beim langsamen Anlegen des Schleifers an den positiven Pol der Versorgungsspannung beginnt die Leucht-

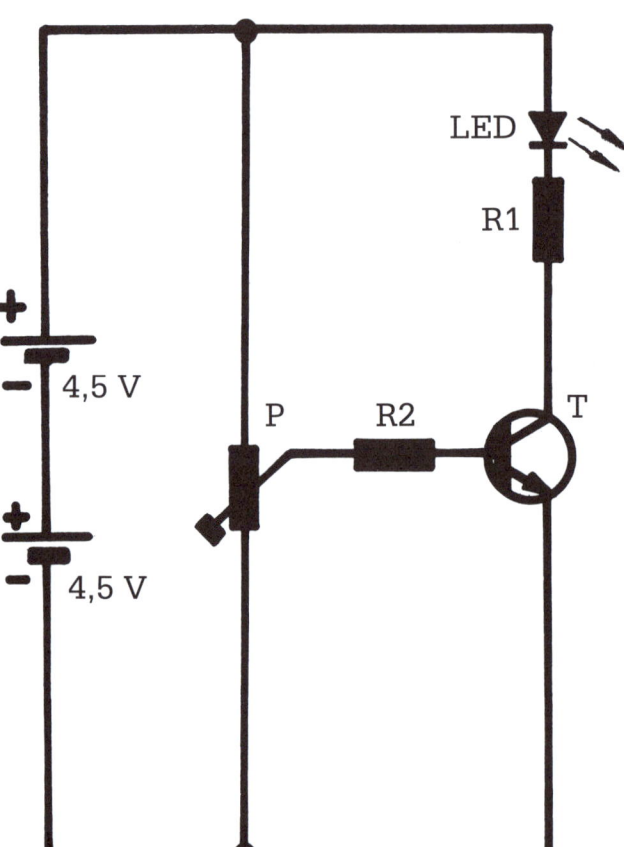

diode ein stärker werdendes Lichtsignal auszusenden. Dabei ist jedoch der Einstellbereich für die Leuchtintensität gegenüber dem vergleichbaren Versuchsabschnitt bei der Kollektorschaltung knapper bemessen, das heißt, die LED erreicht wesentlich schneller ihr Leuchtmaximum. Dies läßt den Schluß zu, daß der Transistor in dieser Schaltungsanordnung auch als Spannungsverstärker auftritt. Ein Voltmeter zur Messung der Basis-Emitterspannung U_{BE} bestätigt diese Vermutung.

Als die LED mit voller Intensität leuchtete, betrug diese Ansteuerspannung im ersten Versuch etwa 750 Millivolt, in diesem Fall dagegen nur etwa 50 Millivolt. Die Stromstärke am Kollektor ist geringfügig höher, der verstärkte Wert beläuft sich auf 20 Milliampere.

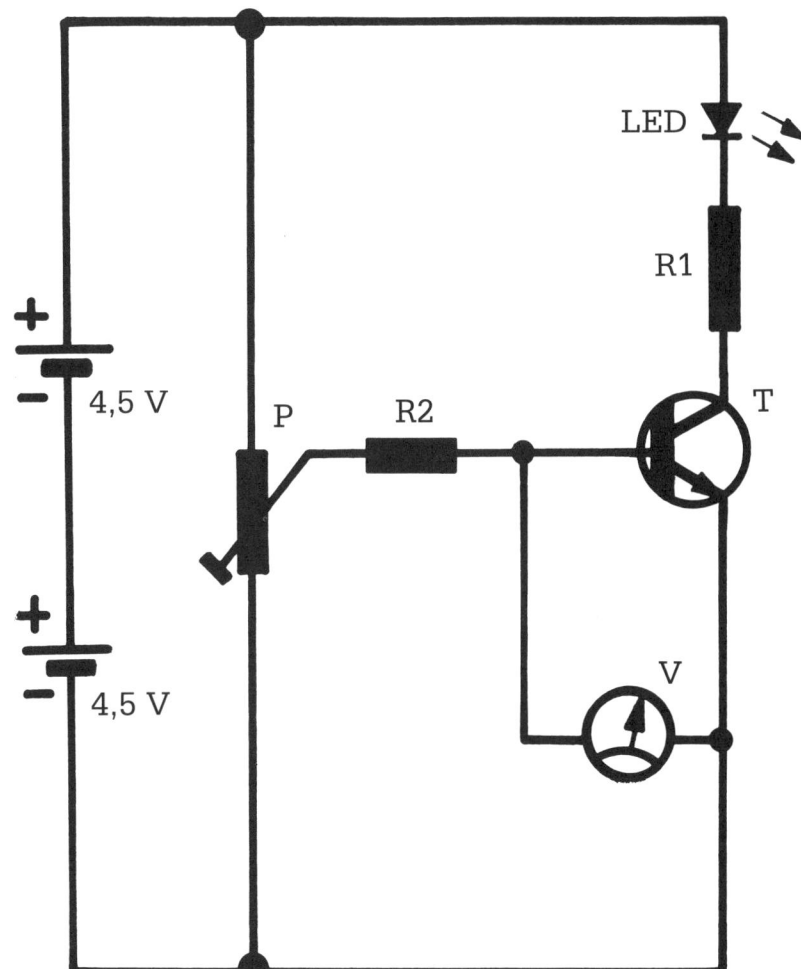

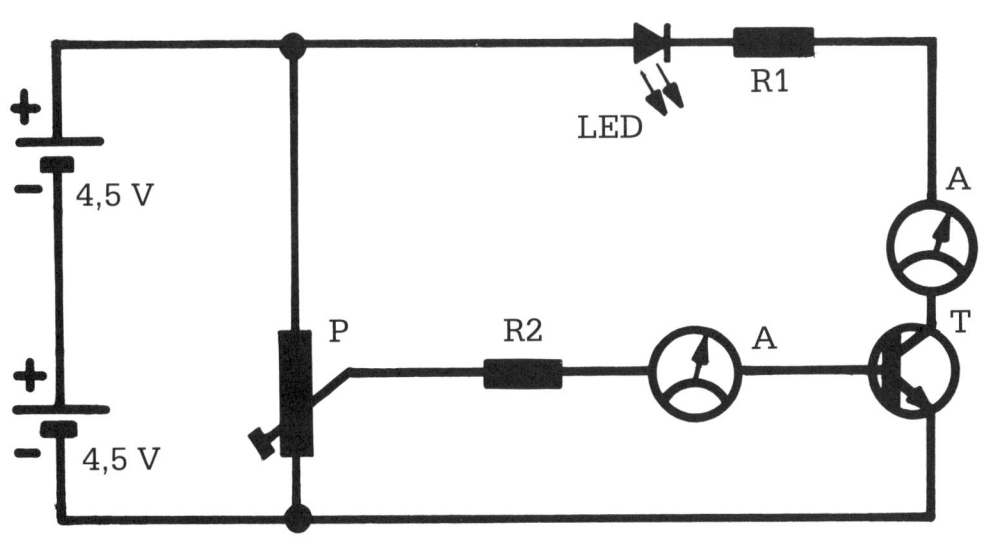

Skizze oben und unten: Zusätzlich in die Emitterschaltung eingebrachte Meßinstrumente geben Aufschluß über die Stromstärke- und Spannungsverhältnisse in den Anschlußkreisen des Transistors.

14.4.3.1 Emitterschaltung im Wechselstromkreis

Im Stromkreis mit Wechselspannungsein- und -ausgang ist das Verhalten des Transistors in Emitterschaltung dem in Kollektorschaltung ähnlich. Hohe Strom- und Spannungsverstärkung sind auch hier charakteristische Merkmale. Ein Unterschied besteht jedoch in dem Punkt, daß die Ausgangs- im Verhältnis zur Eingangswechselspannung um 180 Grad phasenverschoben anliegt. Dies bedeutet, daß eine positive Potentialamplitude am Eingang (Basis) eine

negative am Ausgang (Kollektor) zur Folge hat. Da der Transistor in einer Emitterschaltung wie erwähnt auch die Spannung verstärkt, steht ein relativ hohes Leistungspotential zur Verfügung. Dieses Schaltungsprinzip eignet sich daher besonders für den Einsatz in Nieder- und Hochfrequenzverstärkerstufen.

14.4.3.2 Zusammenfassung Emitterschaltung

- Emitteranschluß direkt an die Versorgungsspannung;
- hohe Stromverstärkung;
- verstärkender Einfluß auch auf die Spannung;
- dadurch bedingtes hohes Leistungspotential;
- phasenverschobenes Potential der Eingangs- gegenüber der Ausgangswechselspannung.

14.4.4 Der Transistor als Schalter

Transistoren werden zu bestimmten Anwendungszwecken als Verstärkerschalter eingesetzt.

Dabei gibt es in dieser Form nur zwei Betriebszustände. Der Transistor ist entweder leitend oder gesperrt. Im lei-

Prinzipielle Anordnung einer Emitterschaltung im Wechselstromkreis. Auffällig ist bei dieser Schaltungsvariante die Phasenverschiebung um 180 Grad zwischen Eingang und Ausgang der Verstärkerstufe.

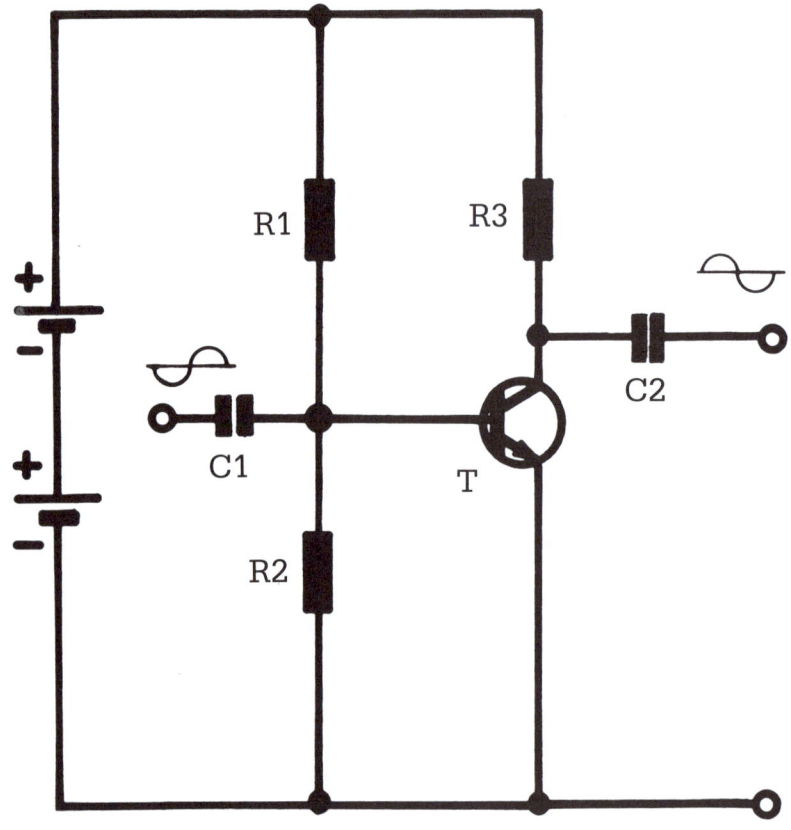

tenden Zustand fließt ein relativ hoher Strom vom Kollektor über den Emitter ab. Dies bedeutet gleichzeitig, daß der elektrische Widerstand auf dieser Strecke einen kleinen Wert annimmt. Man bezeichnet diese Strecke auch als niederohmig. Im leitenden Zustand hingegen ist die Kollektor-Emitterstrecke des Transistors entsprechend mit einem hohen Widerstandswert belastet, sie gilt dann als hochohmig.

14.4.4.1 Der Dunkelschalter

Anhand eines einfach nachvollziehbaren Experimentes soll nun die Funktion eines sogenannten Dunkelschalters, wie er beispielsweise vor der Eingangstür zu einem Entwicklungslabor verwendet wird, beschrieben werden.

Diese Vorrichtung hat die sinnvolle Eigenschaft, den Transistor nur unter der Bedingung auf Durchgang zu schalten, daß die Lichtverhältnisse zum Beispiel in einem Raum ein bestimmtes Niveau unterschreiten.

Experiment

Fotowiderstand. Die Schaltpunkteinstellung übernimmt in diesem Fall ein sogenannter Fotowiderstand, abgekürzt auch als LDR bezeichnet.

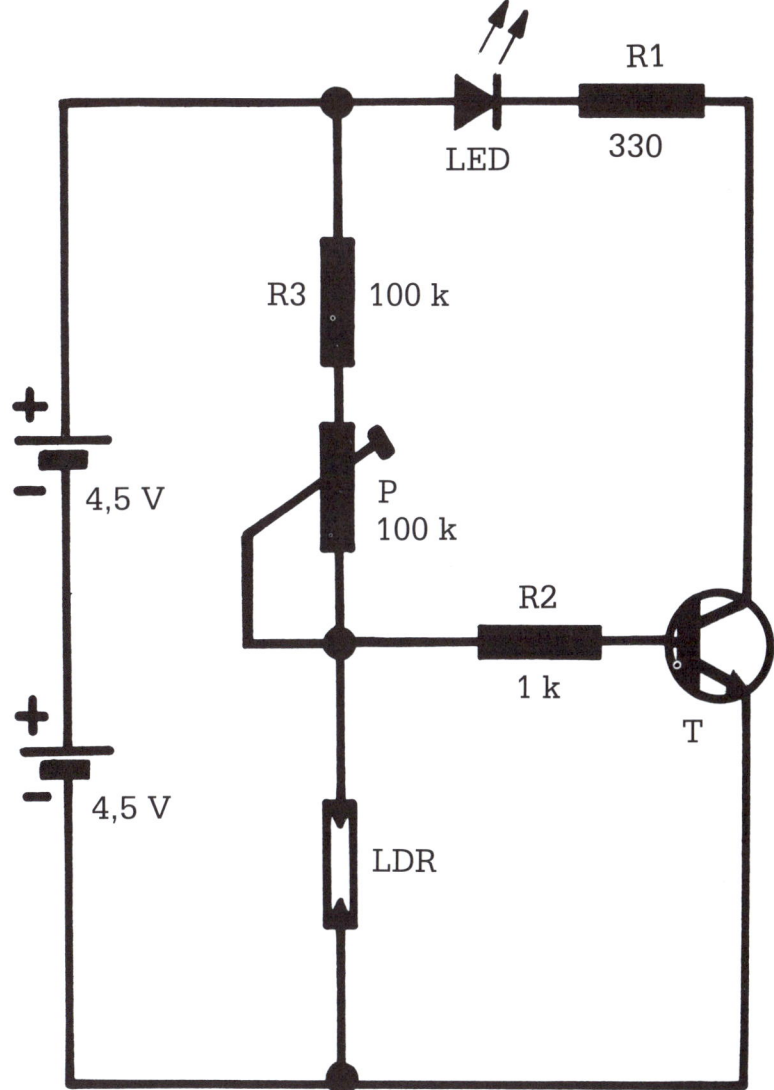

Sein elektrischer Widerstandsbeiwert ist dabei aufgrund des inneren Fotoeffekts von der einfallenden Beleuchtungsstärke abhängig. Entsprechend dem Helligkeitswert begrenzt der Fotowiderstand den ihn durchfließenden Strom und teilt im Verbund mit anderen in Reihe geschalteten Widerständen Spannungen auf. Der Widerstand ist bei Dunkelheit hoch-, unter Beleuchtungseinfluß niederohmig.

Praktisches Anwendungsbeispiel einer Emitterschaltung. Der Betrieb des dargestellten Dunkelschalters wird über einen lichtempfindlichen Fotowiderstand und ein Potentiometer geregelt.

Ansicht eines preiswerten Fotowiderstandes vom Typ A 1060. Diese elektronischen Bauelemente eignen sich ideal zum Aufbau von Dämmerungsschaltern, Lichtschranken und optischen Alarmmeldern. Fotowiderstände haben die typische Eigenschaft, ihren Widerstandsbeiwert je nach einfallender Beleuchtungsstärke zu verändern. Sie werden in Schaltkreisen mit der Abkürzung LDR gekennzeichnet.

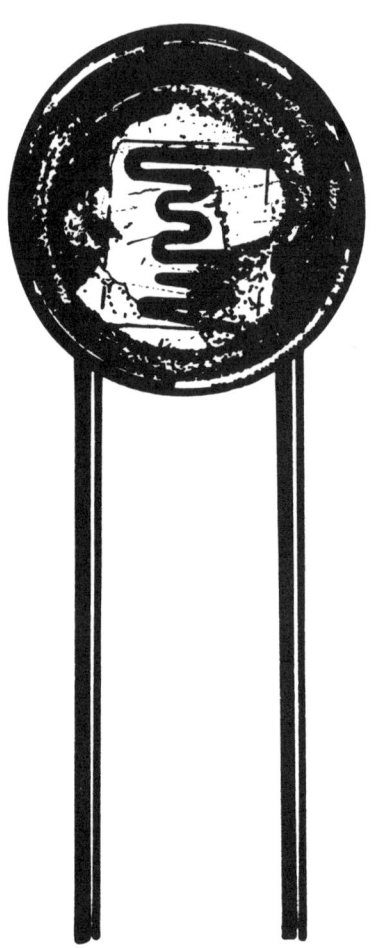

Die spektrale Empfindlichkeit eines Fotowiderstands umfaßt in etwa den Wellenlängenbereich des sichtbaren Lichtes. Je nach Anwendungszweck ist das Empfindlichkeitsmaximum auch in den ultravioletten oder infraroten Bereich verschoben.

Die entworfene Schaltung ist wie folgt mit den charakteristischen elektronischen Bauelementen bestückt:

2 Flachbatterien mit einer Quellenspannung von je 4,5 Volt
1 Widerstand mit 330 Ohm
1 Widerstand mit 1 Kiloohm

1 Widerstand mit dem Wert 100 Kiloohm
1 Potentiometer mit dem Wert 100 Kiloohm
1 Fotowiderstand
1 Leuchtdiode rot
1 Transistor BC 107 oder ähnlicher Typ

Wie der Schaltskizze zu entnehmen ist, wird der Transistor als Emitterstufe ausgeführt. Es wurde bereits nachgewiesen, daß dieser Schaltungstyp ein recht schnelles Ansteigen des Kollektorstroms ermöglicht. Dies ist auch die Voraussetzung dafür, daß von einer Schaltfunktion des Transistors gesprochen werden kann.

Es wird nun zunächst der Schleifer des Potentiometers an die Versorgungsspannung von 9 Volt angelegt, und zwar so weit, bis der gewünschte exakte Schaltzeitpunkt eingestellt ist. Es ergibt sich also die Möglichkeit, den Schaltungsbetrieb über das Potentiometer auf den Dunkelheitsgrad abzustimmen.

Der Fotowiderstand ist mit dem Potentiometer in Reihe geschaltet, so daß beide Bauelemente ihren Widerstandswerten entsprechend einen Spannungsteiler bilden. Ist die Schalterumgebung abgedunkelt, baut der LDR aufgrund der beschriebenen Beleuchtungsstärkeabhängigkeit einen hohen Widerstandswert auf. Daraus folgt, daß an der Basis des Transistors ein positives Steuerspannungspotential abfällt. Ist diese Spannung U_{BE} größer als die für den Transistortyp angegebene Schwellenspannung, so ist die Durchlaßbedingung erfüllt und die LED leuchtet mit voller Intensität. Wie in den vorigen Abschnitten erläutert wurde, ist sowohl der Transistorbasis als auch der Leuchtdiode je ein Widerstand (R_1 und R_2) vorzuschalten, um einer Zerstörung durch Überlastung vorzubeugen.

Fällt auf den Fotowiderstand genügend Licht, verändert sich sein Widerstand. Der sinkende Wert hat für den Transistorbetrieb zur Folge, daß der Spannungsabfall am LDR nicht mehr ausreicht, um an der Basis einen genügend großen Strom fließen zu lassen. Auch die Steuer- (Basis-Emitter-) Spannung erreicht nicht mehr das Potential der Schwellenspannung. Der Transistor sperrt folglich und läßt die Leuchtdiode erlöschen.

Das Leistungsvermögen einer solchen Schaltung ist eher begrenzt. Sollen größere Lasten ein- und ausgeschaltet werden, empfiehlt sich daher ein externes Zuschalten eines Relais, das dann beispielsweise über die Netzspeisespannung von 230 Volt betrieben wird. Wie in der Schaltungsabbildung dargestellt, liegt da-

Die Abbildung zeigt ein Dreh-Potentiometer (veränderlicher Widerstand), wie es mit wahlweise unterschiedlichem Widerstandswert in einigen der abgehandelten Schaltskizzen eingesetzt wurde. Der Schleifkontakt im Innern des Sockels, der auf einer meist kreisförmigen Bahn verschiebbar ist, bewirkt dabei die Veränderung des Widerstandswertes.

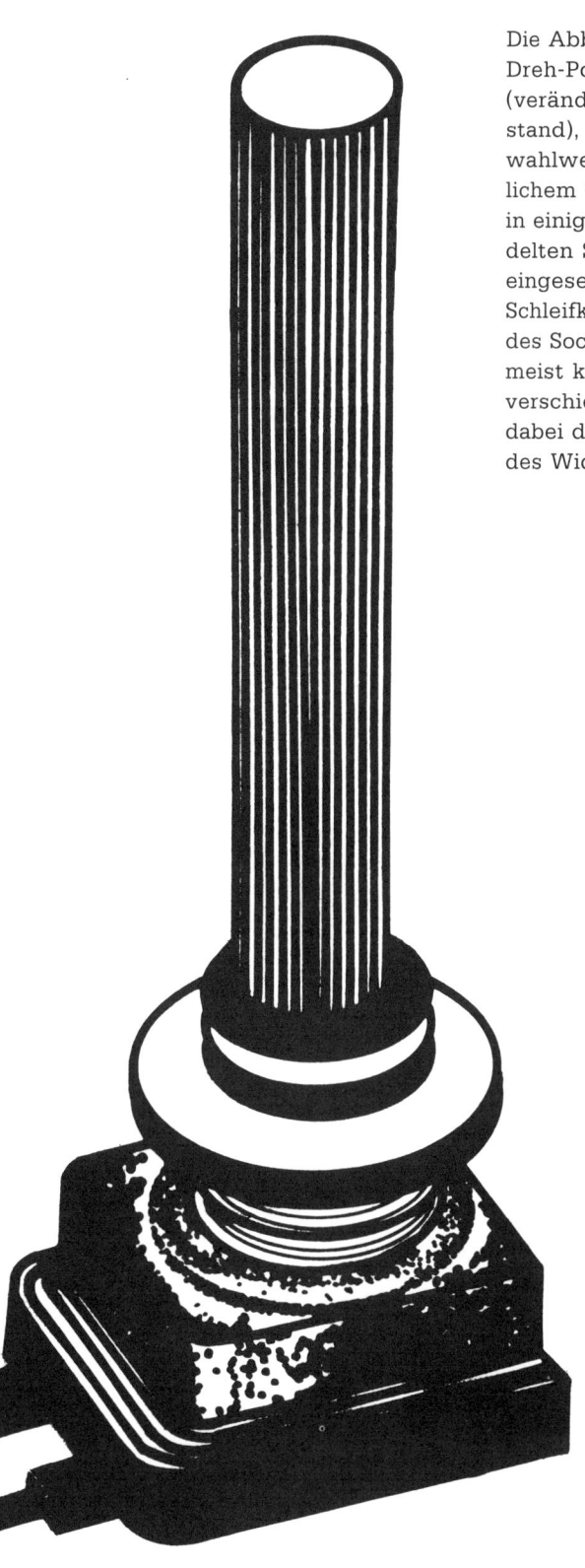

Dreh-
Potentiometer

Schaltplan eines Dämmerungsschalters mit höherer Leistungsfähigkeit. Damit sich zum Beispiel eine Türbeleuchtungsanlage ab einem bestimmten Dunkelheitsgrad automatisch einschalten kann, ist das relaisgesteuerte Zuschalten eines externen Stromkreises notwendig.

bei das Relais direkt im Kollektorkreis des Transistors. Beim Unterschreiten eines vorher eingestellten Helligkeitsrichtwertes wird der benachbarte Stromkreis elektromechanisch zugeschaltet. Dieses Konzept eignet sich dazu, auch Glühlampen mit einer Leistungsaufnahme von 100 Watt ein- und auszuschalten. Eine gebräuchliche Anwendung aus dem Haustechnikbereich ist zum Beispiel eine Türbeleuchtung, die sich ab einem gewissen Dunkelheitsgrad automatisch einschaltet.

14.4.4.2 Der astabile

Multivibrator (AMV)

Mit der nächsten Schaltung soll ein sogenannter astabiler Multivibrator realisiert werden. Diese elektronische Vorrichtung erlaubt den Betrieb von zwei Leuchtdioden, die über zwei Transistoren abwechselnd in einem bestimmten Takt zum Leuchten gebracht werden.

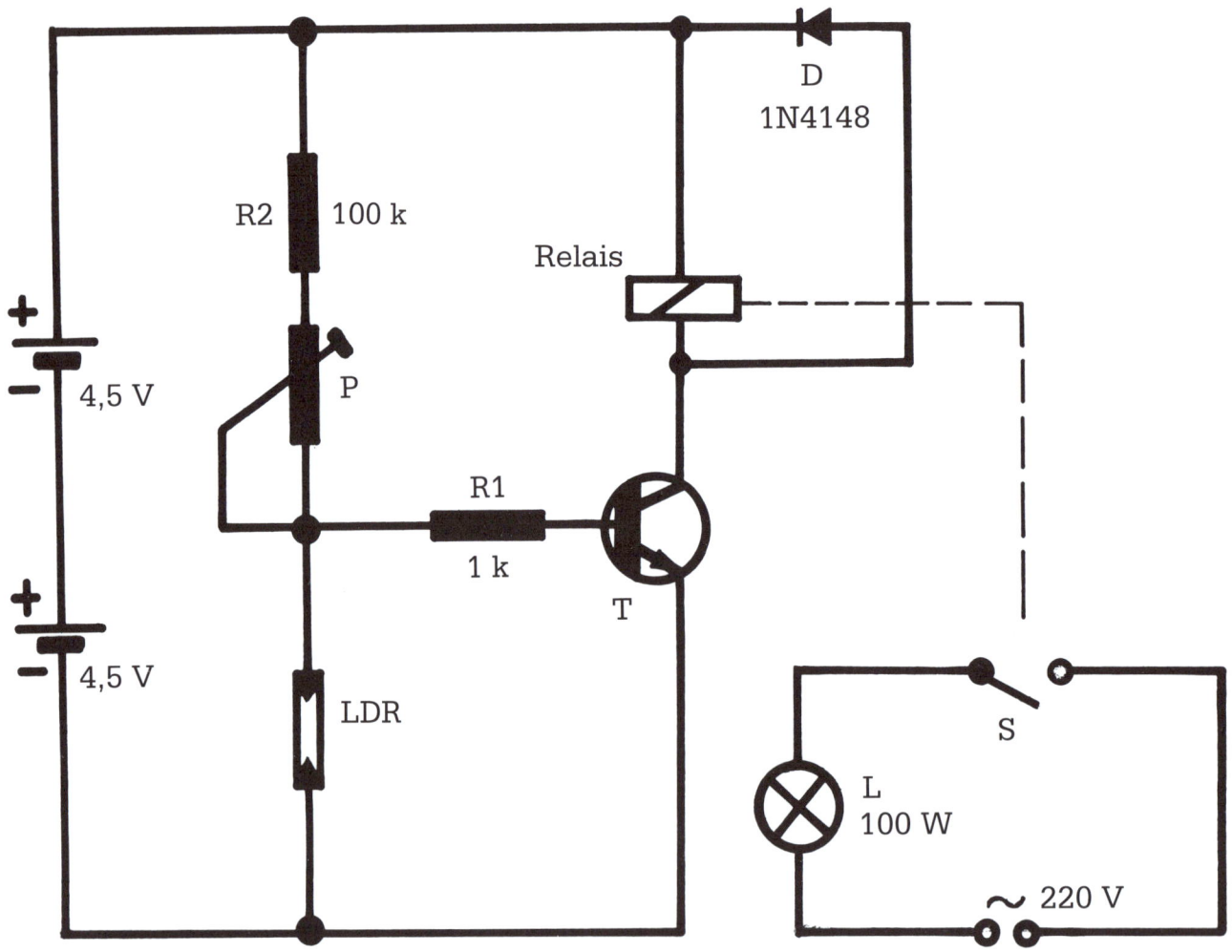

Experiment

Der Schaltungsaufbau ist zwar etwas komplexer, dafür aber auch recht komfortabel in seiner Funktionsweise. Durch die Anordnung der einzelnen Bauelemente soll erreicht werden, daß die LED D1 genau dann aufleuchtet, wenn die LED D2 erlischt. Um einen geeigneten wechselnden Blinkrhythmus erzeugen zu können, muß die Schaltung über einen Zeittakt gesteuert werden.

Die Realisierung der Schaltung bedingt folgende Stückliste:

2 Flachbatterien mit einer Quellenspannung von je 4,5 Volt
2 Widerstände mit 470 Ohm
2 Widerstände mit dem Wert 4,7 Kiloohm
2 Elektrolytkondensatoren mit einer Kapazität 470 Mikrofarad und einer Spannungfestigkeit von 16 Volt
2 Leuchtdioden
2 Transistoren BC 107 oder ähnlich

Die beiden Transistoren sind in Emitterschaltung an die Versorgungsspannung angelegt. Die Ausgangslage für das durchzuführende Experiment sieht vor, daß am Transistor T1 ein leitender, am Transistor T2 ein Sperrzustand herrscht.

Klassischer Schaltungsaufbau eines astabilen Multivibrators. Beide Leuchtdioden blinken abwechselnd mit einer bestimmten Arbeitsfrequenz, die über das Wertigkeitsverhältnis der verwendeten Kondensatoren C1, C2 und Widerstände R1, R2 zueinander definiert ist.

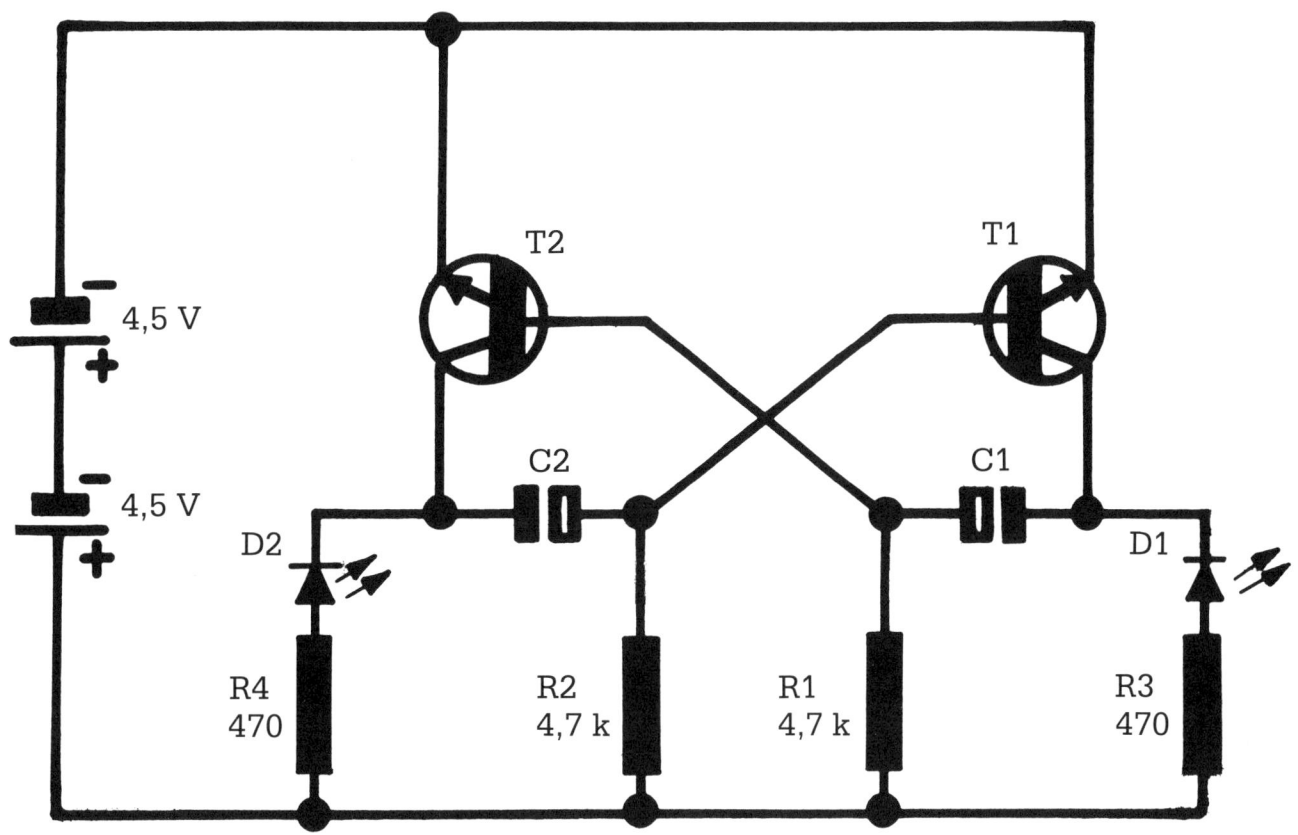

Ab einer bestimmten Arbeitsfrequenz ist die Taktfolge an den beiden Leuchtdioden so schnell, daß das Blinken als solches optisch nicht mehr wahrgenommen werden kann. Es ist vielmehr möglich, die Schwingung über einen kleinen Lautsprecher akustisch wiederzugeben. Die entsprechend modifizierte Tongenerator-Schaltung ist im Bild dargestellt.

Die geringe Kollektor-Emitterspannung (Sättigungsspannung) an T1 läßt über den Kondensator C1 nur einen geringen Stromfluß zur Basis von T2 gelangen, so daß dieser gesperrt ist. Die Leuchtdiode D1 bleibt dunkel. Da die gesamte Schaltungsanordnung jedoch permanent an der Netzspannung anliegt, wird C1 langsam über den Widerstand R1 aufgeladen. Es sei in diesem Zusammenhang nochmals darauf hingewiesen, daß beim Einbau der Kondensatoren in den Gleichstromkreis die Anschlüsse unbedingt mit richtiger Polarität vor-

genommen werden müssen, um der Gefahr einer Zerstörung vorzubeugen.

Der Aufladevorgang am Kondensator C1 hat nun zur Folge, daß sich an der Basis des Transistors T2 langsam eine Spannung aufbaut. Diese sogenannte Zeitkonstante kann man näherungsweise über die Formel

$$t = 0{,}7 \times R1 \times C2$$

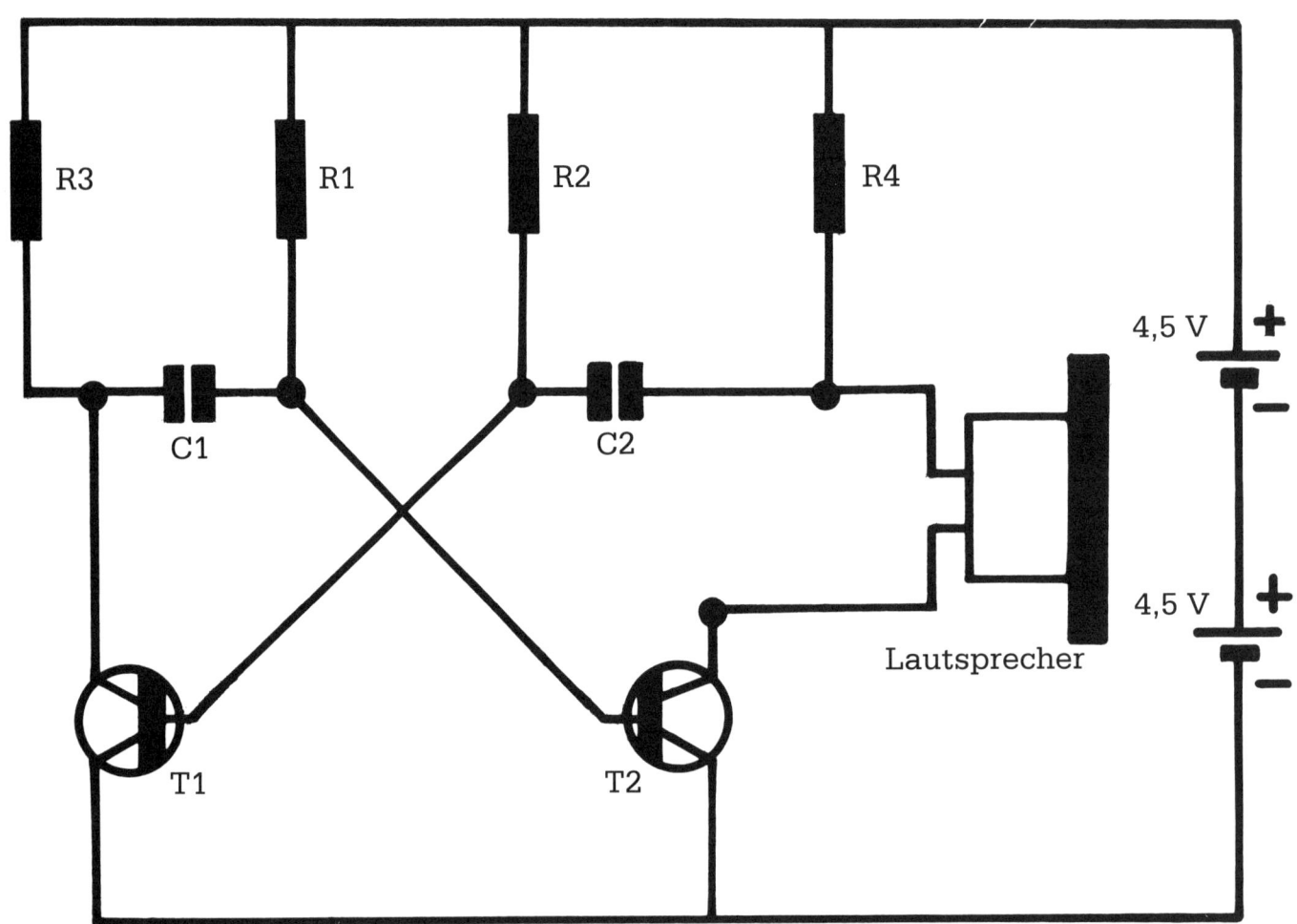

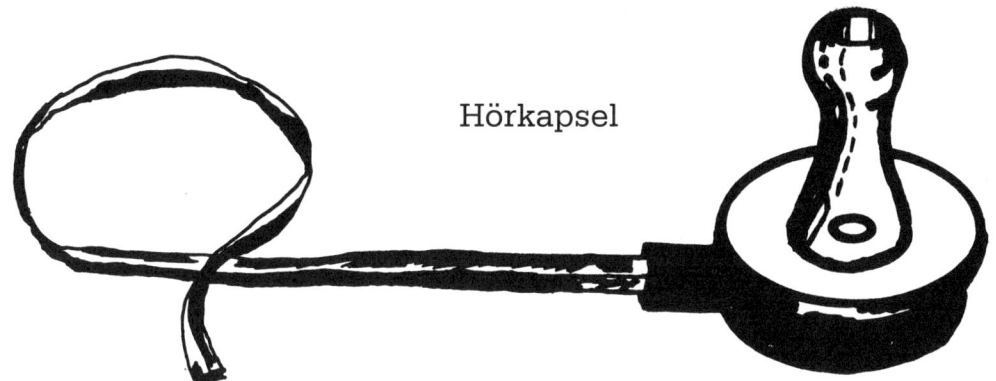

Hörkapsel

Abbildung eines kleinen dynamischen Ohrhörers, über den man die vom Tongenerator erzeugte Arbeitsfrequenz wiedergeben kann.

berechnen. Die Basisspannung am Transistor T2 erreicht nun langsam dessen festgelegte Schwellenspannung. Die damit verbunden auftretende Basisstromstärke überführt den Transistor in leitenden Zustand.

Die LED 2 beginnt nun, hell zu leuchten. Dieser Vorgang läuft jedoch nicht in Form einer kontinuierlichen Steigerung der Leuchtintensität ab, sondern eher schlagartig. Dieses Phänomen ist darauf zurückzuführen, daß der Kondensator C1 seine Ladespannung nach dem Erreichen seines Kapazitätsmaximums dem Transistor T2 sehr schnell zuführt. Der Wert dieser Ladespannung kann dabei durch Subtraktion der Schwellenspannung U_{BE} von der Quellenspannung der Batterien (9 Volt) bestimmt werden:

$$U_C = U_Q - U_{BE}.$$

Gleichzeitig muß jedoch der Transistor T1 in einen Sperrzustand gelangt sein, damit die Bedingung der Wechselwirkung zwischen beiden Leuchtdioden erfüllt ist.

Während sich der Transistor T1 in leitendem Zustand befand, hat sich gleichzeitig über den Pluspol der Spannungsquelle und die Basis von T1 (sie weist im leitenden Zustand ein negatives Spannungspotential auf) der Kondensator C2 über den Widerstand R4 aufgeladen. Während nun zwischenzeitlich die Leuchtdiode D2 betrieben wird, entlädt er sich wieder, so daß das Spannungspotential an der Basis von Transistor T1 unter den Wert der Schwellenspannung absinkt und die Sperrung des Durchgangs bewirkt.

Im weiteren Verlauf des Versuchs werden auf diese Weise die Transistoren T1 und T2 über die Auf- und Entladevorgänge an den Kondensatoren immer wieder abwechselnd in leitenden bzw. gesperrten Zustand geschaltet. Die Arbeitsfrequenz dieser sogenannten Kippvorgänge und somit auch der Blinktakt der beiden Leuchtdioden ist dabei abhängig vom Verhältnis der Wertigkeit der verwendeten Kondensatoren und Widerstände zueinander. Eine Tongenerator-Schaltung mit höherer Arbeitsfrequenz ist in der Abbildung dargestellt.

14.4.5 Überprüfung der Funktionstüchtigkeit

Natürlich kann es bei der teilweise hohen Stückzahl von verwendeten Transistoren zu einzelnen Fehlfunktionen oder Ausfällen kommen. Es gibt daher die Möglichkeit, ein einzelnes Bauelement außerhalb und innerhalb einer Schaltung auf seine Funktionstüchtigkeit hin zu überprüfen. Zum Prüfen eines Transistors nach der Integration in einen Schaltkreis ist es nötig, das Bauteil vorher auszulöten. Als Meßinstrument kommt vorzugsweise ein elektronischer Widerstandsmesser, gegebenenfalls mit Prüfsummton, zum Einsatz. Wie in der Schemaskizze dargestellt, wird sowohl der Basis-Emitter- als auch der Basis-Kollektor-Übergang dem Prüfprozeß unterzogen. Dabei ist wiederum auf die korrekte Anschluß-Polarität zu achten: Die Basis des zu prüfenden Transistors wird in jedem Fall mit der positiven, der Kollektor bzw. der Emitter mit der negativen Anschlußklemme des Meßgerätes verbunden. Der Prüfstrom sollte 1 Milliampere nicht übersteigen, um den Halbleiter vor einem eventuellen Überlastungsfall zu schützen.

Beim eigentlichen Meßvorgang soll nun zunächst der Transistor in Durchlaßrichtung geprüft werden. Dabei ist die Meßanordnung so zu gestalten, daß der Prüfstrom vom Pluspol des Meßinstrumentes über die Leiterschleife und den Basis-Emitter-Durchgang zurück zum Minuspol des Instrumentes fließt. Ist dieser Durchgang in Ordnung, darf der Zeiger auf der Skala keinen Ausschlag vollziehen, der zugehörige Wert ist 0 Ohm. Die Prüfung des Basis-Kollektor-Durchgangs erfolgt dann in gleicher Art und Weise.

Bei der Funktionsprüfung in Sperrichtung wird die Meßanordnung so umgestaltet, daß nun die Basis mit der negativen, Kollektor bzw. Emitter mit der positiven Anschlußklemme des Meßgerätes verbunden ist. In diesem

Die Skizze schematisiert den Vorgang einer Funktionstüchtigkeitsüberprüfung an einem Transistor. In der linken Abbildung sind die Anschlüsse über Leiterschleifen so miteinander verbunden, daß der Transistor in Durchlaßrichtung geschaltet ist. Die rechte Abbildung veranschaulicht die entsprechende Verknüpfung bei der Schaltung in Sperrichtung.

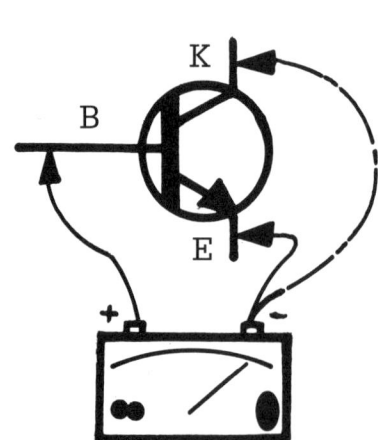

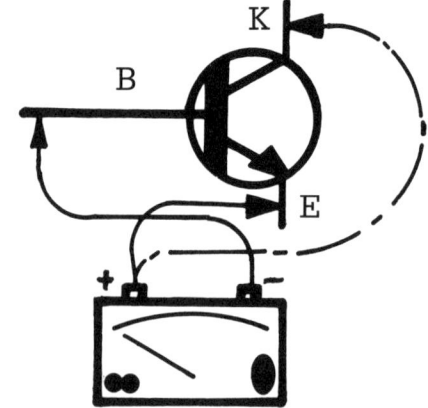

Fall stellt sich im Transistor auf beiden Durchgangsebenen ein unendlich hoher Widerstand ein, der Zeiger auf der Skala hat den entsprechenden Ausschlag.

Bei der Überprüfung der Funktionstüchtigkeit eines Transistors im eingebauten Zustand wird die charakteristische Spannung zwischen Basis und Emitter gemessen. Dabei sollte ein Grenzwert von etwa 1,5 Volt nicht überschritten sein. Ist dies dennoch der Fall, so ist der Transistor meist defekt. Eine weitere Möglichkeit ist die Kontrolle der Kollektor-Emitter-Spannung. Mißt man diese Spannung bei gleichzeitiger Kurzschlußsituation am Basis-Emitter-Durchgang, so muß die Kollektorspannung bei einem intakten Transistor größer werden.

14.4.6 Typenbezeichnung von Transistoren

Die Typenbezeichnung von Transistoren wird, wie bei vielen anderen elektronischen Bauelementen, über eine Buchstaben-Zahlen-Kombination realisiert.

Die Kennzeichnung mit drei Großbuchstaben weist auf einen Einsatz als sogenannter Standardtyp in der Rundfunk- und Fernsehtechnik hin, zwei Großbuchstaben hingegen bezeichnen üblicherweise Transistortypen zur Verwendung in Industrie und Datentechnik. Diese Transistoren gelten auch als »professionelle Typen«.

Bild eines Transistors mit der Typenkennung BF 179. Er eignet sich zur Verarbeitung von kleinen und mittleren Leistungen. Die auf dem Gehäuse aufgedruckte Buchstabenfolge weist weiterhin nach, daß es sich um einen Siliziumhalbleiter mit Einsatzbereich in der Hochfrequenztechnik handelt.

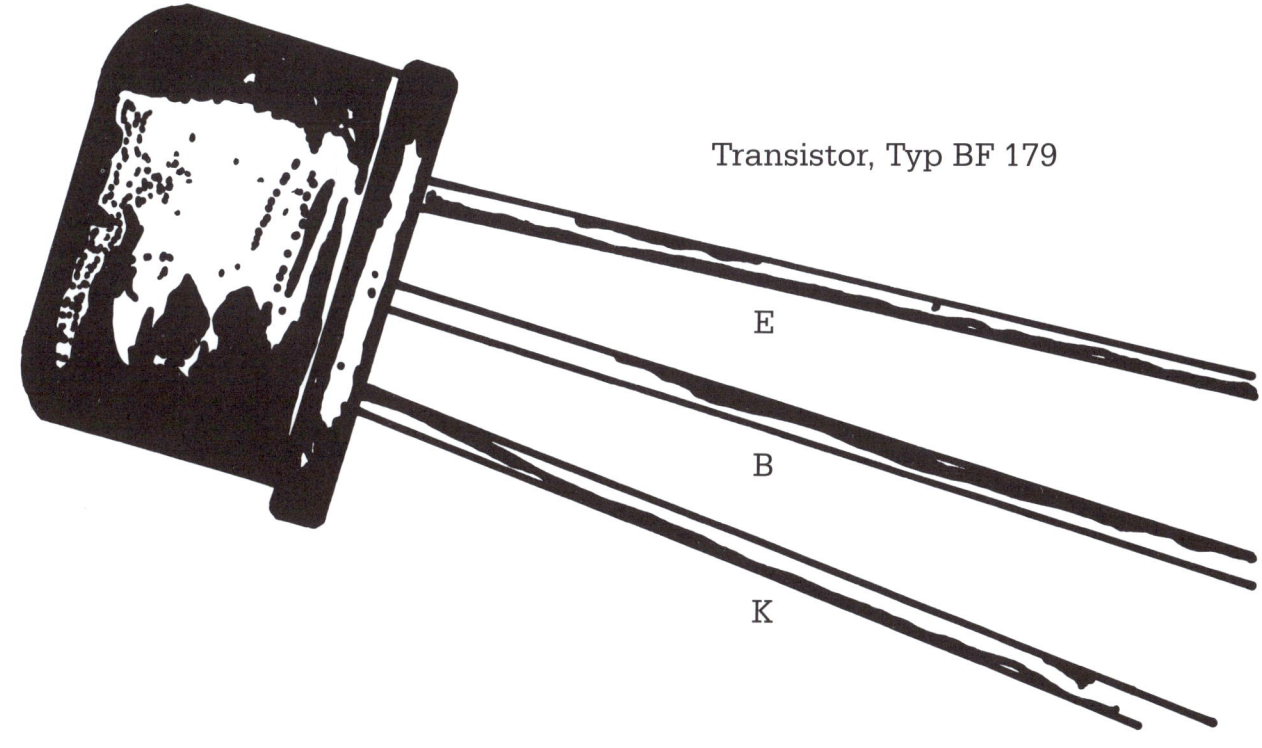

Transistor, Typ BF 179

E

B

K

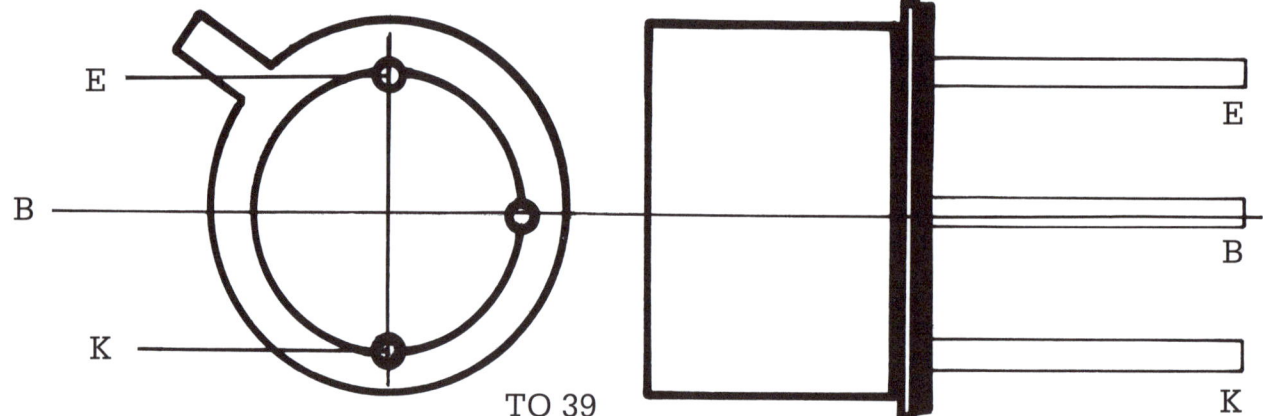

E

B

K

TO 39

E

B

K

Die Skizze dokumentiert die charakteristische Anschlußfolge für Basis (B), Kollektor (K) und Emitter (E) bei einem Transistor mit spezifischer Gehäuseform. Zur Unterscheidung unterschiedlicher Gehäuseausführungen bedient man sich einer genormten Kennzeichnung mit der Buchstabenfolge TO und einer nachfolgenden Nummer.

Der erste Buchstabe einer Typenbezeichnung gibt das verwendete Halbleitermaterial an. Die beiden aufgrund ihrer typischen Halbleitereigenschaften verarbeiteten Metalle sind dabei Germanium, die Kennzeichnung erfolgt mit dem Buchstaben A, und Silizium (Buchstabe B). Der zweite Buchstabe bezeichnet das jeweilige Anwendungsgebiet. Die Hauptbereiche mit der jeweiligen Kennzeichnung sind:

C: Niederfrequenztransistor
F: Hochfrequenztransistor
D: Niederfrequenztransistor in Leistungsschaltungen
S: Transistor im Schaltbetrieb
U: Transistor im Leistungsschaltbetrieb

Die in die Kennzeichnungsfolge eingebundene Ziffernmarkierung stellt die Seriennummer des Transistors dar. Dies ist insofern nützlich, als in manchen Schaltungslegenden lediglich die Bezeichnung 2N... angegeben ist. Entsprechende Tabellenübersichten in Herstellerunterlagen oder Fach-

büchern geben Auskunft über Halbleitermaterial und Anwendungsgebiet des gewünschten Transistortyps.

Als Beispiel für eine Bezeichnung soll der in den Versuchen ausschließlich zum Einsatz gekommene Transistortyp BC 107 angeführt werden. Es handelt sich hier gemäß der oben getroffenen Vereinbarungen um einen Silicium-Standardtyp für den Einsatz im Niederfrequenzbereich.

14.4.7 Gehäuseformen

Entsprechend dem Einsatzgebiet von Transistoren werden auch ihre Gehäuse ausgelegt. Diese sind meistens genormt und aus Metall (Leistungstransistoren) oder Kunststoff (Kleinsignaltransistoren) gefertigt. Vor allem bei der konstruktiven Auslegung der Gehäuseform von Leistungstransistoren ist darauf zu achten, daß entsprechende Bohrungen zur Montage von Kühlkörpern vorgesehen sind.

Abkürzungsverzeichnis

B	Basis	n	Nanofarad
C	Kapazität, Kondensator	Na	Natrium
Cu	Kupfer	NaCl	Natriumchlorid
Cl	Chlor	NF	Niederfrequenz
D	Diode, Leuchtdiode	npn	Halbleiterschichtfolge (Transistor)
E	Emitter		
EMK	Elektromagnetische Kraft	O	Obere Amplitudengrenze (Frequenztechnik)
HF	Hochfrequenz		
K	Kollektor	P	Potentiometer
k	Kilo...	PE	»Protecting Earth«, Schutzerde
L	Glühlampe, Verbraucher	pn	Halbleiterschichtfolge (Diode)
LED	Lichtemittierende Diode (Leuchtdiode)	pnp	Halbleiterschichtfolge (Transistor)
LDR	Fotowiderstand	R	Phasenleitung
MP	Massepol	S	Phasenleitung, Magnetpol
N	Nullpunktleiter, Nullinie, Magnetpol	T	Phasenleitung
		U	Untere Amplitudengrenze

Register

T

U

V

W

Z

Unser Tip

In gleicher Ausstattung bereits erschienen: